合成树脂及应用丛书

聚苯乙烯树脂及其应用

第2版

李杨　冷雪菲　王艳色　编著

化学工业出版社

·北京·

内容简介

本书主要对通用聚苯乙烯、高抗冲聚苯乙烯、发泡聚苯乙烯、苯乙烯共聚物以及其他苯乙烯系树脂的制备方法、结构与性能、改性方法、品种与牌号以及具体应用领域等进行了系统介绍。可供从事聚苯乙烯树脂生产、设计与研发、加工应用及销售的中高级管理及技术人员参考。

图书在版编目（CIP）数据

聚苯乙烯树脂及其应用／李杨，冷雪菲，王艳色编著. -- 2版. -- 北京：化学工业出版社，2025. 1.
（合成树脂及应用丛书）. -- ISBN 978-7-122-46533-7

Ⅰ. TQ325.2

中国国家版本馆 CIP 数据核字第 20243W6W43 号

责任编辑：赵卫娟　　　　　　装帧设计：王晓宇
责任校对：李雨晴

出版发行：化学工业出版社
　　　　　（北京市东城区青年湖南街 13 号　邮政编码 100011）
印　　装：北京建宏印刷有限公司
787mm×1092mm　1/16　印张 13　字数 312 千字
2025 年 6 月北京第 2 版第 1 次印刷

购书咨询：010-64518888　　　　售后服务：010-64518899
网　　址：http://www.cip.com.cn
凡购买本书，如有缺损质量问题，本社销售中心负责调换。

定　价：98.00 元　　　　　　　版权所有　违者必究

苯乙烯系树脂作为产量和消费量仅次于聚乙烯、聚丙烯和聚氯乙烯的通用树脂，已成为推动社会进步不可或缺的重要材料。

苯乙烯系树脂是一类通用热塑性树脂，主要包括通用聚苯乙烯（GPPS）、发泡聚苯乙烯（EPS）、高抗冲聚苯乙烯（HIPS）、丙烯腈/苯乙烯共聚物（SAN）、丙烯腈/丁二烯/苯乙烯聚合物（ABS）等。自1930年聚苯乙烯问世，苯乙烯系树脂以其价廉质优、易于加工成型的优势，在通用合成树脂中占有重要地位，已广泛应用于包装、建筑、电子、玩具和家具等领域。

李杨教授撰写的《聚苯乙烯树脂及其应用》一书作为"十二五"国家重点图书——"合成树脂及应用丛书"中的一个分册，自2015年出版以来备受行业读者的欢迎和好评。为了满足广大科技工作者的需求，化学工业出版社启动了再版工作。《聚苯乙烯树脂及其应用》（第2版）在保留了第1版内容的基础上进行了补充和修订，增加了系列苯乙烯共聚物生产和性能相关的内容，同时补充了近年聚苯乙烯树脂相关的研究进展，更新了相关品种的产品牌号及应用。本书重点对聚苯乙烯类树脂的聚合机理、生产工艺、产品结构与性能、改性方法等进行了介绍，既有理论基础，又有实际案例，可为苯乙烯系树脂的生产实践提供参考和指导。

本次修订由李杨提出修订提纲，由冷雪菲、王艳色完成。并以本书的出版向所有多年坚持从事、支持苯乙烯系树脂研究开发工作的同志们致以衷心的感谢。

由于编者的知识水平以及时间所限，本次修订难免存在一些不足之处，敬请读者批评指正。

编者

2025年4月于大连理工大学

目录

1.1 苯乙烯系树脂概述

苯乙烯系树脂是一类通用热塑性树脂，主要包括通用聚苯乙烯（GPPS）、高抗冲聚苯乙烯（HIPS）、发泡聚苯乙烯（EPS）、丙烯腈-苯乙烯共聚物（SAN）、丙烯腈-丁二烯-苯乙烯共聚物（ABS）等。GPPS 一般是由苯乙烯单体（St）经自由基加聚反应合成的聚合物，具有透明度高、刚度大、玻璃化转变温度高、性脆的特点。HIPS 为苯乙烯和聚丁二烯橡胶的接枝共聚物，具有较高的强度和较好的韧性，应用范围更广。EPS 为在普通聚苯乙烯中浸渍低沸点的物理发泡剂制得的，加工过程中受热发泡，专用于制作泡沫塑料产品。SAN 是苯乙烯和丙烯腈的共聚物，是一种无色透明，具有较高机械强度的工程塑料，其化学稳定性高于 GPPS。ABS 一般为聚丁二烯增韧的苯乙烯、丙烯腈共聚物。此外还有全同和间同立构聚苯乙烯，具有高度结晶性，是近年来发展的聚苯乙烯新品种。1930年聚苯乙烯问世，1931 年德国 BASF 公司最早开始投入工业化生产，1938 年美国陶氏（Dow）化学公司实现工业化生产。20 世纪 40 年代初期，Dow、BASF 公司相继开始发泡聚苯乙烯的商业化生产。1958 年，Dow 化学公司实现高抗冲聚苯乙烯的工业化生产。1959 年，美国 Borg Warner 公司申请了采用乳液接枝方法将苯乙烯、丙烯腈接枝到聚丁二烯胶乳上制备 ABS 的专利。历经 90 余年的发展[1-2]，苯乙烯系树脂已成为推动社会进步不可或缺的重要材料，极大地改善了人类的生活品质。苯乙烯系树脂发展历史如图 1-1所示。

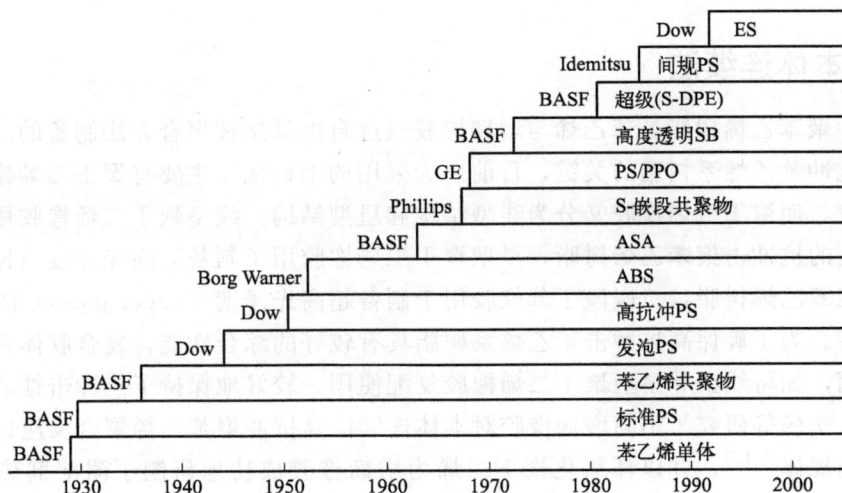

图 1-1　苯乙烯系树脂发展历史[1]

1.2 苯乙烯系增韧树脂的开发

笔者（李杨团队）从 20 世纪 90 年代初期开始从事高性能苯乙烯系增韧树脂的研发，从合成方法学出发，以苯乙烯、异戊二烯、丁二烯三元共聚物为增韧剂，构建了四种高性能、高抗冲苯乙烯系树脂的制备方法，其中包括本体连续法、乳液接枝法、本体原位法、阻滞阴离子聚合法，如图 1-2 所示。

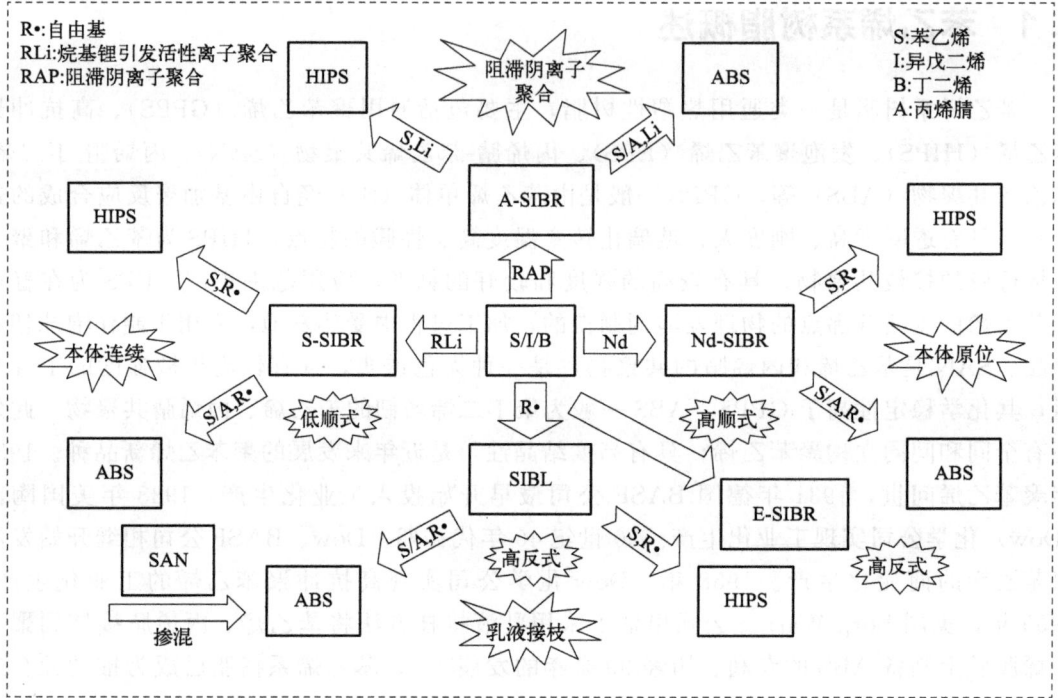

图 1-2　高性能、高抗冲苯乙烯系树脂的制备方法

1.2.1 本体连续法

高抗冲聚苯乙烯树脂是苯乙烯与增韧橡胶通过自由基接枝聚合方法制备的。增韧橡胶是制备高抗冲苯乙烯系树脂的关键，目前广为采用的增韧橡胶主要有聚丁二烯橡胶和二嵌段丁苯橡胶，而聚丁二烯橡胶又分为线型结构和星型结构。线型聚丁二烯橡胶用于制备较高冲击强度的抗冲击聚苯乙烯树脂，星型聚丁二烯橡胶用于制备较高光泽度（high gloss）的抗冲击聚苯乙烯树脂，二嵌段丁苯橡胶用于制备超高光泽度（super gloss）的抗冲击聚苯乙烯树脂。为了确保高抗冲击苯乙烯系树脂具有较好的综合性能，复合胶体系增韧剂已被普遍采用，如将线型和星型聚丁二烯橡胶复配使用，较好地保持了抗冲击性能和光泽性能的平衡。李杨等研究了不同增韧橡胶对本体连续法高抗冲聚苯乙烯聚合反应以及相转变过程的影响规律[3-12]，并以环氧化聚丁二烯为增韧橡胶成功地研制了耐溶剂热稳定型抗冲击聚苯乙烯树脂[10,12]，以高苯乙烯含量丁苯透明抗冲树脂为增韧剂成功地研制了高透

明抗冲击聚苯乙烯树脂[8,11]。

　　李杨等首次将集成橡胶（SIBR）应用于苯乙烯系树脂的增韧[13-33]，以活性阴离子聚合方法所制备的苯乙烯-异戊二烯-丁二烯三元共聚集成橡胶（S-SIBR）为增韧橡胶，采用本体连续法制备了超高抗冲击聚苯乙烯（S-HIPS），当集成橡胶用量为17.5％（质量分数）时，S-HIPS 的 Izod 缺口冲击强度高达 380J/m，同时发现了一种全新的"水立方"（water cube）形态结构，如图1-3所示；当集成橡胶用量为12.2％（质量分数）时，采用本体连续法成功地制备了超高抗冲击 ABS 树脂（丙烯腈含量为29.8％，质量分数），ABS 的 Izod 缺口冲击强度高达 468J/m。活性阴离子聚合是实现高分子结构设计最为精确有效的手段，通过活性阴离子聚合方法，可以制备线型、星型、线型嵌段、星型嵌段增韧橡胶，也可以制备结构更加复杂的高支化、超支化增韧橡胶，增韧橡胶结构的不同直接影响苯乙烯系增韧树脂的形态结构，最终影响产品的性能。增韧橡胶所具有的丰富结构也为调控苯乙烯系增韧树脂的形态结构、设计不同品质的产品提供了广阔的空间。

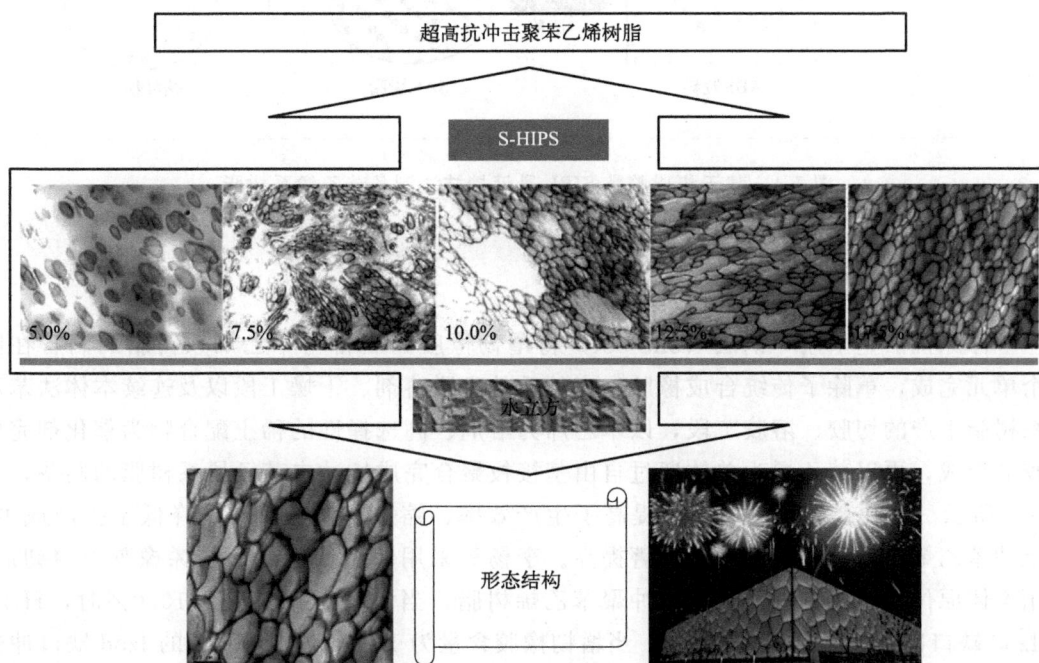

图1-3　基于集成橡胶（SIBR）制备超高抗冲击聚苯乙烯树脂

1.2.2　乳液接枝法

　　乳液接枝法是目前制备 ABS 树脂最为重要的方法，采用自由基乳液聚合方法制备高橡胶含量的 ABS 接枝粉（高胶粉），再与 SAN 树脂共混，得到不同橡胶含量的 ABS 树脂，其中乳液接枝-本体 SAN 掺混法已成为 ABS 树脂生产的主流工艺。ABS 接枝主干胶乳主要有聚丁二烯胶乳（PBL）、丁苯胶乳（SBRL）、丁腈胶乳（NBRL）等。大连理工大学以自由基乳液聚合方法成功地制备了苯乙烯-异戊二烯-丁二烯三元共聚集成胶乳

（SIBL），并以此为增韧树脂接枝主干胶乳，采用自由基乳液接枝法制备了超高抗冲击苯乙烯系增韧树脂[34-38]，如图1-4所示。通过附聚法所制备的ABS树脂Izod缺口冲击强度高达233J/m，通过种子聚合法所制备的ABS树脂Izod缺口冲击强度高达380J/m。

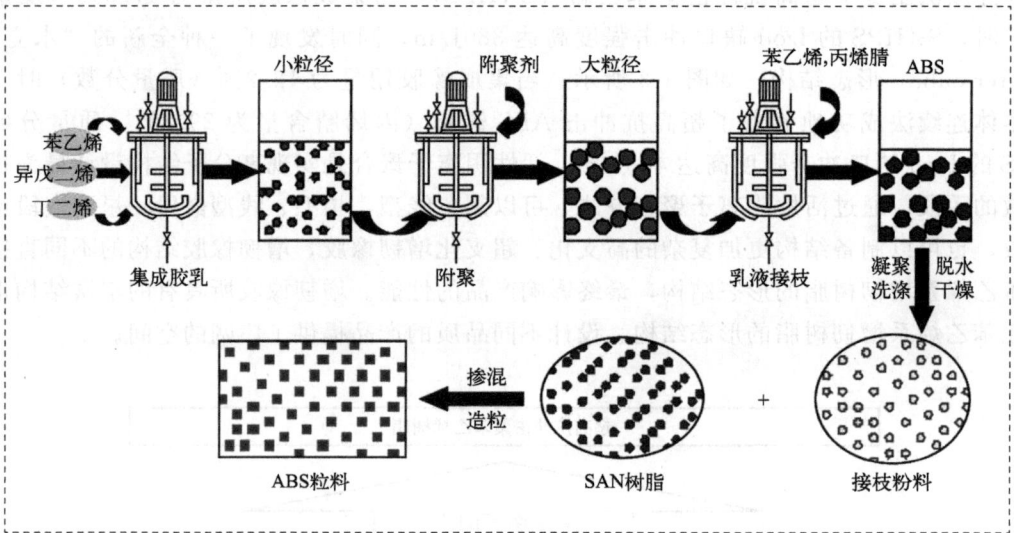

图1-4 基于集成胶乳SIBL乳液接枝法制备苯乙烯系树脂

1.2.3　本体原位法

本体原位法是采用一锅法（one pot）将增韧橡胶的制备与苯乙烯系树脂的制备在同一个单元完成，革除了传统合成橡胶生产的后处理脱溶剂、干燥工段以及连续本体法苯乙烯系树脂生产的切胶、溶胶工段，以苯乙烯为溶剂、高选择性的稀土配合物为催化剂完成橡胶的合成，再以苯乙烯为单体通过自由基接枝聚合完成抗冲击苯乙烯系树脂的制备，如图1-5所示。这种合成方法极大地提高了生产效率、缩短了生产流程、降低了生产成本，高抗冲苯乙烯系树脂的综合性能显著提高。李杨等采用钕系稀土聚丁二烯橡胶为增韧剂，采用本体原位法制备了一系列高抗冲聚苯乙烯树脂，当增韧橡胶含量为10.0%时，HIPS的Izod缺口冲击强度高达267J/m；当增韧橡胶含量为13.9%时，HIPS的Izod缺口冲击强度高达335J/m。同时，基于稀土集成橡胶（Nd-SIBR）合成方法，开展了不同橡胶本体原位法增韧苯乙烯系树脂的研究工作[39-52]。稀土催化剂是本体原位法制备增韧橡胶的最佳选择，其主要原因在于：稀土催化剂具有极强的选择性，苯乙烯聚合反应活性极低，可以实现在苯乙烯溶剂中完成丁二烯、异戊二烯等共轭二烯烃的高选择性聚合反应；稀土催化剂具有极高的活性，稀土金属为永恒的三价，金属离子价态不会发生变化，残留的微量稀土金属对聚合物产品老化性能影响较小；采用稀土催化剂所制备的增韧橡胶，凝胶含量极低，可以与锂系聚合物媲美，满足树脂级增韧橡胶极低凝胶含量的要求；同时，稀土催化体系具有准活性聚合的特征，聚合物分子量可以准确设计，有效调控胶液的黏度；聚合反应转化率高，共轭二烯烃单体能够全部转化，在制备增韧橡胶过程中无须对共轭二烯烃单体进行回收。

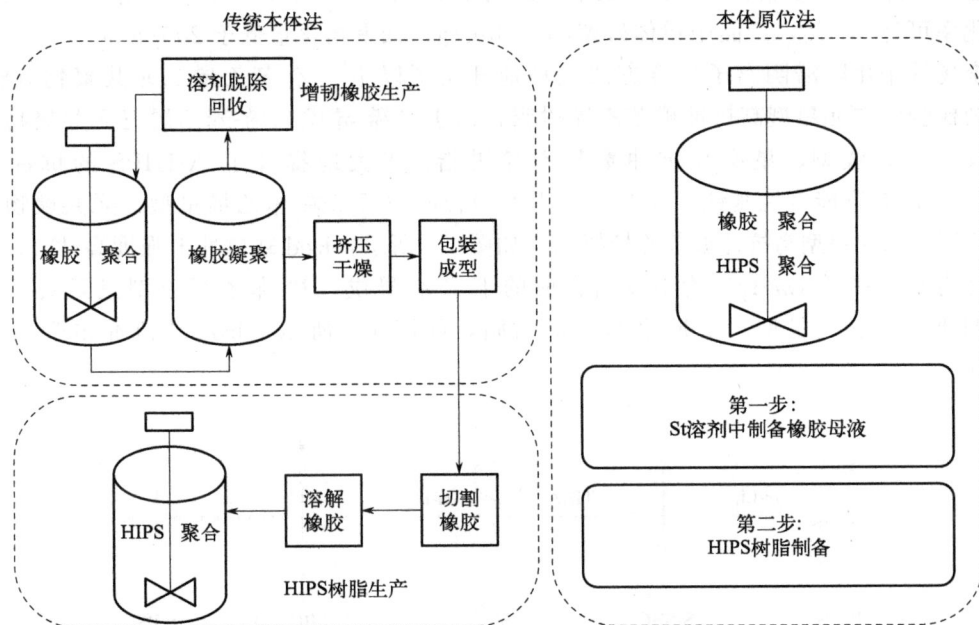

图 1-5　本体原位法制备苯乙烯系树脂

1.2.4　阻滞阴离子聚合法

阴离子聚合通常是以较低浓度（一般小于 20%，质量分数）的溶液聚合方式、在较低的温度下（小于 60℃）实施的。当向传统的阴离子聚合体系中加入烷基金属化合物（如 R_2Mg 或 R_3Al），可有效地控制苯乙烯的聚合反应速率，在高浓度、高温等特殊条件下完成阴离子聚合反应，这种方法即为"阻滞阴离子聚合"（RAP）。德国 BASF 公司以烷基锂为引发剂，开发了一系列与之相配套的阻滞剂，从第一代烷基镁体系（Mg/Li）入手，发展到目前成熟的第二代烷基铝体系（Al/Li），进而又开发了低成本的第三代 Na/Al 体系（无锂引发体系，BuLi-Free）。研究发现：烷基铝既不是引发剂，也不是链转移剂，仅起到阻滞聚合反应速率的作用，聚合过程保持了阴离子聚合的特点，聚合产物分子量分布窄。Al/Li（摩尔比）≥1 时，聚合体系处于休眠状态，Al/Li（摩尔比）<1 时，可根据 Al/Li（摩尔比）大小来调控聚合反应速率。烷基铝与烷基锂形成螯合的活性中心，通过活性中心的交互反应，避免了高温所导致的活性中心分解异构化现象的发生。

德国 BASF 公司采用阻滞阴离子聚合方法制备了 HIPS（称之为 A-HIPS），其制备方法如下：以烷基锂为引发剂，首先进行丁二烯、苯乙烯聚合，生成苯乙烯、丁二烯共聚物（SBC），在聚合结束后加入烷基铝，确保 Al/Li（摩尔比）大于 1，此时活性中心处于休眠状态，加入苯乙烯，再补加烷基锂，激活处于休眠状态的活性中心 SBC，同时形成新的聚苯乙烯活性中心（PS），最终产物 A-HIPS 为 SBC-PS 和 PS 的混合物。由于 A-HIPS 是采用阴离子聚合工艺制备的，而增韧橡胶丁二烯/苯乙烯嵌段共聚物同样是采用阴离子聚合工艺制备的，因此，BASF 的科学家将两套装置联合在一起，采用"原位橡胶制备"技术，从丁二烯/苯乙烯嵌段共聚物胶液直接转入 A-HIPS 的生产，减少了胶液凝聚、干燥、包装工序，极大地降低了生产成本，提高了 A-HIPS 产品的竞争力。这种生产工艺单体转化率可达 100%，产品中单体残留小于 $5\mu g/g$，低聚物含量低于 $200\mu g/g$。

李杨等采用阻滞阴离子聚合方法成功地开发了以丁二烯-苯乙烯二元共聚物（SBC）为增韧橡胶的二元星型高抗冲聚苯乙烯树脂，以丁二烯-异戊二烯-苯乙烯三元共聚物为增韧橡胶的三元线型、星型高抗冲聚苯乙烯树脂，极大地提高了 A-HIPS 的抗冲击性能[53-61]。以多官能度烷基锂（m-Li）为引发剂合成的丁二烯-苯乙烯星型二元共聚物为增韧剂研制了二元星型高抗冲聚苯乙烯树脂，如图 1-6 所示，Izod 缺口冲击强度高达 224J/m；以多官能度烷基锂（m-Li）为引发剂合成的丁二烯-异戊二烯-苯乙烯星型三元共聚物为增韧剂研制了三元星型高抗冲聚苯乙烯树脂，如图 1-7 所示，Izod 缺口冲击强度高达 313J/m。

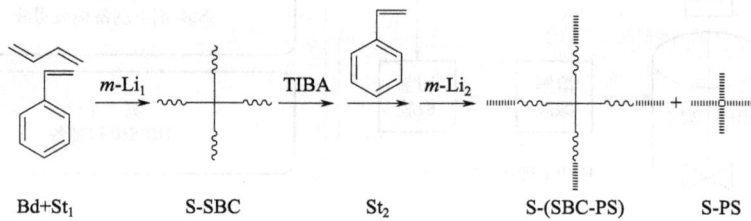

图 1-6　二元星型高抗冲聚苯乙烯树脂的制备

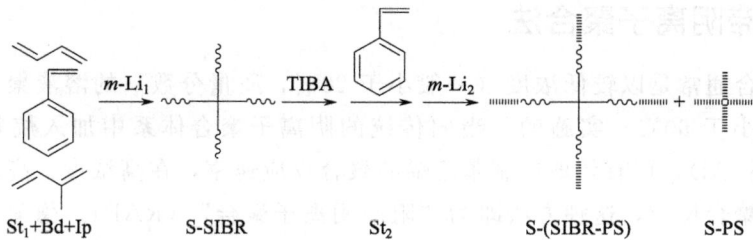

图 1-7　三元星型高抗冲聚苯乙烯树脂的制备

1.3　苯乙烯系树脂的高性能化

高性能化是苯乙烯系树脂发展的必然方向，是实现苯乙烯系树脂产品结构调整、产品更新换代的必由之路。只有实现了苯乙烯系树脂的高性能化，才能提升苯乙烯系树脂行业的技术水平，增强苯乙烯系树脂的市场竞争力。结构化、功能化、集成化是实现苯乙烯系树脂高性能化的有效手段。

1.3.1　结构化

高分子的发展经历了从线型到星型、从高支化到超支化的过程，每一次结构的优化皆有效地提高了高分子材料的性能。合成树脂从线型结构发展到星型结构，不但极大地提高了合成树脂的各项物理机械性能，而且有效地改善了合成树脂的加工性能。如上所述，基于阻滞阴离子聚合方法，采用多官能度烷基锂为引发剂制备的二元、三元星型高抗冲聚苯乙烯，其物理机械性能得到极大的提高。随着生活水平的提高，基于活性阴离子聚合方法所制备的高苯乙烯含量丁苯透明抗冲树脂越来越受到人们的重视，美国 Phillips 石油公司的商业化产品 K-树脂因兼具优异的光学性能和力学性能在市场上备受欢迎。李杨团队从环氧基团出发，以线型、星型环氧化液体聚丁二烯为偶联剂，通过环氧度的调控，建立了高支化聚合物合成方法学平台，如图 1-8 所示，并成功地合成了一系列线型梳状、星型梳状高支化丁苯透明抗冲树脂[62-77]。采用此方法合成的 G1 代高支化丁苯透明抗冲树脂的 Izod 缺口冲击强度高达 236.4J/m（冲击不断），Izod 缺口冲击强度为线型产品的 10 倍。

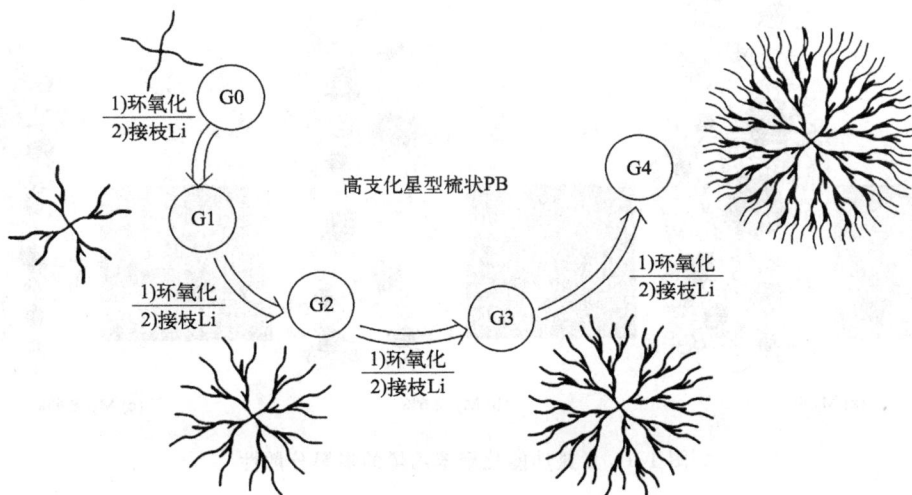

图 1-8　高支化聚合物合成方法

1.3.2　功能化

功能化是实现合成树脂高性能化最为有效的手段，合成树脂的功能化已从传统的链端功能化发展为先进的链中功能化。合成功能化树脂的方法主要有以下几种：共聚合方法、基团转换方法、硅氢加成方法、点击化学方法等。以含有丰富官能团的苯乙烯衍生物——1,1-二苯基乙烯（DPE）衍生物为共聚单体，通过共聚合方法合成功能化苯乙烯系树脂最为简便高效。与苯乙烯衍生物相比，DPE 衍生物具有如下特点：反应简单、定量准确；活性高，可在室温以上反应；从单官能团、双官能团到多官能团，官能团数量多、种类丰富；无低聚等副反应发生；可选用烷烃类非极性溶剂进行聚合反应；活性中心交互反应易于检测；聚合物链可顺序增长。近年来，DPE 衍生物已成为合成功能化聚合物最佳共聚单体。李杨团队[78-90] 采用含有硅氢官能团、乙烯基或噻吩官能团的苯乙烯衍生物与苯乙烯共聚制备了系列功能化聚苯乙烯，进而与含有端双键的液晶大分子通过硅氢加成反应制备了具有液晶特性的聚苯乙烯[91-98]。采用含有硅氢官能团的 DPE 衍生物与苯乙烯反应制备了含硅氢功能化聚苯乙烯，采用含有双二甲基氨基官能团的 DPE 衍生物与苯乙烯反应制备了含氮功能化聚苯乙烯，随着官能团数量的增加，炭黑在聚苯乙烯中的分散性得到极大改善，如图 1-9 所示。李杨团队采用稀土催化体系成功地制备了含氮、含硅氢功能化高间规聚苯乙烯，实现了 Pt 等贵金属在含氮高间规聚苯乙烯树脂上的高效负载。此外，还围绕一系列含氨基或烷氧硅基 DPE 衍生物进行活性阴离子共聚合，建立了调节剂调控聚合物统计序列分布的方法，提出了活性阴离子定量"开-关"聚合机理，如图 1-10 所示，实现了一系列链端/链中氨基功能化丁苯共聚物的精准合成[99-105]。

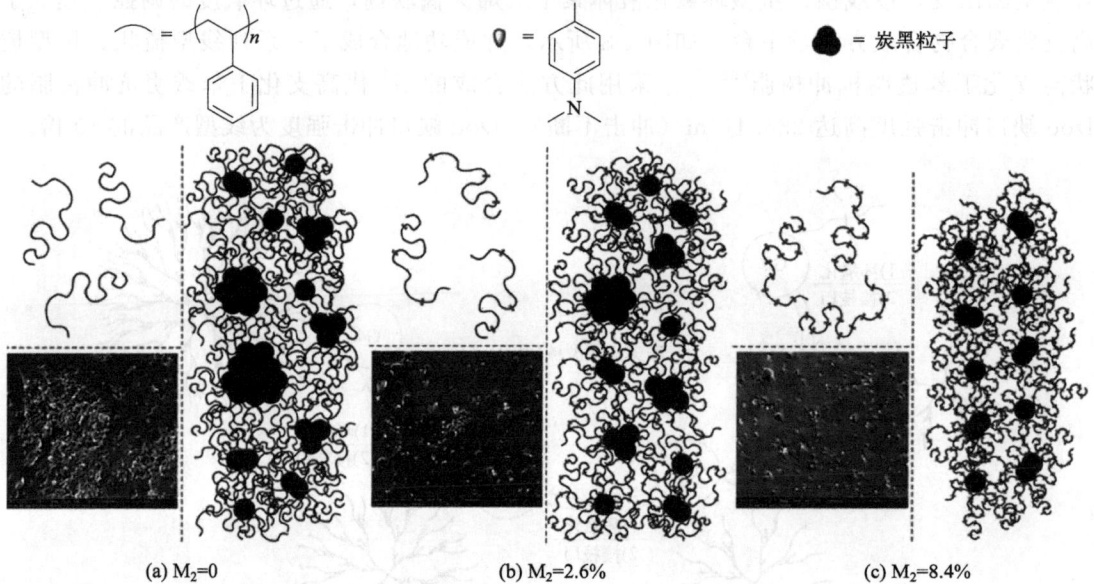

(a) M₂=0   (b) M₂=2.6%   (c) M₂=8.4%

图 1-9　含氮功能化聚苯乙烯的炭黑分散性

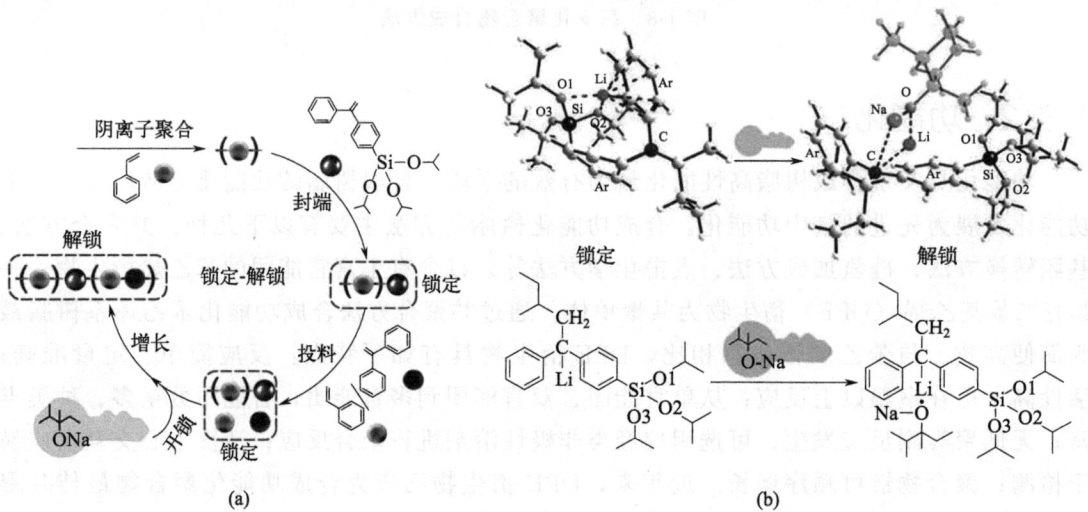

(a)   (b)

图 1-10　活性阴离子定量"开-关"聚合机理

1.3.3　集成化

集成化包括工艺集成和产品集成。如上所述，本体原位法制备苯乙烯系增韧树脂将传统的增韧橡胶制备过程与本体法苯乙烯系增韧树脂的制备过程相集成，将橡胶合成与树脂合成工艺优化集成，生产流程极大缩短，产品质量极大提高。以综合性能优异的集成橡胶作为苯乙烯系树脂的增韧橡胶，通过集成橡胶单体组成的变化、微观结构和序列结构的变化、空间支化拓扑结构的变化，将活性阴离子聚合所制备的具有低顺式、低乙烯基结构的 SIBR 与本体连续法苯乙烯系树脂相集成；将乳液聚合所制备的具有高反式结构的 SIBL 胶乳与乳液接枝法苯乙烯系树脂相集成；将稀土催化聚合所制备的具有高顺式结构的 SI-BR 与本体原位法苯乙烯系树脂相集成；将阻滞阴离子聚合所制备的具有嵌段结构的 SI-BR-PS 与苯乙烯系树脂相集成，必将研制出一系列高性能苯乙烯系增韧树脂。

参考文献

[1] 谢尔斯，普里迪. 现代苯乙烯系聚合物[M]. 高明智，李昌秀，王军，等译. 北京：化学工业出版社，2004.

[2] 杜国强，张传贤，何慧. 塑料工业手册：苯乙烯系树脂[M]. 北京：化学工业出版社，2004.

[3] 李杨，李阳，刘宏海，等. 高抗冲聚苯乙烯的研制Ⅰ. 预聚合反应动力学及相转变过程的研究[J]. 合成树脂及塑料，1995，12(3)：9-13.

[4] 李杨，李阳，刘宏海，李金树，周爱霞，陈琳，张淑芬. 高抗冲聚苯乙烯的研制Ⅱ. 预聚合反应过程及形态结构的研究[J]. 合成树脂及塑料，1996，13(4)：6-10.

[5] 李杨，王梅，刘宏海，洪涛，李金树，周爱霞，陈琳，李晓蕊. 高抗冲聚苯乙烯的研制Ⅲ. 橡胶粒径分布及其对 HIPS 性能的影响[J]. 合成树脂及塑料，1997，14(3)：10-14.

[6] 李杨，王梅，刘宏海，洪涛，李金树. 高抗冲聚苯乙烯的研制Ⅳ. 复合胶对高抗冲聚苯乙烯产品性能的影响[J]. 合成树脂及塑料，1997，14(4)：1-5.

[7] 李杨，王梅，杨力，洪涛，刘宏海，杨素芬. 高透明抗冲击聚苯乙烯树脂的研制Ⅰ. 结构与性能[J]. 合成树脂及塑料，1998，15(2)：11-14.

[8] 王梅，刘源，李杨. 高透明抗冲击聚苯乙烯中试研究[J]. 合成树脂及塑料，2001，18(3)：13-15.

[9] 王梅，刘源，李杨. 连续本体法聚苯乙烯中试装置的开发[J]. 合成树脂及塑料，2001，18(4)：63-65.

[10] 王梅，李杨，洪涛，周爱霞，陈琳，李晓东. 耐溶剂热稳定型抗冲击聚苯乙烯的研制[J]. 合成树脂及塑料，1999，16(5)：6-8.

[11] 李杨，王梅，杨力，杨素芬，刘宏海，洪涛，张淑芬. 高透明抗冲击聚苯乙烯树脂及其制备方法：CN97104410.4 [P]. 2000-08-19.

[12] 李杨，王梅，王玉荣，顾明初，洪涛，李晓东，周爱霞，陈琳. 耐溶剂热稳定型抗冲击聚苯乙烯树脂及其制备方法：CN99109421.2[P]. 2002-10-09.

[13] 于志省. 本体法高性能 ABS 树脂的研究[D]. 大连：大连理工大学，2010.

[14] 杜晓旭. 本体法 SIBR 增韧苯乙烯系列树脂的研究[D]. 大连：大连理工大学，2009.

[15] 王淑敏. 多官能度引发体系增韧苯乙烯系树脂的研究[D]. 大连：大连理工大学，2009.

[16] 蔡杰. 连续本体法合成高性能 ABS 树脂的研究[D]. 大连：大连理工大学，2014.

[17] 李杨，王健，吕占霞，赵锦波，杨力，周爱霞，于国柱. 超高抗冲击强度聚苯乙烯树脂及其制备方法：CN200310101975.5[P]. 2007-02-07.

[18] 杨娟，王健，刘滢. SIBR 增韧 PS 的微观结构[J]. 合成树脂及塑料，2005，22(3)：58-61.

[19] 王健，李杨，于国柱，吴一弦. 集成橡胶增韧 PS[J]. 合成树脂及塑料，2009，26(3)：42-44.

[20] 杜晓旭，李杨，李战胜，于志省，王淑敏，张春庆，王玉荣. 苯乙烯-异戊二烯-丁二烯橡胶接枝苯乙烯聚合动力学[J]. 合成橡胶工业，2010，33(4)，276-280.

[21] 于志省，杜晓旭，李杨. SIBR 增韧本体法 ABS 树脂的合成与性能[J]. 高分子学报，2012(4)：435-441.

[22] 王淑敏，李杨，张春庆，杜晓旭，常丽，王玉荣. 三官能度过氧化物引发制备 HIPS 树脂Ⅰ. 预聚合动力学[J]. 合成树脂及塑料，2009，26(1)：6-9.

[23] 于志省，李杨，杜晓旭，张微，郑君双，王玉荣. 本体法合成 ABS 树脂Ⅰ. 相转变过程的研究[J]. 合成树脂及塑料，2009，26(3)，8-12.

[24] 杜晓旭, 于志省, 李杨, 李永田, 黄立本, 王玉荣. 本体法合成 ABS 树脂Ⅱ. 预聚合反应动力学研究[J]. 合成树脂及塑料, 2009, 26(6), 1-5.

[25] 于志省, 王玉荣, 李杨, 王超先, 黄立本, 邓艳霞. 本体法合成 ABS 树脂Ⅲ. 乙苯的应用[J]. 合成树脂及塑料, 2010, 27(3): 1-5.

[26] 于志省, 李杨, 杨娟, 杨力, 郭曦, 张春庆, 王玉荣. 复合胶本体聚合法增韧 ABS 合成及结构与性能[J]. 大连理工大学学报, 2011, 51(4): 479-485.

[27] 于志省, 李杨, 王超先, 王少鹏, 王玉荣, 宋顺玺. ABS 增韧树脂的本体法制备和力学性能[J]. 材料研究学报, 2010, 24(1): 55-60.

[28] 朱结东, 蔡杰, 王玉荣, 李杨. ABS 本体聚合过程中两相变化过程的研究[J]. 塑料科技, 2014, 42(3): 66-69.

[29] Yu Z S, Li Y, Wang Y R. Polystyrene grafted onto high-cis-1, 4 polybutadiene backbone via living radical polymerization with 2, 2, 6, 6-tetramethylpiperidinyl-1-oxy (TEMPO) radical[J]. EXPRESS Polymer Letters, 2011, 5 (10): 911-922.

[30] Yu Z S, Wang C X, Li Y, et al. Instrumented impact property and fracture process behavior of composite rubber toughened ABS terpolymer[J]. J Appl Polym Sci, 2013, 128(4): 2468-2478.

[31] Yu Z S, Li Y, Wang Y R, Li Y, Liu Y, Li Y T, Li Z S, Zhao Z F. Morphological, mechanical properties, and fracture behavior of bulk-made ABS resins toughened by high-cis polybutadiene Rubber[J]. Polym Eng Sci, 2010(50): 961-969.

[32] Yu Z S, Li Y, Zhao Z F, Wang C X, Yang J, Zhang C Q, Li Z S, Wang Y R. Effect of rubber types on synthesis, morphology, and properties of ABS resins[J]. Polym Eng Sci, 2009(49): 2249-2256.

[33] Yang J, Wang C X, Yu Z S, Li Y, Yang K K. Wang Y Z. Impact behavior and fracture morphology of acrylonitrile-butadiene-styrene resins toughened by linear random styrene-isoprene-butadiene rubber[J]. Appl Polym Sci, 2011 (121): 2458-2466.

[34] 张玉. 苯乙烯-异戊二烯-丁二烯三元乳液共聚合[D]. 大连: 大连理工大学, 2010.

[35] 尹国强. 采用集成胶乳 SIBL 制备 ABS 树脂的研究[D]. 大连: 大连理工大学, 2013.

[36] 李杨, 张春庆, 张玉, 李战胜, 赵忠夫, 王玉荣. 乳聚苯乙烯-异戊二烯-丁二烯三元共聚物及其制备方法: CN200810190931. 7[P]. 2012-02-29.

[37] 张玉, 张春庆, 李杨, 李海波, 王玉荣. 苯乙烯-异戊二烯-丁二烯三元乳液共聚反应研究[J]. 弹性体, 2010, 20 (5): 15-19.

[38] 尹国强, 李杨, 申凯华, 张峰, 张东梅, 史晶虹, 王玉荣. 苯乙烯-异戊二烯-丁二烯三元集成胶乳增韧 ABS 树脂[J]. 中国塑料, 2013(8): 27-31.

[39] 贾忠明. 苯乙烯系增韧树脂本体原位法制备技术的研究[D]. 大连: 大连理工大学, 2009.

[40] 常丽. 本体原位法制备高抗冲聚苯乙烯树脂[D]. 大连: 大连理工大学, 2011.

[41] 李立. 钕系 SIBR 原位本体法制备高抗冲聚苯乙烯[D]. 大连: 大连理工大学, 2014.

[42] 李婷婷. 新型稀土配合物及其催化共轭烯烃聚合的研究[D]. 大连: 大连理工大学, 2013.

[43] 许蔷. 钕系苯乙烯/异戊二烯/丁二烯聚合物的研究[D]. 大连: 大连理工大学, 2014.

[44] 李杨, 胡雁鸣, 李婷婷, 张春庆, 李战胜, 赵忠夫, 申凯华, 王玉荣. 稀土催化体系苯乙烯/异戊二烯/丁二烯三元无规共聚物及其制备方法: CN201010271998. 0[P]. 2012-08-15.

[45] 李杨, 许蔷, 申凯华, 史正海, 王艳色, 王玉荣. 一类基于稀土催化体系高顺式苯乙烯/异戊二烯/丁二烯三元共聚物及其制备方法: CN201210251817. 7[P]. 2014-11-04.

[46] 贾忠明, 张学全, 李杨, 董为民, 姜连升, 张春庆, 王玉荣. 酸性膦酸酯钕盐催化丁二烯在苯乙烯溶剂中的选择性聚合[J]. 合成橡胶工业, 2010, 33(1): 11-15.

[47] 胡雁鸣, 孔春丽, 李杨, 常丽, 徐端端, 王玉荣. 苯乙烯存在下稀土催化合成窄分布高顺式聚丁二烯[J]. 高分子材料科学与工程, 2011, 27(12): 9-15.

[48] 常丽, 胡雁鸣, 李杨, 史正海, 吕权, 王玉荣. 本体原位法制备高抗冲聚苯乙烯[J]. 石油化工, 2011, 40(8): 850-855.

[49] 常丽, 胡雁鸣, 李杨, 史正海, 李立, 王玉荣. 本体原位法制备高抗冲聚苯乙烯Ⅰ. 引发剂的影响[J]. 合成树脂及

塑料，2012，29(1)：6-10.

[50] Li T T，Hu Y M，Zhang H X，Shi Z H，He G Q，Wang Y R，Shen K H，Li Y. "One-Pot" random terpolymerization of styrene, isoprene and butadiene with Nd-based catalyst[J]. J Appl Polym Sci, 2013，130(3)：1772-1777.

[51] Xu Q，Li L，Guo F，Shi Z H，Ma H W，Wang Y S，Wang Y R，Li Y. The terpolymer of neodymium-catalyzed styrene, isoprene, and butadiene：Efficient synthesis of integral rubber containing atactic styrene-styrene sequences and high cis-1, 4polyconjugated olefins[J]. Polym Eng Sci, 2014，54(8)：1858-1963.

[52] Hu Y M，Jia Z M，Li Y，et al. Synthesis and impact properties of in situ bulk made ABS resins toughened by high cis-1, 4 polybutadiene[J]. Materials Science and Engineering A, 2011(528)：6667-6672.

[53] 王艳色. 阻滞阴离子聚合制备星形高抗冲聚苯乙烯树脂[D]. 大连：大连理工大学，2010.

[54] 吴家红. 基于阻滞阴离子聚合制备星形 PS 及 SAN[D]. 大连：大连理工大学，2011.

[55] 张月媛. 基于阻滞阴离子聚合法制备 S/I/B 三元共聚物[D]. 大连：大连理工大学，2012.

[56] 李杨，王艳色，张春庆，胡雁鸣，李战胜，赵忠夫，王玉荣，申凯华. 线形高抗冲丁二烯/异戊二烯/苯乙烯三元共聚物树脂及其制备方法：CN201010531880. 7[P]. 2012-07-04.

[57] 李杨，王艳色，张春庆，胡雁鸣，李战胜，赵忠夫，王玉荣，申凯华. 星形高抗冲丁二烯/异戊二烯/苯乙烯三元共聚物树脂及其制备方法：CN201010522004. 8[P]. 2012-07-25.

[58] 王艳色，李杨，张月媛，张春庆，王玉荣. 阻滞阴离子聚合法合成星型聚苯乙烯的动力学研究[J]. 石油化工，2010，39(8)：929-935.

[59] 吴家红，李杨，王玉荣. 氢化钠/三异丁基铝体系星形聚苯乙烯的研究[J]. 合成树脂及塑料，201，29(1)：11-15.

[60] 王艳色，李杨，王玉荣. 阻滞苯乙烯阴离子聚合研究进展[J]. 合成树脂及塑料，2009，26(3)：74-77.

[61] 张月媛，李杨，王艳色，王玉荣. 阻滞阴离子聚合的研究进展[J]. 高分子通报，2011(9)：157-169.

[62] 刘少玉. 制备丁苯纳米材料用环氧化物的偶联反应研究[D]. 大连：大连理工大学，2006.

[63] 陈畅. 阴离子聚合用环氧化液体聚合物偶联剂的研究[D]. 大连：大连理工大学，2008.

[64] 陈闯. 高透明抗冲击苯乙烯/丁二烯共聚物的研究[D]. 大连：大连理工大学，2009.

[65] 李欣. 星形梳状超支化聚异戊二烯的合成[D]. 大连：大连理工大学，2009.

[66] 张红霞. 丁二烯/异戊二烯/苯乙烯星形梳状高支化聚合物的研究[D]. 大连：大连理工大学，2010.

[67] 李杨，张春庆，张红霞，陈畅，李战胜，张雪涛，王玉荣. 丁二烯/异戊二烯/苯乙烯星形梳状聚合物及其制备方法：CN200710157403. 7[P]. 2010-11-10.

[68] 李杨，李战胜，张红霞，张春庆，陈闯，赵忠夫，宋顺玺，王玉荣. 星形梳状丁二烯/苯乙烯嵌段共聚物及其制备方法：CN200810190932. 1[P]. 2010-12-22.

[69] Zhang H X，Li Y，Zhang C Q，Li Z S，Li X，Wang Y R. Synthesis of dendrigraft star-comb polybutadienes by anionic polymerization and grafting-onto methodology[J]. Macromolecules, 2009(42)：5073-5079.

[70] Zhang H X，Li Y，Zhang C Q，Hu Y M，Wang Y R，Ma H W，Li W. Synthesis and characterization of star-comb polybutadiene and poly(ethylene-co-butene)[J]. Chinese Chemical Letters, 2010(21)：361-364.

[71] Zhang Q M，Chen C，ZhangH X，ZhangC Q，Li Y，Jian X G. Synthesis and characterization of star-comb styrene/butadiene copolymer[J]. Chinese Chemical Letters, 2010(21)：1370-1373.

[72] 张红霞，张春庆，陈畅，王玉荣，李杨. 窄分布低乙烯基液体聚丁二烯的环氧化反应[J]. 合成橡胶工业，2009, 32(6)：480-484.

[73] 李欣，李杨，张春庆，张红霞，李婷婷，王玉荣. 星形环氧化聚异戊二烯偶联活性聚异戊二烯基锂的研究[J]. 合成橡胶工业，2010，33(3)：183-186.

[74] 陈闯，李杨，张春庆，张红霞，周娟娟，王玉荣. 环氧化液体丁二烯-苯乙烯共聚物的制备[J]. 合成树脂及塑料，2010，27(1)：5-9.

[75] 王超先，王齐，李杨，李战胜，于志省. 透明抗冲丁苯树脂的冲击断裂行为[J]. 合成树脂及塑料，2009，26(5)：67-71.

[76] 于志省，李杨. 透明高抗冲聚苯乙烯树脂研究进展[J]. 合成树脂及塑料，2011，28(4)：80-84.

[77] 代新英，曲敏杰，李杨，刘燕喜，张美玲. 高冲击强度聚苯乙烯加氢反应的研究[J]. 塑料科技，2010，38(4)：39-43.

[78] 丁君. 活性阴离子方法精确合成链中多功能化共聚物[D]. 大连：大连理工大学，2012.

[79] 高清. 线形/星形两亲性双接枝聚合物的研究[D]. 大连：大连理工大学，2013.

[80] 王柏. 基于聚(4-乙烯苯基二甲基硅烷)的侧链型液晶聚合物的研究[D]. 大连：大连理工大学，2013.

[81] 吴玲玲. 二甲胺基链中多官能化丁二烯/苯乙烯聚合物研究[D]. 大连：大连理工大学，2014.

[82] 张宇. 含光敏基团线形梳状/星形梳状高支化聚丁二烯研究[D]. 大连：大连理工大学，2014.

[83] Wang B，Ma H W，Wang Y S，Li Y. Synthesis and characterization of novel liquid crystalline polystyrene[J]. Chemistry Letters，2013，42(8)：915-917.

[84] Ding J，Li Y，Shen K H，Wang B，Wang Y R. Anionic synthesis of binary random in-chain multi-functionalized poly (styrene/butadiene/isoprene and dimethyl [4-phenylvinyl]-phenyl] silane)(PS-DPESiH，PB-DPESiH，PI-DPE-SiH) copolymers[J]. Chinese Chemical Letters，2012(23)：749-752.

[85] Wu L L，Wang Y S，Wang Y R，Shen K H，Li Y. In-chain multi-functionalized polystyrene by living anionic copolymerization with 1,1-bis(4-dimethylaminophenyl)ethylene：Synthesis and effect on the dispersity of carbon black in polymer-based composites[J]. Polymer，2013，(54)：2958-2965.

[86] Shi Z H，Guo F，Li Y，Hou Z M. Synthesis of amino-containing syndiotactic polystyrene as efficient polymer support for palladium nanoparticles[J]. J Polym Sci，Part A：Polym Chem，2015，53：5-9.

[87] 李杨，王艳色，申凯华，马红卫，王玉荣. 链中功能性高枝化聚合物的合成方法[J]. 高分子通报，2014(5)：88-97.

[88] 代新英，曲敏杰，李嵬，王玉荣，李杨. 高抗冲聚苯乙烯共混改性研究新进展[J]. 塑料科技，2009，37(6)：77-81.

[89] 李杨，史正海，郭方，申凯华，李婷婷，王艳色. 含氮功能化稀土间规聚苯乙烯及其制备方法：CN201410064315. 2[P]. 2014-02-24.

[90] 李杨，郭方，史正海，马红卫，王柏，李婷婷，王艳色. 含硅氢功能化稀土间规聚苯乙烯及其制备方法：CN201410063127. 8[P]. 2014-02-24.

[91] 韩丽. 侧链液晶高分子的设计合成与性能调控研究[D]. 大连：大连理工大学，2017.

[92] Han L，Ma H W，Li Y，Zhu S Q，Yan L C，Tan R，Liu P B，Shen H Y，Huang W，Gong X C. Strategies for tailoring LC-functionalized polymer：Probe contribution of [Si-O-Si] versus [Si-C] spacer to thermal and polarized optical performance "Driven by" well-designed grafting density and precision in flexible/rigid matrix[J]. Macro，2016，49(15)：5350-5365.

[93] Han L，Ma H W，Li Y，Wu J，Xu H Y. Wang Y R. Construction of topological macromolecular side chains packing model：study unique relationship and differences in LC-microstructures and properties of two analogous architectures with well-designed side attachment density[J]. Macro，2015，48(4)：925-941.

[94] 雷岚. 偶氮苯液晶高分子网络的可控合成与性能研究[D]. 大连：大连理工大学，2021.

[95] Lei L，Han L，Ma H W，Zhang R X，Li X W，Zhang S B，Li C，Bai H Y，Li Y. Well-tailored dynamic liquid crystal networks with anionically polymerized styrene-butadiene rubbers toward modulating shape memory and self-healing capacity[J]. Macro，2021，54(6)：2691-2702.

[96] 张瑞雪. 含螺吡喃基的功能化聚苯乙烯合成及性能研究[D]. 大连：大连理工大学，2021.

[97] Zhang R X，Han L，Ma H W，Lei L，Li C，Zhang S B，Bai H Y，Li Y. Well-controlled spiropyran functionalized polystyrenes via a combination of anionic polymerization and hydrosilylation for photoinduced solvatochromism[J]. Polymer，2021，231：123311.

[98] 李旭. 噻吩功能化聚苯乙烯的合成[D]. 大连：大连理工大学，2021.

[99] Yang L C，Ma H W，Han L，Liu P B，Shen H Y，Li C，Li Y. Sequence features of sequence-controlled polymers synthesized by 1,1-diphenylethylene derivatives with similar reactivity during living anionic polymerization[J]. Macro，2018，51(15)：5891-5903.

[100] 马庆驰. 双硅氢 DPE 衍生物活性阴离子聚合特性研究[D]. 大连：大连理工大学，2020.

[101] Ma M C，Leng X F，Han L，Liu P B，Li C，Zhang S B，Lei L，Ma H W，Li Y. Regulation of cis and trans microstructures of isoprene units in alternating copolymers via "space-limited" living species in anionic polymerization [J]. Polym Chem，2020，11(15)：2708-2714.

[102] 刘丕博. 胺基/烷氧硅基 DPE 衍生物活性阴离子聚合研究[D]. 大连：大连理工大学，2019.

［103］ Liu P B，Ma H W，Han L，Shen H Y，Yang L C，Li C，Hao X Y，Li Y. Investigation of the locked-unlocked mechanism in living anionic polymerization realized with 1-(tri-isopropoxymethylsilylphenyl)-1-phenylethylene[J]. Angew Chem Int Ed，2018，57(50)：16538-16543.

［104］ 张一鸣. 基于 DPE 衍生物的周期共聚物合成研究[D]. 大连：大连理工大学，2019.

［105］ Zhang Y M，Han L，Ma H W，Yang L C，Liu P B，Shen H Y，Li C，Li Y. The investigation on synthesis of periodic polymers with 1,1-diphenylethylene (DPE) derivatives via living anionic polymerization[J]. Polym，2019，169：95-105.

第 2 章
通用聚苯乙烯

2.1 概况

通用聚苯乙烯简称为 GPPS，是指由苯乙烯单体经自由基加聚反应或活性阴离子聚合反应合成的聚合物，分子结构式如图 2-1 所示。聚苯乙烯大分子链的侧基为苯环，大体积苯环侧基的无规排列决定了聚苯乙烯的物理化学性质，如透明度高、刚度大、玻璃化转变温度高、性脆等。

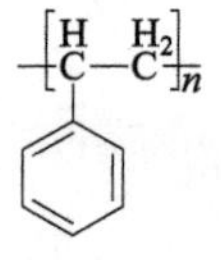

图 2-1 聚苯乙烯分子结构

常规的 PS 属于非晶态无定形聚合物，为无毒、无臭、无色的透明颗粒，似玻璃状脆性材料，其制品具有优良的绝热、绝缘和透明性，透光率可达 90%以上，电绝缘性能好，长期使用温度 0~70℃，易着色，加工流动性好，刚性好及耐化学腐蚀性好等。其不足之处在于性脆，耐冲击强度低，易出现应力开裂，耐热性差及不耐沸水等。

目前我国已成为全球苯乙烯消费增长最快的国家。2023 年国内苯乙烯产量约 1551.36 万吨，同比增长 14.35%；表观消费量约为 1600.1 万吨，同比增长 13.44%；产能 2129.2 万吨，产能增速达 21.03%。伴随国产供应量增加，进口依存度大幅下降。近年苯乙烯下游主要集中在 EPS、PS 和 ABS 领域，占其总消费量的 65%以上。未来五年，伴随产业一体化发展，下游 EPS、PS 和 ABS 均进入一个产能快速扩张的周期[1]。预计在未来的 3 年中，中国苯乙烯产业将出现一个投产的小高峰。随着中国经济迈入高质量发展阶段，主要面向高端材料领域的 HIPS、ABS 树脂等下游需求有望持续增长，为苯乙烯行业扩张带来重要推动力。

在我国 PS 消费结构中最大的应用领域是电子电气行业，约占总消费量的 55%，日用品行业占 25%，EPS 制品如建筑材料、包装材料也占有较大份额，占比约 20%。在家电方面，目前我国家电产业已告别高速增长阶段，开始进入缓慢增长的横盘调整期，对 PS 的消耗量已相对减少。在日用品方面，PS 的应用范围很广，如厨房器皿、牙具洗漱品、装饰品、圆珠笔笔管等，该领域也是国内 PS 消费的重要领域。在传统玩具市场方面，聚丙烯等其他塑料的应用越来越多，一定程度降低了对 PS 的需求。在包装材料方面，GPPS 主要用于包装和电绝缘领域，产品厚度一般为 100~700μm。常用的 BOPS 透明片材是以 GPPS 为主料加入增韧剂的产品，目前主要用于服装辅助材料、食品及口服液包装等，该领域消费占总消费量的 10%左右[2]。

苯乙烯单体是制备聚苯乙烯的主要原材料，属于芳烃化合物的一种，为无色、有特殊香气的油状液体。其分子式为：C_8H_8，结构简式为：$C_6H_5CH{=}CH_2$，结构式如图 2-2 所示。从苯乙烯单体的来源来看，早在 1937 年，德国法本公司和美国陶氏化学公司即采用

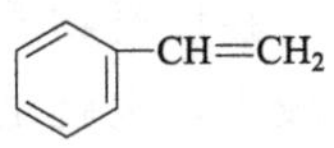

乙苯脱氢法进行了苯乙烯工业化生产；1966 年，美国哈康公司开发了乙苯共氧化法；20 世纪 70 年代初，日本等国采用萃取精馏从裂解汽油中分离出苯乙烯，制得的苯乙烯量取决于乙烯生产的规模。目前，世界上苯乙烯的生产方法主要有：乙苯脱氢法、环氧丙烷-苯乙烯联产法、热解汽油抽提蒸馏回收法、丁二烯合成法等[3]。乙苯脱氢法是目前世界上苯

图 2-2　苯乙烯
单体分子结构

乙烯的主流生产工艺，是以乙苯为原料脱氢而成，又可分为乙苯催化脱氢和乙苯氧化脱氢两种工艺。其中，乙苯催化脱氢主要是在催化剂条件下的高温脱氢反应，是工业上生产苯乙烯的传统工艺。目前，全球催化脱氢生产工艺代表有 Fina/Badger 法、ABB LUM-MUS/UOP 法和 BASF 法等。乙苯氧化脱氢是通过一段脱氢产生的氢气大部分被氧化，使反应向生成苯乙烯的方向移动。与传统的苯乙烯生产技术相比，在相同的选择性下，乙苯单程转化率最高可超过 80%。同时减少了未转化乙苯的循环返回量，使装置生产能力提高，减少了分离部分的能耗和单耗。氧化脱氢技术代表是 SMART 工艺[4]。

苯乙烯不溶于水（<1%），能与乙醇、乙醚等有机溶剂混溶。苯乙烯在室温下即能缓慢聚合，贮存过程中要加入 0.0002%～0.002% 的阻聚剂（如对苯二酚或叔丁基邻苯二酚）作稳定剂，以延缓其聚合。苯乙烯可发生自聚或共聚反应，用来制造树脂、橡胶等大分子物质，同时也可用于制造聚酯和乳胶漆等。

苯乙烯可以通过自由基聚合反应、离子聚合反应、配位聚合反应等机理聚合为聚苯乙烯或者其共聚物。其中，阴离子聚合反应通常用于实验室设计并制备窄分子量分布（M_w/M_n）的聚合物产品，以用于仪器校正（如 GPC）和理论研究，工业上则用于生产苯乙烯与丁二烯的嵌段共聚物。而采用阳离子聚合反应而得到的产品主要用作涂料和胶黏剂。当前，自由基聚合反应最具实际工业意义。

2.2　制备方法

2.2.1　聚合机理

2.2.1.1　自由基聚合机理

苯乙烯可采用热引发或引发剂引发进行自由基聚合，生成聚苯乙烯，反应动力学方程为：

$$R_p = (K_p/K_{t,d}^{0.5})R_i[M]$$
$$P_n = K_p[M](K_{t,d}R_i)^{0.5}$$

式中，R_p 为聚合反应速率；K_p 为链增长速率常数；R_i 为引发速率常数；$K_{t,d}$ 为终止速率常数；[M] 为单体浓度；P_n 为数均聚合度。当单体浓度恒定（即低转化率）时，分子量分布可用 Schulz-Flory 分布表述。歧化终止时，分子量分布指数 D 为 2；双基偶合终止时，D 为 1.5。随着聚合反应的进行，[M] 降低，P_n 也降低，且分子量分布变宽。温度对聚合度的影响则体现在对各基元反应速率常数的影响中，提高聚合温度，聚合速率加快，但聚合度降低，平均分子量也减小。

在烃类物质中，苯乙烯单体的活性较大。而对自由基而言，苯乙烯在烃类中自由基活性较小，也就是说苯乙烯自由基不活泼。这是因为苯乙烯单体的双键与苯环产生共轭反应，双键上的电子云易流动极化，π 键易均裂，所以苯乙烯单体活泼。而当苯乙烯形成苯乙烯自由基时，自由基的独立电子也可与苯环共轭而稳定，故苯乙烯的自由基就不活泼。聚苯乙烯热引发连续本体聚合时，其聚合机理是基于典型的自由基聚合过程，它总是由链引发、链增长和链终止三个基本单元组成[5-6]。

（1）链引发

① 热引发　苯乙烯是少数几种能够用热引发聚合的单体之一，热引发聚合在聚苯乙烯生产中占据着重要的地位。例如，Cosden、TEC-MTC 法均采用热引发工艺，Dow 法用引发剂但也伴随着热引发聚合。

对于苯乙烯热引发机理，有双分子和三分子引发两种不同的观点。Flory 等最先提出双分子引发机理（图 2-3）。Mayo 根据苯乙烯热聚合速率与单体浓度的 2.5 次方成正比这一事实，认为是三分子引发反应（图 2-4）。经过近 50 年的研究和数据验证，更为合理的 Mayo 机理逐渐被人们接受，该机理认为，两个苯乙烯分子通过 4＋2 的 Diels-Alder 环化加成反应生成了不稳定的中间体，该中间体是苯乙烯的二聚体，含有不稳定的氢原子，能与一个苯乙烯分子反应生成三聚体，或者生成两个初级自由基，引发苯乙烯的聚合。核磁共振研究证实，热引发得到的聚苯乙烯分子链确实存在上述自由基的残基。

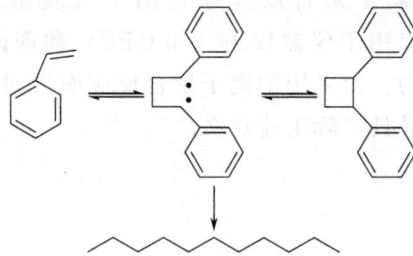

图 2-3　Flory 提出的苯乙烯聚合的热引发机理

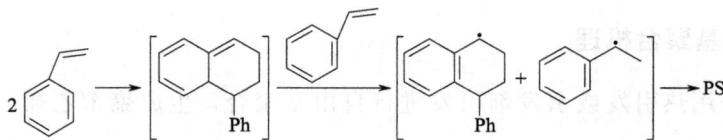

图 2-4　Mayo 提出的苯乙烯聚合的热引发机理

苯乙烯单体的分子式中的双键虽然与苯环产生共轭，相对稳定，但在受热激发后，仍可产生自由基活性种，最初的热引发过程是进行双烯加成反应，产生两个初级自由基。即苯乙烯的热引发是单体受热使部分苯乙烯的双键打开，进行双烯加成反应，形成中间产物，再与单体进行氢原子转移产生初级自由基，从而引发大量的苯乙烯进行聚合反应，其热引发机理如图 2-5 所示。

在自由基的影响下，单体的烯烃双链会产生如图 2-6 所示的自由基活性种。

② 引发剂引发　由热引发聚合得到的聚苯乙烯树脂中往往含有 0.2%～1.5% 的二聚

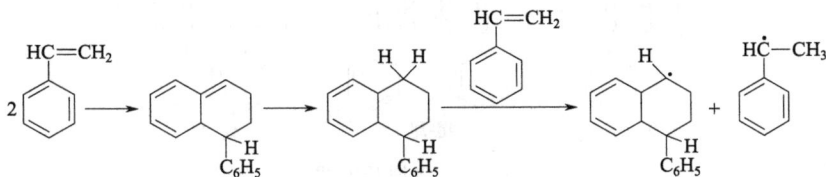

图 2-5　苯乙烯双烯加成热引发机理

体和三聚体，这些有害的低聚物在加工成型时挥发出来，产生气味和油状液滴。现在苯乙烯的生产大多采用引发剂，使聚合反应在较低温度下进行，以减少热引发，从而减少二聚物和三聚物的生成，加速苯乙烯聚合，提高产量。

　　引发剂引发就是引发苯乙烯聚合所需的自由基，是由引发剂受热分解提供的。苯乙烯本体聚合所采用的引发剂属热分解型引发剂，一般为有机过氧化物，引发剂的引发机理为[以 1,1-二(叔丁基过氧基)环己烷为例，图 2-7]：

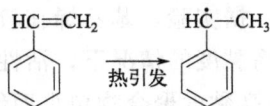

图 2-6　自由基活性种的形成　　　　图 2-7　1,1-二(叔丁基过氧基)环己烷的引发机理

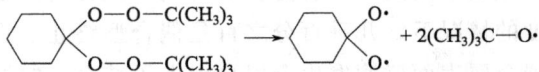

　　引发速率方程式为 $r_i = 2fk_d[\text{I}]$。引发效率并不是一个固定不变的数，它随反应的进行而逐渐下降。引起引发效率下降的因素主要有笼蔽效应和诱导分解。氧气和其他阻聚杂质与初级自由基作用，也会使引发效率下降。另外，引发效率还与聚合温度、引发剂用量等有关[7]。相对于热引发而言，引发剂引发用于苯乙烯的本体聚合反应有诸多优点[8]：可有效缩短反应停留时间或提高生产能力；产品分子量分布更窄；在较低温度下实施聚合，有利于偶合终止，可获得更高分子量的产品，减少低聚体含量；双官能团的引发剂使用效果优于单官能团引发剂，可更有效地控制分子量及其分布，从而获得更好的产品质量。

　　常用的引发剂是过氧化物、偶氮化合物、四苯基乙烷等，其中更多的是使用过氧化物，如过氧化苯甲酰、过氧化苯甲酸叔丁酯、过氧化辛酸叔丁酯等。这是因为过氧化物成本较低，而且引发效率比偶氮类引发剂高；使用偶氮类引发剂时，笼蔽效应副反应会在聚合物中留下有害的残留物；使用四苯基乙烷类引发剂引发时，会在链端生成不稳定的残基。过氧化物的选择主要根据分解速率，分解速率太慢，则未分解的过氧化物会残留在产物中，如果提高温度来加快它的分解，那又会失去抑制热引发的作用。反之，过氧化物的分解速率太快，又会导致聚合反应的失控，必须考虑反应器从黏稠的反应体系中导出反应热的能力。

　　(2) 链增长

　　活性种在运动过程中，将彼此相遇而结合成多分子的聚合物。而且这些分子仍带有活性(多余的一个电子呈负极性)。苯乙烯的两个活性种有图 2-8 所示的三种结合方式。

　　但实验证明，其主要是头-尾相接。因为头-尾相接结构稳定共轭，能级较低。头-头相

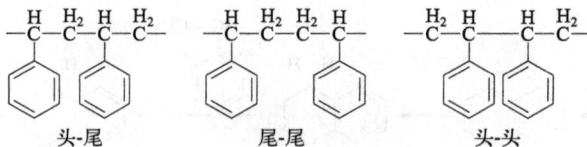

图 2-8　链增长方式

接或尾-尾相接，能级较高，结构相对不稳定。苯乙烯链增长的反应活化能比引发反应小，仅为 32.6kJ/mol。所以增长反应的速率比引发反应快得多，链增长反应相当迅速，其在 0.01s 至几秒之内就可能聚合成千上万。而在链增长中，聚苯乙烯的聚合热为 69.9kJ/mol，如何处理好聚合热是聚苯乙烯聚合反应的关键。

（3）链终止

聚苯乙烯自由基的链终止有双键偶合终止和单基歧化终止两种方式，偶合终止得到的聚苯乙烯分子量高于歧化终止。从能量的角度，偶合终止时反应物结构保持不变，活化能小，歧化终止要发生 C—H 键的断裂需要能量，因此当聚合反应在较低温度下进行时，偶合终止是主要的，随着温度的升高，歧化终止逐渐成为主导。据实验，苯乙烯在较低聚合温度的情况下，几乎百分之百是偶合型终止。在高转化率和高黏度的情况下，活性链与反应器金属表面碰撞发生金属自由电子结合，"粘壁"终止或被高黏度聚合物包裹而终止。

（4）链转移

在苯乙烯自由基聚合反应中，除了链引发、链增长、链终止三步基元反应外，也伴有链转移反应。链转移是指高分子活性链相互作用，使电子或氢原子转移，使活性链失去活性而成为稳定高分子。聚苯乙烯的稳定链也是通过链转移得到的。链转移的另一种形式是高分子活性链与单体作用，使高分子的活性点转移到单体，单体成为活性种，这种链转移不影响聚合速率。而链自由基从已经终止了的聚苯乙烯大分子上夺取氢原子而发生的链转移则会进一步增长，形成支链大分子。虽然长支链的引入可以改进聚苯乙烯的某些性能，例如熔体强度，但是靠近反应器壁的湍流层中的大分子，由于停留时间较长，受自由基攻击的机会较多，容易形成高度支化的大分子，甚至生成凝胶，影响连续生产，因此链转移需要适当控制。

最常用的办法是添加具有链转移能力的溶剂。苯乙烯连续聚合时，为了减小体系黏度，往往添加少量溶剂，这些溶剂同时就起到了链转移的作用。不同的溶剂其链转移能力不同，通常使用的溶剂有苯、环己烷、甲苯、乙苯、二甲苯等，用得较多的是乙苯。乙苯分子上有两个活泼的氢原子，容易被自由基夺取，发生链转移。聚苯乙烯合成中常添加叔十二烷基硫醇等链转移剂，以调节聚合物的分子量及其分布。在乙苯为溶剂的本体热聚合工艺中，乙苯除作为溶剂对体系起稀释作用并改善体系的传热状态外，也作为链转移剂，具有调节聚合物分子量的作用。其加入量的多少对产品的冲击强度也有一定的影响。适当降低乙苯含量可提高产品的冲击强度。在实践中，改变乙苯含量是调整产品性能，特别是调整熔体流动速率的有效手段。

2.2.1.2　阴离子聚合机理

自从 1956 年 Szwarc 发现苯乙烯阴离子聚合无终止的特点而提出"活性聚合"概

念[9] 以来，通过阴离子聚合方法合成的苯乙烯均聚物、共聚物越来越多，在聚合物化学和高分子材料中已占有十分重要的地位。

阴离子聚合采用正丁基锂作为活性引发剂，正丁基锂与苯乙烯单体反应，引发聚合。阴离子聚合比常规自由基反应快 4～6 个数量级，这样快的速率对于现在的工业生产近乎无法控制。

美国 Inventor 公司成功开发了阴离子聚合机理生产聚苯乙烯的新工艺[10-11]，该工艺采用阴离子间歇引发聚合，使生产的所有聚合物链拥有精确的相同长度，从而使产品具有优异的力学性能。该工艺利用阴离子聚合释放的绝热爆炸能量，提供给熔融聚合物。由于添加大量含有引发单体的"冷" PS，从而使最终熔融温度适中。在该过程中，快速聚合的热量用于将聚合物绝热加热至加工温度，约为 240℃，它几乎（或完全）可避免再从产品中脱除挥发性杂质。该工艺已经实验室验证，多个步骤完成中试，于 2006 年年底推向工业化生产。对于 113kt/a 的阴离子聚合装置，与自由基聚合相比，固定投资费用可降低 28％，直接操作费用可降低 0.5％。另外，阴离子聚合生产的 PS 因强度高，可加工性好，可减少材料用量 45％。

2.2.2　生产工艺

我国 PS 树脂的生产经历了起步、扩展和规模化 3 个阶段。苯乙烯系树脂发展初期，只生产 GPPS，因其质地硬而脆、机械强度不高、耐热性较差，而且易燃，所以人们开展了改性工作，并逐步形成了以 HIPS、EPS、丙烯腈-苯乙烯共聚物和丙烯腈-丁二烯-苯乙烯共聚物（ABS）等为代表的庞大的苯乙烯树脂体系。20 世纪 90 年代中期，我国 PS 工业进入规模化阶段。在此阶段国内对 PS 的需求增长迅速，市场缺口很大。除中国石油化工集团有限公司和中国石油天然气集团有限公司、地方本身建设或合资建设 PS 新装置外，国外知名大厂商（如美国 Dow 和 Chervon 公司）纷纷进入中国建厂，其建设规模均达到 100kt/a 以上，所采用的技术都为各厂家最先进的技术，国内 PS 生产水平也达到一个新阶段，生产能力有了较大的发展[12]。

苯乙烯是带有共轭体系的烯类单体，π 电子流动性大，易诱导极化，因此能按自由基、阴离子和阳离子三种机理进行聚合。工业制备主要采用自由基聚合的方法。通常，自由基聚合的实施有悬浮聚合法、本体聚合法、溶液聚合法和乳液聚合法等。目前工业上主要采用本体聚合法和悬浮聚合法[13]。由于溶剂的脱除和处理比较困难，因此一般不采用溶液聚合；乳液聚合制得的树脂透明性较差，也很少采用。

2.2.2.1　本体法

2.2.2.1.1　概述

通常所采用的连续本体聚合工艺是将苯乙烯单体送入预聚釜中，再加入少量添加剂和引发剂，于 95～115℃下加热搅拌进行预聚合，待转化率达到 20％～35％之后，再送入带有搅拌器的塔式反应器内进行连续聚合反应。聚合温度逐渐升高到 170℃左右，以达到完全转化。少量未反应的苯乙烯从塔顶放出，并可以回收再利用。聚合物连续从塔底出料，经挤出造粒即得成品，包装后出厂[14-15]。本体聚合由于不使用分散介质和分散稳定剂，免去了分离、洗涤和干燥步骤，因此生产工艺比悬浮聚合和乳液聚合简单，但是由于没有分散介质，单位体积的发热量大，而且体系黏度高，因此热量的导出比较困难。

苯乙烯的本体聚合生产工艺主要包括聚合和未反应单体脱除两个步骤。最原始的工艺是 Dow 化学公司早期开发的罐装聚合工艺：苯乙烯单体被密封在许多铁罐里，并浸在一系列温度升高的水浴中，聚合完成后放出聚合物，经熔融挤出得到产品。

苯乙烯的本体聚合最早出现于 20 世纪 30～40 年代，采用的是间歇聚合工艺，该工艺所用的设备简单，流程短，但反应过程中反应热排除困难，所得聚苯乙烯分子量分散度大，劳动强度大，只适宜小规模生产。间歇法本体聚苯乙烯的生产主要有两个步骤，即预聚合和后聚合。预聚合通常在一个预聚合反应器中完成：将苯乙烯加入预聚合反应器中，加热物料到 100～110℃，开始反应后进行冷却，回流 4h，转化率达到 40%～60%，降温到 70℃ 以下，预聚合完成。后聚合就是将预聚合物注入塑模中，在 100℃ 的外界温度中反应 14h，然后升温到 115℃，最后升温到 125～140℃，聚合结束。根据生产需求，在预聚合时可加入引发剂；另外，聚合温度和各阶段聚合时间的控制，可根据不同情况给予调整。

目前采用的本体聚合都是连续聚合工艺，早期的连续本体聚合工艺技术以德国 I. G. Farben 公司的连续塔式聚合工艺为代表，称为法本Ⅲ式流程。该工艺由两台预聚釜配一个聚合塔，完成整个聚合反应过程，再经挤出机挤出、拉条和切粒得到产品。但这种技术始终没有解决聚合体系黏度大、撤除反应热困难的问题，从而造成反应温度的多分散性，导致聚苯乙烯树脂分子量分布范围宽，产品的耐热性差。同时，老式本体聚合产品中残留单体含量高，制成制品后容易产生雾化和老化等问题，因而限制了它的使用范围。由于转化率高，采用塔式聚合生产的聚苯乙烯冲击强度可以达到 16～18J/m。

本体聚合原指只以单体为聚合原料，不加或少加入一点辅助材料（如润滑剂等），但绝对不加溶剂的聚合方法，这种方法可以称为纯粹本体聚合法。20 世纪 60 年代出现了改良的本体聚合技术。这种技术的特点是添加了少量的溶剂，一般其质量不超过单体质量的 15%。溶剂的加入，降低了聚合体系的黏度，使传热传质都变得容易起来，这可以改善聚合系统温度分布不均匀的问题，使得聚苯乙烯树脂分子量分布范围变窄，产品的耐热性得到明显提高。此外，对溶剂和未反应的单体采用了回收技术，这种脱挥发分的工艺过程，使产品中残留单体量大幅度降低（1000mg/kg 以下），制品雾化的问题得到了解决，老化问题也得到一定程度的缓解。添加少量溶剂的本体聚合技术的出现加快了苯乙烯本体聚合技术的发展。

2.2.2.1.2 典型本体法

本体法经过多年的发展已较成熟，相对于悬浮法具有工艺流程简单、易操作、能耗低、污染少、产品质量好等优点。因此，目前除少数厂家（如日本电气化学）仍采用悬浮法外，绝大多数厂家均采用本体法。目前世界上有代表性的 PS 生产技术有美国的 Dow、Fina（原 Consden）、Chervon（原 Gulf Oil）、Huntsman（原 Mansanto，现并入 Nova），德国的 BASF 和日本的 TEC-MTC 等工艺，其中以 Dow 工艺最为先进。

上述各厂家均采用连续本体工艺，一般包括配料、预聚合、聚合、脱挥、造粒等主工序。各厂家工艺的差别主要在聚合引发方式、聚合反应器的配置及结构、聚合反应热的排放方式、脱挥方式、循环液中低聚物的去除和工艺配方、设备材质等方面。各工艺的技术特点如下[16]。

(1) Dow 工艺

美国的 Dow 公司早在 20 世纪 30 年代就开发了 PS 的生产技术，经过多年的发展，对 PS 的聚合工艺做了大量的改进和发展，是世界上四大 PS 生产商之一，在 PS 生产领域一直保持领先的地位。1989 年，燕山石化引进其技术建设了一套 5 万吨/年的装置；2002 年，Dow 公司在张家港建设了 12 万吨/年的装置。其特点主要有：

① 采用双官能团的引发剂引发，加入少量乙苯作为循环溶剂。

② 聚合系统包括三个串联的立式活塞流反应器、一个与一级反应器并联的平行反应器，反应器均为满釜操作，物料输送动力主要靠进料泵提供，各反应器间无聚合物泵，靠压差传送；上述设备均为 Dow 公司的专有技术。其立式反应器结构较为先进，带有外夹套、109 层扇形内盘管，分为三个温度控制区，每层内盘管间配有一层三桨平叶搅拌器，可有效地通过导热油循环带走反应热并提供生产 HIPS 所需的搅拌剪切力，平行反应器用于生产该公司新开发的、可部分替代 ABS 树脂的 HIPS 产品；Dow 工艺的最终转化率可达 80%～85%。

③ 采用翘板式脱挥预热器和单级脱挥器及二级冷凝，第二级冷凝采用乙二醇作冷凝剂。

④ 对于去除聚合副反应所产生的低聚物，该工艺采用将脱挥器出来的未反应组分通过二级冷凝的方式在第一级冷凝器中除去高沸点组分（低聚物）；无须采用真空蒸馏提纯的方法，而排出的低聚物作为燃料回收利用；

⑤ 设备材质方面除真空及循环系统、脱挥系统和添加剂系统为不锈钢外，反应器等均为碳钢。

(2) BASF 工艺

德国 BASF 公司的前身 I. G. Farben 工业公司是世界最早的 PS 发明者。经过多年发展，BASF 公司已成为当今世界四大 PS 生产商之一，其工艺亦相当成熟且有独到之处。1998 年，BASF 公司与中国石化扬子石油化工有限公司合资采用 BASF 工艺建成了 10 万吨/年的 PS 装置，其 GPPS 和 HIPS 的生产采用各自的生产线。其主要特点有：

① 采用引发剂引发，加少量乙苯作为循环溶剂。

② 聚合系统 GPPS 生产较为简单，采用单立式全混流反应釜操作，配有平叶加锚式搅拌器，聚合反应热通过冷进料和苯乙烯及乙苯的蒸发冷凝散去；HIPS 的生产包括两级立式全混流预聚釜和两级立式活塞流反应器，一级预聚釜搅拌器为折叶式，二级预聚釜搅拌器为锚式，后两级反应器结构与 Dow 工艺类似；一级预聚釜直接安装在二级预聚釜的上面，其他反应器间配有聚合物泵；预聚釜为微负压、非满釜操作，反应热通过冷进料和苯乙烯及乙苯的蒸发冷凝散去；后两级反应器为满釜操作，反应热通过内盘管的导热油循环带走；其最终转化率可达 85%。

③ 脱挥系统 GPPS 采用二级脱挥器，各脱挥器均有一套独立的真空系统；HIPS 采用单级脱挥器；GPPS 产品的残单含量可控制在 $200\mu g/g$ 以下。

④ 真空及循环系统配有循环液的真空蒸馏提纯装置，从脱挥器出来的蒸汽部分被喷淋冷却下来进行提纯，除去循环液中的低聚物。

⑤ 设备材质类似 Dow 工艺，其立式活塞流反应器材质亦为碳钢，其他如预聚釜、脱挥器等为不锈钢。

（3）Chervon 工艺

美国 Chervon 公司的工艺是在 Gulf Oil 公司的工艺上发展而来的，而后者工艺则来源于原 UCC 工艺。经过多年的发展，Chervon 工艺已发展成为一种较有代表性的工艺。该公司于 2000 年在我国张家港独资建成 10 万吨/年的 PS 装置。其工艺特点主要有：

① 采用引发剂引发，加少量甲苯作为循环溶剂。

② 聚合系统 GPPS 的生产采用三个串联的带螺带式搅拌器的近似全混流反应器；HIPS 的生产采用一个带折叶式搅拌器的全混流反应器和三个与 GPPS 生产线相同的反应器串联操作；此外，还有一个管式绝热后反应器，有利于提高最终转化率和降低脱挥预热温度；聚合反应热的排出依靠苯乙烯和甲苯的蒸发带走，各反应器顶部均配有回流反应器；该工艺主要靠控制多个反应器的液位和温度来控制产品的分子量及分布，最终转化率可达 85%。

③ 脱挥系统采用二级脱挥器，在第二级脱挥器入口管线可加入软水辅助脱挥，最终产品的残单含量低达 $300\mu g/g$。

④ 配有循环液的真空蒸馏提纯装置可有效除去循环液中的低聚物，排出的低聚物作为燃料回收利用，另外，进料系统配有可除去苯乙烯中的阻聚剂 TBC 的吸附塔。

⑤ 设备材质与物料直接接触的全部为不锈钢。

（4）Fina 工艺

美国 Fina 公司的工艺为原 Cosden 工艺。Fina 公司与 ELF-ATO 公司合并后成立的阿托菲纳公司已成为世界上四大 PS 生产商之一。Fina 工艺是世界上转让最多的商业化 PS 工艺，也是我国厂家引进最多的工艺，先后有抚顺石化、汕头海洋、湛江新中美、盘锦乙烯等公司。但上述厂家所引进的均不是 Fina 公司最先进的技术，其中湛江新中美所引进工艺为 Fina 公司典型商业化工艺，其工艺特点主要有：

① 采用热引发，加少量的乙苯作为溶剂。

② 聚合系统采用一个全混流立式预聚釜和三个活塞流卧式反应器串联操作；预聚釜为非满釜、微负压操作，搅拌器形式为折叶式，依靠冷进料和苯乙烯及乙苯的蒸发带走反应热，其卧式反应器为 Fina 公司专有技术。该反应器结构带有外部夹套和 72 组阿基米德螺旋线内盘管，每两组内盘管中间有一层双桨平叶式搅拌器，共有 36 组桨叶；反应器可通过导热油循环带走；反应器之间采用泵送，各后级反应器均有物料回流至前级反应器以保持卧式反应器的满釜操作；最终转化率一般控制在 75% 以下。

③ 脱挥系统采用二级落条式脱挥器，产品的最终残单含量可控制在 $700\mu g/g$ 以下。

④ 真空及循环系统没有除低聚物的配置，循环液定期排除以降低循环液中的杂质。

⑤ 设备材质全部为碳钢，因此其生产线的投资相对较省。

20 世纪 90 年代，在转让上述工艺时，Fina 公司本土就已开发了新一代的工艺，其设备单线生产能力可达 13.6 万吨/年。该工艺采用双官能团引发剂引发，聚合系统采用二级全混流立式预聚釜和四级活塞流卧式反应器的配置，循环系统配有吸附除去副反应产物和低聚物的装置。

（5）TEC-MTC 工艺

日本 TEC-MTC 工艺也是我国引进较多的 PS 工艺，兰州石化（引进较早，为旧工艺）和齐鲁石化（引进为新工艺）等公司都引进其工艺。其工艺特点主要有：

① 一般采用热引发，高光泽 HIPS 的生产采用引发剂引发，加少量乙苯为溶剂。

② 聚合系统采用两台全混流立式釜和三台活塞流塔式反应器串联组成，其中一台全混流立式釜不作预聚釜，只在生产高分子量产品时使用；釜式反应器由外夹套、导流筒和盘管组成，其搅拌器上部为双螺带、下部为涡轮式；塔式反应器由三个带双螺带式搅拌器的混合室和两个换热器组成；反应器之间还设置了三个中间冷却器；上述多个反应器均为满釜操作，反应器间的物料输送靠反应器之间的压差来实现；其聚合转化率可达 80%。

③ 脱挥系统采用两级脱挥，产品的残单含量可控制在 400μg/g 以下。

④ 真空机循环系统设有循环液的真空蒸馏提纯装置，二级脱挥器冷凝下来的冷凝液送去提纯装置除去循环液中的低聚物并回收作为燃料。

⑤ 设备材质全部为不锈钢。

(6) Huntsman 工艺

Huntsman 工艺为连续本体法工艺，可用于生产多种牌号的 GPPS 及 HIPS 树脂，我国大庆石化总厂引进此技术建成 2.5 万吨/年聚苯乙烯装置，经扩建后产能现已翻番，该工艺是当前世界上生产 EPS 采用较多的工艺。以 GPPS 206 牌号为例：

① 平均转化率为 81.95%。

② 每吨聚苯乙烯的原材料及公用工程单耗为：苯乙烯 1.125t；矿物油 0.0174t；引发剂 $1.69×10^{-4}$ t；电 197.56kW·h；脱盐水 0.268t；N_2 24.8m^3；中压蒸汽 0.041t。

③ 合同保证值为每吨聚苯乙烯的单耗为：苯乙烯 995kg；矿物油 23.8kg；引发剂 0.8kg。

该工艺有如下特点[17]：

① 采用催化引发技术，以促进聚合物与橡胶接枝，减少低聚物的生成量，并控制温度波动。

② 使用两个预聚釜，以增加橡胶中苯乙烯单体含量，使产品物性更好。

③ 预聚釜采用蒸发冷却技术以除去反应热及脱掉物料带入系统的水分，以防下游设备产生腐蚀并能用碳钢材质制造。

④ 采用两台串联的卧式聚合反应器，具有活塞流特征，易于控制和进行产品切换。

⑤ 卧式聚合反应器采用液压驱动，更宜于低转速、高扭矩的场合。

⑥ 只用一个脱挥器，采用带特殊润滑系统的真空泵，脱挥效果好，可使产品中残留单体含量低于 500mg/kg。

该公司的 EPS 生产工艺在美国所占比例较大，亦是目前世界上广泛采用的生产 EPS 的工艺，其 EPS 生产是悬浮一步浸渍法，能耗低。

(7) S.O.E 工艺

由汕头海洋（集团）公司和广东省石油化工设计院（S.O.E）自主开发的聚苯乙烯技术（S.O.E 技术），采用世界上先进的连续本体法生产工艺，具有显著的技术特点：立式五釜串联、流程短、操作简单、三废排放低（正常生产时废水、废液基本零排放）。关键反应器已全部国产化，辅助设备、机泵国产化率也达 90%，装置投资比引进国外同类产品的其他技术装置的费用大大降低，而且装置吨产品单耗低，所以该技术装置建设费用低，生产成本低，经济效益好。从市场经济分析数据来看：S.O.E 技术生产聚苯乙烯，投资回收期短（约 5 年）、资金净利润率高（约 78%）、抗风险能力强（盈亏平衡点约

37%），具有较强的市场竞争力。

S.O.E 聚苯乙烯生产工艺采用立式反应器五釜串联，以生产 HIPS 工艺为例，流程主要包括配料、聚合、真空回收、造粒和仓储包装等工段[18]。

① 配料工段　将适量的苯乙烯、橡胶碎粒和矿物油加入溶解罐，搅拌充分溶解。

② 聚合工段　料液和循环液按比例经预热器加热到一定温度后送预聚釜，小预聚釜为满釜操作，大预聚釜通过控制苯乙烯单体和乙苯的蒸发量来控制反应温度和压力，使物料经过预聚反应达到30%的转化率。此后，反应物料再进三个平推层流立式反应器。通过温度和压力的控制，物料达到预定的转化率和最佳的分子量分布。

③ 真空回收工段　反应后的聚合物经脱挥预热器预热后进入二级串联真空脱挥器，闪蒸脱除未聚合的苯乙烯和乙苯。

④ 造粒和仓储包装工段　脱挥后的聚合物经泵送到料条模头孔板，挤成条束后进入料条冷却水浴，后经切粒、风干、过筛，再送产品料仓称量、包装贮存。

另外，镇江奇美、汕头海洋、中油三水等公司均引进了上述不同生产厂家的工艺，在加以改进的基础上发展自己的专有技术。其工艺流程与上述工艺相似，主要不同点在工艺配方和控制参数上。

2.2.2.2　悬浮法

悬浮法通常是以苯乙烯为单体，水为介质，以明胶或淀粉、聚乙烯醇、羟乙基纤维素等为有机物分散剂，或以碳酸镁、硅酸镁、磷酸钙等不溶性无机盐等为分散剂，顺丁烯二酸酐-苯乙烯共聚物钠盐为助分散剂，过氧化苯甲酰为引发剂，在85℃左右进行引发聚合；也可以不使用引发剂，在100℃以上的高压聚合釜中进行高温聚合。聚合物经洗涤、分离、干燥等工序即得无色透明的细珠状聚苯乙烯树脂[14,19]。

（1）悬浮聚合机理

苯乙烯的悬浮聚合是苯乙烯以微珠状分散在介质中进行的聚合反应。水通常被用作悬浮介质，苯乙烯在水中的溶解度非常低，80℃时仅为0.062%。苯乙烯单体能溶解聚合物，因此它的悬浮聚合属于典型的珠状悬浮聚合，苯乙烯在悬浮的微珠中的聚合具有均相聚合的特征[7]。

苯乙烯悬浮聚合的温度，有高、低温之分。低温法在80～85℃聚合，如仅靠热引发，反应速率很慢，因此要加引发剂；高温法在120～150℃聚合，不加引发剂，反而要加一点阻聚剂（或缓聚剂），避免反应速率过快而产生爆聚。从动力学观点来看，苯乙烯的悬浮聚合和本体聚合相似，可以看成是在小颗粒中进行的本体聚合。分散剂与反应历程无关。由于苯乙烯悬浮聚合与本体聚合相似，所以它的分子链的形成也经历链引发、链增长、链终止和链转移的历程。苯乙烯进行低温悬浮聚合时，由于加入了引发剂，所以它的分子量主要取决于引发剂加入量的多少。通常很少使用分子量调节剂（如叔十二硫醇）来调节聚苯乙烯的分子量。苯乙烯在高温悬浮聚合时，分子量只取决于温度，而且通常认为链终止主要通过自由基的转移和两个自由基之间的歧化而发生。

苯乙烯悬浮聚合的优点是聚合时所放出的反应热容易扩散开来被介质带走，总体上克服了反应温度分布宽的现象，因而生产出来的聚苯乙烯树脂比本体法得到的产品耐热。实质上，反应温度分布范围窄，促使分子量分布范围变窄，从而使聚苯乙烯树脂耐热性得到提高。苯乙烯悬浮聚合与本体聚合相比，其缺点是产品纯度稍低，因为它的珠粒表面容易粘有悬浮分散剂等残余物，电性能、光学性能受到影响。另外悬浮聚合苯乙烯转化率不可能达到 100%，剩余的单体一部分被放空，另有 5000～6000mg/kg 的单体残留在树脂中。如果采用酸洗技术来除去悬浮剂，还要产生更多的化学污水，废单体放空则会污染环境。

（2）悬浮聚合生产工艺

苯乙烯悬浮聚合通常只用间歇方式进行。高、低温悬浮聚合的工艺过程基本相同，它们都包括原料和助剂的配制、聚合、脱水、洗涤、干燥、包装等工序[7]。

① 原料和助剂的配制　为了防止自聚，原料苯乙烯在出厂前通常要加入阻聚剂，因此，在使用前要进行碱洗来脱除阻聚剂。一般要求用于聚合的苯乙烯阻聚剂含量在 30mg/kg 以下，最好小于 10mg/kg。

助剂的配制，包括悬浮液的配制和引发剂溶液的配制。悬浮液的配制，一般都是单独设置一个配制槽，将悬浮剂和脱盐水（去离子水）配制成浓的悬浮液，然后再输送到聚合釜中去，用脱盐水进行稀释。也有直接在聚合釜中制备悬浮液的方法。引发剂溶液一般也在配制槽中制成引发剂的浓溶液，经过计量泵加入聚合釜中。

② 聚合　悬浮聚合用水作为连续相，高温聚合时水的蒸气压较高，因此要充分考虑聚合釜的耐压问题。此外，引发剂和悬浮剂的选择，也要考虑其适宜的温度范围。聚乙烯醇在温度高于 110℃ 时，其悬浮效果变差，因此在高温悬浮聚合中，不使用聚乙烯醇作悬浮剂，而多用非水溶性无机化合物作悬浮剂。苯乙烯低温悬浮聚合和高温悬浮聚合的优缺点比较见表 2-1。

表 2-1　苯乙烯的低温聚合和高温悬浮聚合工艺比较

比较项目	低温悬浮聚合	高温悬浮聚合
聚合釜粘壁情况	粘壁严重，需经常清理	几乎不粘壁，不需清洗
聚合一釜物料周期	24h	12～13h
一釜产量（6m³ 容积）	2000t	超过 4000t
原料来源（引发剂、悬浮剂）	不便	方便
设备制造难度	容易	难

③ 脱水、洗涤　脱水、洗涤和干燥是悬浮聚合工艺技术的后处理部分。脱水的方法一般都采用离心机进行，脱水和洗涤可依次在一台离心机上完成。尤其是用聚乙烯醇作悬浮剂更是如此。离心脱水后的物料含水量在 5% 左右，再送到干燥工序去干燥。其含水量的高低，主要由珠粒料的颗粒大小来决定。若使用非水溶性无机盐类悬浮剂，需将釜内排出的悬浮液先用酸洗涤，脱一次水后，用水漂洗一次，再经离心脱水和洗涤，从而获得清洁的聚苯乙烯珠粒，再送往干燥工序。

④ 干燥　悬浮聚苯乙烯产品中，水分的存在会造成加工困难，成型加工时水分的汽化会使制品内部产生气泡，影响制品的机械强度和外观，所以必须严格干燥，使产品中的水分降到 0.5% 以下。悬浮聚苯乙烯的干燥通常采用热风气流干燥或桨式螺旋干燥器来进行。热风气流干燥，是把空气加压后通过换热器加热到 130℃ 左右，与聚苯乙烯珠粒接触，通过一段管道，呈湍流状态进行换热，再送到旋风分离器让珠粒料落到料仓，含水空气排入大气。

⑤ 其他 干燥好的珠粒料可以直接使用，当需要将产品染色或进一步除去残留单体时，则需将珠粒料进行挤出造粒，制成颗粒状产品销售。珠粒状聚苯乙烯残留单体含量在5000～6000mg/kg，用带抽真空口的挤出机来挤出造粒，可进一步降低残留单体，同时还可以提高树脂的耐热性，有利于产品质量的改进。

以上概述了悬浮法制备聚苯乙烯的过程，下面详细介绍以活性磷酸钙为悬浮剂，低温悬浮聚合的生产方法，工艺流程如图2-9所示。聚合用的苯乙烯（已除去阻聚剂）贮存于苯乙烯贮槽，用输送泵送到引发剂配制槽和聚合釜中。粉状活性磷酸钙和助悬浮剂（羟酸钠型阴离子分散剂）与一定量的脱盐水在悬浮剂配制槽中配制成浓度为10%的悬浮液。引发剂使用偶氮二异丁腈，它与苯乙烯在配制槽4中配制成引发剂的浓溶液。为了防止爆聚的发生，用对苯二酚作终止剂，与脱盐水配制成终止剂溶液贮存于槽21中，供紧急情况下使用。制备好的原辅材料相关溶液，按配方计算量进行投料。先投脱盐水和悬浮液，搅拌10min取样作沉降试验，合格后再投苯乙烯和引发剂的溶液。所有投入的物料都要经计量表进行计量再加入聚合釜。投料以后，再次开动搅拌，进行聚合升温和反应的操作。

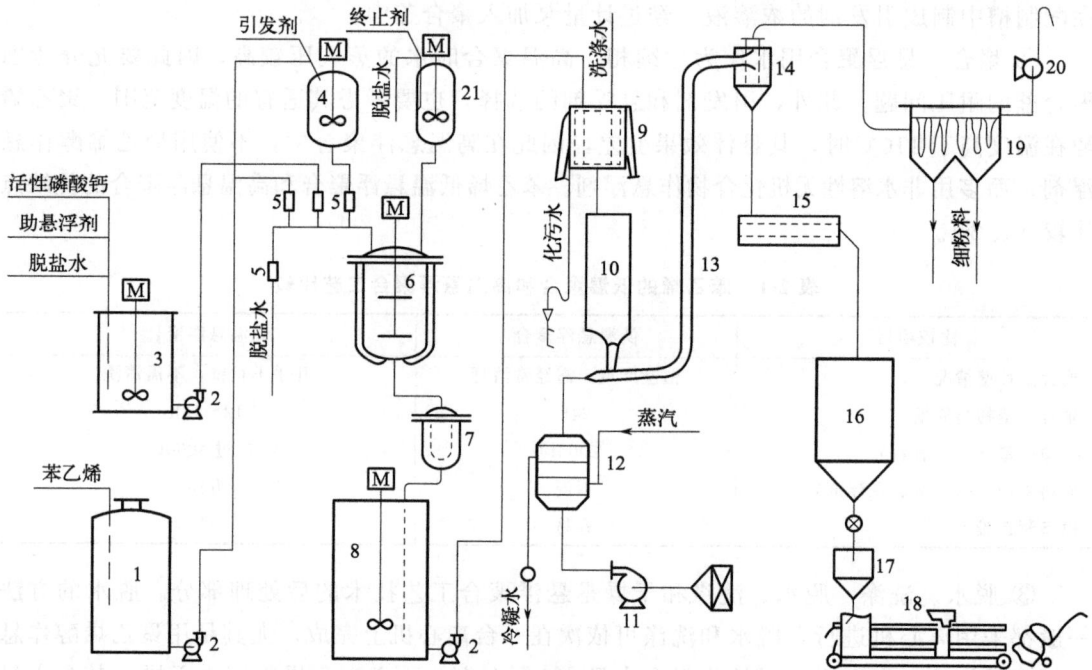

图2-9 苯乙烯低温悬浮聚合工艺流程

1—苯乙烯贮槽；2—输送泵；3—悬浮剂配制槽；4—引发剂配制槽；5—计量表；6—聚合釜；7—粗滤器；8—淤浆泵；9—立式离心机；10—湿料贮仓；11—鼓风机；12—加热器；13—热风升气管；14—旋风分离器；15—振动筛；16—珠粒料仓；17—自动磅秤；18—封包机；19—袋式过滤器；20—引风机；21—终止剂配制槽

聚合反应开始后，放出反应热，就要对聚合釜实施撤热降温。通常这一过程靠热水和冷水的循环完成，实际上悬浮聚合各个反应阶段的放热量不一样，不可能实现反应温度的恒温控制。因此实际控制中，都是按照聚合反应的放热速率曲线，设定成锯齿状的水温控制曲线，使反应温度的波动范围尽可能小，这样就有峰值温度的出现。如果每批物料的反应都经过同样的温度控制过程，则不同批次的物料性质（诸如平均分子量、分子量分布等）将趋于一致，从而保证了产品质量的稳定。因此，峰温也就成了考核操作稳定性的指标。该操作中，峰温在 85℃ 左右。经过峰温以后，反应温度开始下降，需提高水温，把反应物料温度重新提高到 95℃，进行熟化操作。转化率达到 98% 以上时，向釜内直接通入蒸汽，蒸除未反应的单体，然后用冷凝器冷凝下来循环使用。

2.2.2.3　其他工艺

工业生产的用于挤塑或注塑成型的聚苯乙烯分子量范围为 10 万～40 万，M_w/M_n 介于 2～4 之间。主要生产方法为连续本体法或加有少量溶剂的溶液聚合法。悬浮聚合法主要用于 EPS 和某些共聚物的生产。而乳液聚合法主要用于 ABS 和苯乙烯-丁二烯胶乳的生产。采用可聚合表面活性剂——马来酸酐衍生物磺酸钠充当乳化剂和引发剂，以超声辐照乳液聚合法可制备聚苯乙烯纳米粒子，可最大限度地减少乳液成分，产品含低残余乳化剂，且聚合物分子量可达 10^6 数量级，分子量分布仅有 1.73 左右[20]。

2.2.3　聚合技术

下面将详细介绍目前常采用的两种本体聚合技术[7]。

2.2.3.1　塔式本体聚合技术

图 2-10 是经典的本体聚合工艺流程。由两台预聚合釜配一台聚合塔完成整个聚合反应过程。生成的聚苯乙烯经挤出机挤出、拉条、切粒，得到粒状产品。该种聚合方法不使用引发剂，通过热引发聚合，聚合温度为 80～100℃，转化率控制在 32%～35%，连续操作。为了提高反应温度，缩短停留时间，预聚合温度也可以提高到 115～120℃，转化率可达 50%，黏度较大。

预聚合大多采用配有锚式或框式搅拌装置的反应器，转速一般为 32～50r/min。通过夹套进行加热或撤热，夹套内设有螺旋隔板，以防止传热介质的短路。夹套内多用水作传热介质，预聚合温度高于 100℃ 的可用蒸汽加热，喷入冷水降温。

塔式反应器中的后聚合在 120～220℃ 进行。聚合塔通常设 6 个或 7 个塔节，外加一个锥形底。自上而下数，除第一个塔节外，每个塔节作为一个反应温度控制阶段。每段的温度控制由热媒循环或工频电感应加热来实现。聚合塔中苯乙烯含量自上而下逐渐减少，物料黏度逐渐增大，必须提高温度以增加物料的流动性，同时使残存的苯乙烯起聚合反应。第 1 塔节不装物料，给塔内物料液面波动留一个空间。第 2 塔节温度控制在 120～160℃。第 3 塔节温度控制在 150～180℃，以后的塔节温度逐渐升高。当物料到达锥底时，温度保持在 210～220℃，转化率达 99% 以上，聚苯乙烯树脂完全呈黏流态，进入后处理工序。为了提高产品质量，减少残留单体，可在后处理时增设真空脱气装置，例如带有真空脱气段的螺杆挤出机。

该工艺存在以下缺点：①转化率过高，后期反应速率很慢，总的停留时间太长，反应器的容积效率大大降低；②物料黏度过大，只能用逐步升温的方式使之流动，前后温差太大，造成产物聚合度分布加宽。由于存在这些问题，后来出现的聚合过程在本体聚合工艺的基础上进行了改进。大致有两个方向，其一是对塔式聚合反应器进行了改进，其二是在釜式聚合反应器中实施添加少量溶剂的本体聚合。

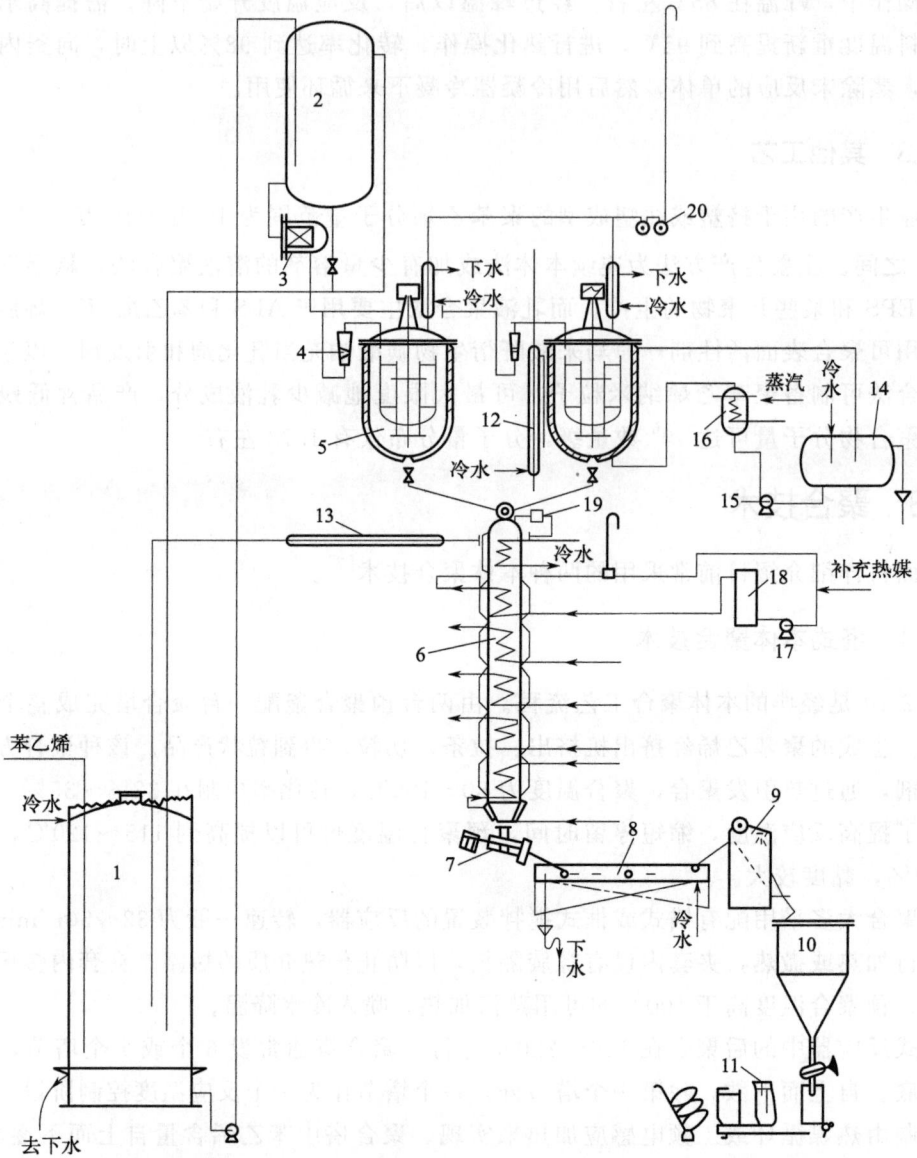

图 2-10　苯乙烯连续本体聚合流程

1—苯乙烯贮罐；2—苯乙烯高位贮罐；3—过滤器；4—转子流量计；5—聚合釜；
6—聚合塔；7—挤出机；8—冷却水槽；9—切粒机；10—料斗；11—缝包机；
12—回流冷凝器；13—凝液冷却器；14—热水槽；15—热水循环泵；
16—加热器；17—热媒循环泵；18—加热电炉；19—扩张器；20—水封

2.2.3.2　单釜本体聚合技术

添加少量溶剂的苯乙烯本体聚合，溶剂量通常控制在 3%～15% 范围内。添加溶剂的主要目的是降低体系的黏度。溶剂通常只选用苯或乙苯，因为它们能和聚苯乙烯混溶，而且又容易得到。由于添加了溶剂，并且转化率较低，因此该工艺设计有脱挥发物装置，脱除的单体和溶剂循环使用。通过对脱挥设备结构的不断改进，聚合产物中的残余单体含量已降至很低，质量有很大提高。图 2-11 是一种以乙苯为溶剂，单釜聚合的生产工艺。

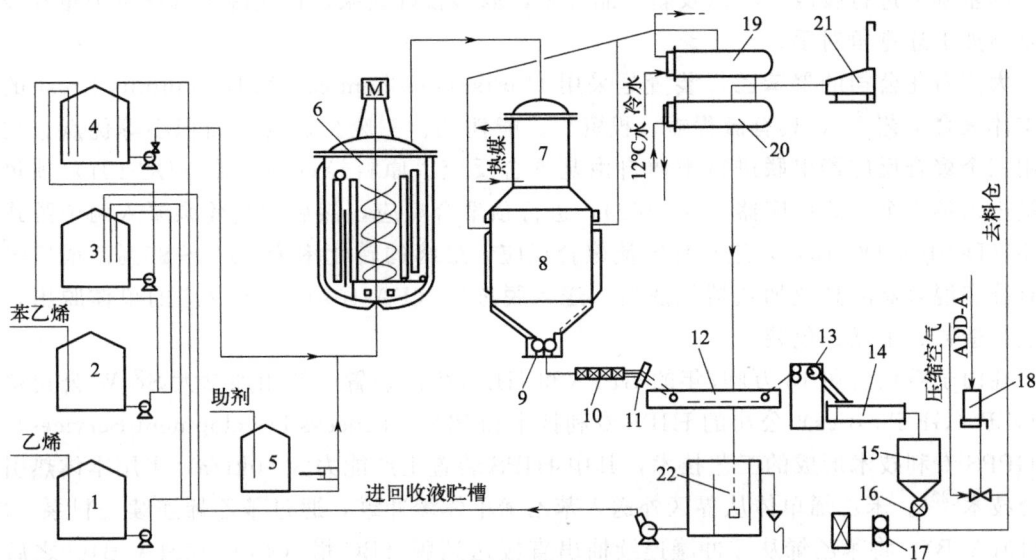

图 2-11　添加乙苯的本体聚合工艺流程

1—乙苯贮槽；2—苯乙烯贮槽；3—回收液贮槽；4—原料液配制罐；5—助剂贮槽；
6—聚合釜；7—预热器；8—脱挥发分槽；9—高黏度泵；10—静态混合器；
11—模头；12—冷却水槽；13—切粒机；14—振荡筛；15—小料斗；
16—旋转阀；17—鼓风机；18—ADD-A 添加器；19—冷凝器；
20—全凝器；21—真空泵；22—油水分离器

脱挥发物的过程包括四个设备：预热器、脱挥发分槽、冷凝器和真空泵。预热器的作用是将物料加热到一定温度，以利于溶剂和未反应单体的脱除，同时又使余留下的树脂保持熔融流动状态。脱挥发分槽是为了提供蒸发空间，同时盛装熔融树脂，以供挤出造粒用。现在通用的脱挥设备是将预热器做成列管式换热器，直接安装在脱挥发分槽上面。

聚合物溶液首先进入预热器，经过分布板分散而进入各列管，在这里受到高温热媒的加热。溶剂和未反应的单体发生汽化，夹带着聚合物在较短的时间内通过列管，呈发泡状态落入脱挥槽。在高真空的条件下，泡破裂，气体逃逸，而被真空泵抽离脱挥发分槽。剩下的聚合物呈熔融态而积于脱气槽底部，再用高黏度泵送去造粒工序。脱出的气体，一般经过两次冷凝，进行回收。一次冷凝用循环水作为冷却介质，二次冷凝则用 −12℃盐水，这样可将单体和溶剂的回收率提高到 99%。

2.2.4　生产装置

2.2.4.1　国内生产装置

近年来，世界级 PS 生产商在国内的投资设厂带来了目前世界上最先进的 PS 生产工艺，对国内 PS 生产技术的发展起了极大的推动作用，使国内 PS 生产技术水平上升到一个新台阶。但从技术开发能力方面来看，具有较强研发能力的 Dow、BASF 和 Chervon 等公司的研发中心均在国外；而国内在这方面的投入较为薄弱，目前只有燕山石化、汕头海洋较为重视。燕山石化已建有一套 PS 中试装置；汕头海洋在 PS 装置引进、消化吸收和创新的基础上进行技改扩容以及新产品开发，取得较好效果，但实际上其研发力量和设施还是不如上述竞争对手。

大庆石化公司的聚苯乙烯装置是采用 Huntsman Chemical/ABB Lummus Crest 的连续本体聚合工艺[21]，具有流程短、投资少、能耗低、三废少、占地面积小等优点。它是采用三个聚合反应器串联进行本体自由基聚合反应。原料经过预热器（DC-101）预热后直接进入第二个立式反应器（DC-102），进行预聚合反应，然后用齿轮泵泵入两个卧式反应器（DC-103/DC-104），进行柱塞流聚合反应，最终的转化率为 80％～85％。最后经过带有静态混合器的高效加热器加热后，送入脱挥器（FA-107）将未反应的单体脱出，然后进行造粒、干燥、包装。

独山子石化公司 13 万吨/年的 GPPS 和 HIPS 生产装置，使用加拿大 S&W 公司整合了 GEP（GE Plastics）公司的 HIPS 专利技术和 PDS（Process Development Services）公司 GPPS 专利技术形成的工艺技术，其中 HIPS 装置生产能力为 40kt/a，采用本体热引发聚合技术[22]。苯乙烯单体从界区外送入苯乙烯单体缓冲罐，通过苯乙烯连续进料泵（39-P-2101A/B），将苯乙烯从缓冲罐连续抽出直接送到脱 TBC 塔（40-C-4201A/B）。之后脱除阻聚剂后的苯乙烯原料先进入预聚合反应 GPPS 第一反应器（40-R-4210），根据不同的产品牌号，反应转化率为 50％～65％。聚合物之后再进入两台串联在一起的管式反应器，最终转化率为 65％～85％。为了脱除未反应苯乙烯和杂质，聚合物再进入脱挥单元脱挥，最后进行产品的后处理，包括产品造粒、产品输送及新建料仓等。

因此，针对目前国内 PS 产业的现状，建议在以下几方面加强以促进国内 PS 生产技术水平的持续提高：①石化系统已引进了多家技术，在充分吸收上述先进技术的基础上，最有条件组织进行联合攻关，开发具有世界先进水平的 PS 生产成套技术；②新建装置应采用引发剂工艺，其单线生产规模在 100kt/a 以上，以利于降低各种消耗；③开发各种专用牌号，如耐热、耐燃、耐化学药品和超高抗冲、超高光泽、透明高抗冲等专用产品；④要加强研究共聚合改性的 PS 产品，工艺和配方并重，开发共聚合改性的苯乙烯系产品，如苯乙烯与 N-取代马来酰亚胺无规共聚物、苯乙烯与马来酸酐共聚物、苯乙烯与甲基丙烯酸酯共聚物等；并在现有的 PS 生产线上进行适当改造，实现工业化生产，使 PS 生产的技术水平得到进一步提高，能兼容生产高附加值的新型苯乙烯系产品以拓宽 PS 的应用；⑤要重视 PS 后加工技术的研究，跟踪国际上先进的塑料加工技术（如气辅技术），不断提高 PS 后加工应用水平。

2.2.4.2 国外生产装置

目前，世界上聚苯乙烯的主要生产厂家有美国的 Dow 化学、Huntsman、Fina、Mobil、Chervon、Amoco，德国的 BASF，日本的旭化成、三井东压、三菱化成等。这些公司的聚苯乙烯生产技术各有特点。聚合反应器选型原理：苯乙烯本体聚合反应器选型的基本原则是使产品的分子量和分子量分布符合指标要求。当然，也应对反应器的生产效率、操作稳定性以及能量消耗等做相应的考虑。

苯乙烯本体聚合反应器有各种各样的结构形式[23]，按反应器的总体混合状态，可分为全混釜式反应器（CSTR）和平推流式反应器（PFR）；按反应器的热传递形式可分为内部传热和外部传热两种。本体聚合反应器一个很突出的特点是其结构型式既要适应一个体系黏度变化很大的化学反应的需要，还要满足高黏度流体的混合和传热[24]。苯乙烯本体聚合的特点就是黏度变化大，高黏度下的传热问题始终是连续本体聚合反应器结构形式开发中的一个大问题，各大专利厂商也在这方面花费了大量的精力。

（1）全混釜式反应器

全混釜式反应器是反应器的一种理想模型，其基本特点是在该反应器中，物料的浓度、温度均一，即无浓度和温度梯度分布，反应器任何两个微元点的工艺参数均相同。但实际应用的反应器根本无法达到这种理想状态，尤其是高黏度物料体系。

TEC-MTC 开发的螺杆-导流筒式聚合反应器中，物料由底部进入，在螺旋式搅拌器的作用下沿导流筒内侧向上运动，到达顶部后再由导流筒外侧向下流动，在底部与新鲜进料混合。对于这类聚合反应器，釜内的循环比（C_R）是一个非常重要的参数。如果 C_R 太小，反应器内的反应物料混合不好，浓度分布和温度场分布也不均匀，反应器内各点的单体浓度和反应速率都不相同，最终使产品的分子量分布变宽；如果 C_R 太大，不仅会增大能量的消耗，还会因搅拌热的增加而增大反应器的传热负荷。C_R 是由反应器内搅拌器的形式和内构件的形式以及搅拌器转速所决定的。为了提供一个定量的 C_R 值，很多学者做了大量的工作。Thiele 分别选择了几种混合模型进行计算，得出的结论是只要 C_R 值大于 30，即可使反应器内的混合程度满足生产需要；中川俊见则从反应器的放大角度出发，认为 C_R 大于 100 时，就达到了完全混合的状态。

釜式反应器的结构中不仅包含搅拌器形式和内构件形式，还包括反应器顶部和底部的形状。当反应器的顶、底部空间为椭圆形时，流体分布均匀，而采用盘形时，反应器内会出现滞流区，最终会导致产品分子量分布发生变化。

全混式釜式反应器主要应用于 GPPS 的生产中，由于该类反应器所固有的特点，可生产出分子量高且分子量分布窄的 GPPS 产品。使用单釜工艺进行 GPPS 生产可生产出分子量高达 40 万甚至 45 万且分子量分布很窄的产品。而普通 GPPS 产品分子量一般在 15 万～20 万，且分子量分布较宽。由于分子量的增大和分子量分布的变化，可使 GPPS 产品的脆性得到明显改善，冲击强度可提高 1 倍左右。但同时提高分子量会影响反应器的生产效率，这可以通过改进工艺配方，加入双功能引发剂来解决。

（2）平推流式反应器

平推流式反应器的特点是：反应物料沿轴向流动，在轴向上无返混，转化率沿轴向上升，在径向上，任取一微元体，其浓度、温度均相同。这样可始终保持较高的反应物浓度，反应物料的最终转化率高，容易实现温度分段控制，反应器容积效率高。但由于沿流动方向反应物浓度逐渐下降，所以最终产品的分子量分布较宽。这种反应器适合于以提高最终转化率为目标的聚合反应，用于 HIPS 生产，可显著提高橡胶的接枝率。世界各大 PS 生产公司如 Dow、BASF、Cosden、MMK、HCC、TEC-MTC 等在 HIPS 生产工艺流程中，都采用具有 PFR 特点的塔式反应器来达到提高接枝率的目的。

实际上从反应器的理想模型来看，PFR 相当于无数个小的 CSTR 的串联，所以在塔式反应器的开发上，应想方设法增加反应器内串联的小反应区的数量，减少反应区的体积，其中以 Dow 公司开发的塔式反应器最具代表性。在该反应器中，由导热盘管和搅拌叶桨相间排列，将反应器分为 108 个小反应区，这就使其性能更接近平推流，特别适合用于 HIPS 的生产。反应介质的流动阻力和传热是苯乙烯聚合生产时的两个最大问题。为减少流动阻力，通常采用的是在反应介质中加入溶剂来提高其流动性能。溶剂的浓度选在 $0.10 \sim 0.16 \text{mol/L}$ 较好；溶剂浓度太低，反应太激烈，反应介质的黏度较高，流动和传热问题均难以解决；溶剂浓度太高，则反应速率太慢，反应器容积效率降低，生产成本增大，产品分子量也会受到影响。

TEC-MTC 开发的塔式反应器中，全塔分为多个反应室，室与室之间设换热列管，室内用多孔板分隔成两个反应区并各配置搅拌器、换热列管和多孔板，可阻止反应流体在各反应区间自由流动，减少返混程度，使流体形成有限的停留时间分布并接近于柱塞流特性曲线。多孔板的相对开口面积以 $7\% \sim 30\%$ 最佳。如果小于 7%，生成的聚合物容易堆积在挡板上，形成滞流区；大于 30%，隔离作用不明显，会造成程度较大的返混。反应器中的搅拌器为半螺距型双螺带搅拌器，在尺寸选择方面，此双螺带搅拌器的带宽（b）与反应器内径（D）的比应满足：$0.05 \leqslant b/D \leqslant 0.3$。搅拌器的轴长与反应室的轴长之比应大于 0.5。否则，会产生滞流区，不仅影响反应器内的混合和传热状况，最终还会引起产品质量变化，达不到应有的指标。

瑞士联邦工艺研究所完成了苯乙烯管式本体聚合反应器中试研究。该装置用一个环管作预反应器，后接一段管式反应器，所有的管式反应器中都装有 SULZERSMX 型静态混合器，据称已在很大程度上接近于 PFR，并可应用于 GPPS 和 HIPS 的生产。这也许是在结构形式上继塔式反应器后的又一新突破。

（3）内部传热式反应器

在内部传热式反应器中，由于搅拌器的作用，热传递面上的反应流体产生流动，从而形成了对流传热，传热系数可达 $500 \text{kJ/(m}^2 \cdot \text{h} \cdot \text{K)}$，并且该传热系数受反应器壁面与搅拌器表面光洁程度的影响很大，所以反应器的装配和制造极限以及容量都受到限制。对于这类反应器，传热温差可相应增加到 100K，在大型反应器中冷却面的设置不应高于 $5 \text{m}^2/\text{m}^3$，通过反应器壁面的实际最大热流量可达 $2.5 \times 10^4 \text{ kJ/(m}^3 \cdot \text{h)}$。但采用这种密集型的内部热传递式反应器存在的主要问题是热量传递不稳定。

合理的结构设置、适当的传热面积选择，加之在操作中采用最佳的搅拌转速，就会使循环比 C_R 达到规定值，同一反应区内反应物的浓度均一，各部的温度梯度也小于 1K，从而使每个反应区基本上达到 CSTR 所要求的无浓度和温度梯度分布的要求。苯乙烯连续本体聚合时，反应物料黏度在反应过程中是呈 10^7 的级数增加的，在高黏度区操作时，仅靠内部传热已无法满足要求，这时就要靠外部换热设备加以完成。

（4）外部传热式反应器

典型的外部传热式反应器的结构特点是：在各反应室之间加一个中间换热器来取出反应热。当使用列管式外部换热装置时，反应器 1m^3 本体反应系统可设置 80m^2 的冷却面积，其传热系数小于 $170 \text{kJ/(m}^2 \cdot \text{h} \cdot \text{K)}$，并且受流动速度影响很大。这类反应器存在的主要问题是在换热器内易形成滞流区。为避免这种现象发生，传热温差应小于 25K。其实际热传递的最大流量为 $3.4 \times 10^5 \text{kJ/(m}^3 \cdot \text{h)}$，比内部传热式反应器大一个数量级。因此，在高黏度区及反应器容积很大时，特别是用于 HIPS 生产的塔式反应器，采用这种外部取热的结构形式效果非常好。但这里存在一个中间换热器的列管管径和长度的选择问题，很明显，这不仅关系到传热面积的大小和传热效果的好坏，还关系到整个流动系统的压力损失以及混合状况，这就需要将反应动力学模型与流体力学模型合并起来进行全方位的权衡才能确定。

外部传热式反应器的另一种颇具代表性的形式是日本三菱重工在 1980 年发表的本体聚合工艺。该工艺的最大特点是在聚合反应过程中加入了 5％～25％的水，在结构形式上则设置外部冷凝器，反应热靠单体和水的蒸发来传出。因为水的蒸发潜热很大，从而能稳定地控制聚合反应温度。这种利用单体和溶剂的蒸发潜热来传递反应热的方法在生产规模日趋大型化的今天，将是外部热传递式聚合反应器的一种新的发展方向。

苯乙烯本体聚合反应器最突出的特点是：其结构形式要适应一个体系黏度变化很大的连续本体聚合反应的需要，反应器的结构形式对其性能起决定性的作用。对反应器选型的基本原则就是使其传质、传热性能满足工艺过程的需要并生产出质量合乎要求的产品。以上这些也正是本体聚合反应器结构形式研究和开发的难点所在。另外，在工业化生产中，还要考虑装置开、停车及紧急状态下的极限行为，这就要求反应器还应具备非常大的操作弹性和非常好的操作稳定性。因此，设计工作者要充分运用已有的资料和数据，考虑各方面的综合因素，设计制造出结构形式合理的反应设备。

2.3　结构、性能与改性

2.3.1　结构

聚苯乙烯由于聚合方法不同，可以制得无规聚苯乙烯（aPS）、全同立构聚苯乙烯（iPS）和间规聚苯乙烯（sPS），其立构示意图如图 2-12 所示。这三者同属于一种单体的结晶高聚物和非结晶高聚物，它们在化学结构上虽没有什么差别，但物理及力学性能却有相当大的不同。常见的通用聚苯乙烯（GPPS）主要是指 aPS，属非结晶型无定形热塑性塑料，其分子结构和某些有机溶剂相类似，所以树脂能溶于多种芳香烃、氯代烃、脂肪族酮和酯类等溶剂中，如苯、甲苯、二甲苯、甲乙酮、醋酸乙酯、醋酸丁酯、二氯甲烷和三氯乙烯等，其耐热性能较差，软化温度为 80℃。

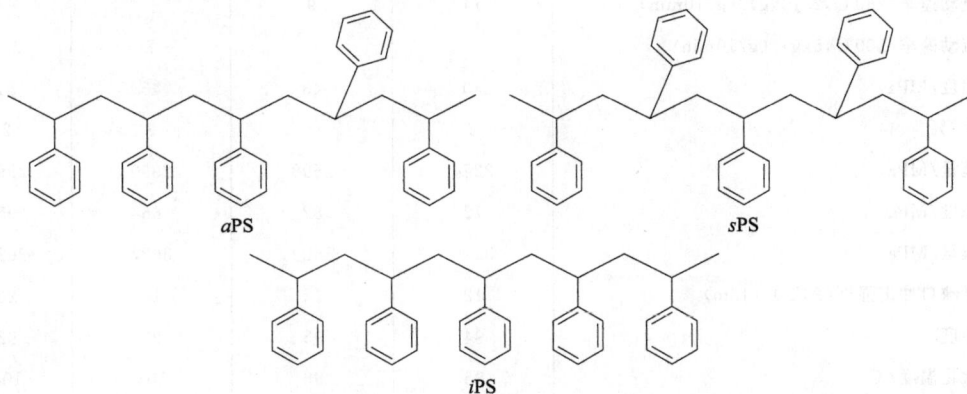

图 2-12　聚苯乙烯的立构示意图

sPS 具有较高的结晶度，熔点高达 270℃，且具有相当好的耐热性、耐化学品性、尺寸稳定性及优良的介电性能等优点（基本物理性能如表 2-2 所示），这使之步入了工程塑料的行列，可与聚酯、尼龙及其他耐热性工程塑料相抗衡。国外已对这种材料进行了广泛的应用研究，美国陶氏化学公司已推出了 Questra 系列商业化产品[25]。目前，日本出光石油化学公司和陶氏化学公司生产的产品包括纯 sPS、冲击改性型 sPS、阻燃型 sPS 和玻纤增强型 sPS。sPS 的热性能与 aPS 相比，因其化学结构相同，故玻璃化转变温度基本相同，但由于立体构型不同，sPS 的结晶温度高达 270℃，维卡软化温度远远高于 aPS，热变形温度也高于 aPS。与一些常用的工程塑料相比，除了聚苯硫醚（PPS）等少数特种树脂外，sPS 的一些耐热性指标均比其他工程塑料要高。由于 sPS 具有致密的结晶结构，因此具有优良的耐化学品性。而且 sPS 为非极性的，对湿度的敏感性比较低，因而加工前一般不需要干燥处理。sPS 的介电常数与 aPS 基本相同，与其他工程塑料的介电常数也在同一数量级。但由于它的密度比尼龙（PA66）、聚对苯二甲酸丁二醇酯（PBT）、PPS 等常用工程塑料要低，因此在塑料制品成型过程中，从经济上考虑更为有利。

表 2-2 sPS 的基本物理性能

性能	指标	性能	指标
密度/(g/cm³)	1.01～1.45	Izod 缺口冲击强度/(kJ/m²)	7～11
拉伸强度/MPa	35～132	热变形温度（1.80MPa）/℃	95～251
断裂伸长率/%	1.0～20.0	体积电阻率/(Ω·cm)	10¹⁶
弯曲强度/MPa	64～185	介电常数	2.6～2.9

2.3.2 性能

聚苯乙烯大分子链的侧基为苯环，大体积苯环侧基的无规排列决定了聚苯乙烯的物理化学性质，如透明度高、刚度大、玻璃化转变温度高、性脆等。SABIC 公司生产的系列 GPPS 性能如表 2-3 所示。

表 2-3 SABIC 公司部分 GPPS 牌号性能

性能	PS 100	PS 125	PS 155	PS 160
熔体流动速率(230℃,2.16kg)/(g/10min)	14	9	—	—
熔体流动速率(200℃,5kg)/(g/10min)	—	—	7	3.3
拉伸强度/MPa	40	43	45	51
伸长率/%	2	2	2	2
拉伸模量/MPa	2254	2598	2990	2990
弯曲强度/MPa	72	82	66	95
弯曲模量/MPa	3529	3529	3627	3627
悬臂梁缺口冲击强度(23℃)/(J/m)	12	12	16	20
洛氏硬度	94	95	93	92
维卡软化温度/℃	95	98	102	104
热变形温度/℃	90	93	100	100

老化现象是有机高分子材料的一种自然特性，是高分子材料在合成、改性和应用中所必须要考虑的一项重要指标。引起高分子材料老化的因素主要分内在和外在两种。其中，

内在因素包括材料本身化学结构、聚集态结构和配方条件等；外在因素大致可分为光、热、机械应力等物理因素以及氧、水、化学品、微生物等化学因素[26]。自然环境中，紫外光（290～400nm）是影响材料老化性能的主要因素。大部分高分子材料中主链结构的吸收带位于紫外线区，它们吸收的光能足以打破典型化学键的能量。即使材料的敏感波长不在紫外线区，材料中残留的催化剂及生产运输过程中产生的氢过氧化物、羰基化合物以及电荷转移络合物等杂质，也均能帮助其吸收太阳光紫外线[27]。PS作为一种应用广泛的通用塑料，有必要对它的老化规律进行研究。目前，对于PS在户外及模拟户外环境下的老化特性国内外已经有较多研究[28-30]。纯PS像大多数乙烯基聚合物一样，并不吸收波长300nm以上的光。在黑暗的空气中放置几年，其紫外吸收光谱无任何改变。但由于PS工业生产中所形成的各种杂质如苯酮、苯乙酮等的存在，当受紫外光照射后，其表面逐渐变黄而老化，尤其在318nm的光照下老化更为显著[31]。另外，紫外光还能引起PS发生脱氢反应，生成自由基，与氧相互作用，导致PS大分子链断链或交联，影响PS的各项性能[32]。因此，为了提高高分子材料的使用寿命，研究材料的老化规律有重要意义。

叶荣根等[33]在室内采用紫外光照射法对纯PS试样、添加助剂的PS试样以及PS与丁苯嵌段共聚物SBS的共混物试样进行了老化研究，考察了紫外光加速老化时间对材料的缺口冲击强度、断裂伸长率、拉伸强度以及特性黏数等性能的影响。对于纯PS试样，随着紫外光加速老化时间的延长，其缺口冲击强度和断裂伸长率呈下降趋势，而拉伸强度先略有上升后逐渐下降。当PS试样中添加了抗氧剂1010、紫外光吸收剂UV327和受阻胺光稳定剂LD622、LD770后，抗氧剂能够抑制或消除加速氧化过程的有害中间产物——自由基，从而阻止聚合物的自动氧化反应；紫外光吸收剂能够吸收有害的紫外辐射，并将能量消散为热量而不至于引起光敏化作用；而受阻胺光稳定剂为自由基捕获剂，捕获自由基中间产物。经照射1000h后，试样的缺口冲击强度与无助剂PS差别不大，这与PS本身为脆性材料、缺口冲击强度不高有关；而拉伸强度保持率高达96.7%，可见，上述添加助剂仍起到了较好的抗紫外老化的作用。

对于PS/SBS共混物试样来说，老化1000h后其缺口冲击强度和断裂伸长率的保持率分别为79.3%和10.0%，说明SBS中的聚丁二烯链段较PS链段更容易受到紫外光的照射老化而引起分子链的断裂或交联，因而老化前后的冲击强度和断裂伸长率变化尤为明显；另外，老化后的拉伸强度保持率为97.0%，与添加了助剂的PS试样的抗老化效果相当，说明物理共混过程中的包覆作用在一定程度上避免了紫外光的进攻，从而改善了材料的耐老化性能。

此外，对不同PS试样老化前后的红外光谱特征峰进行了归属（见图2-13），探究了PS的老化机理。发现：随着紫外光照射时间的延长，PS、添加助剂的PS分子链发生降解，分子量下降，试样表面发生了氧化反应，生成了C=O基；而PS/SBS试样除在表面生成C=O基外，还发生了C=C双键的断裂，导致烯烃中双键的面外弯曲振动吸收峰强度显著下降，这也与材料的断裂伸长率和冲击强度的下降相一致。

2.3.3　改性

聚合物的改性方法有化学法和物理法，前者包括共聚、交联、接枝，后者包括填充和共混。所谓共混改性是指两种或两种以上聚合物材料、无机材料及助剂在一定温度下进行

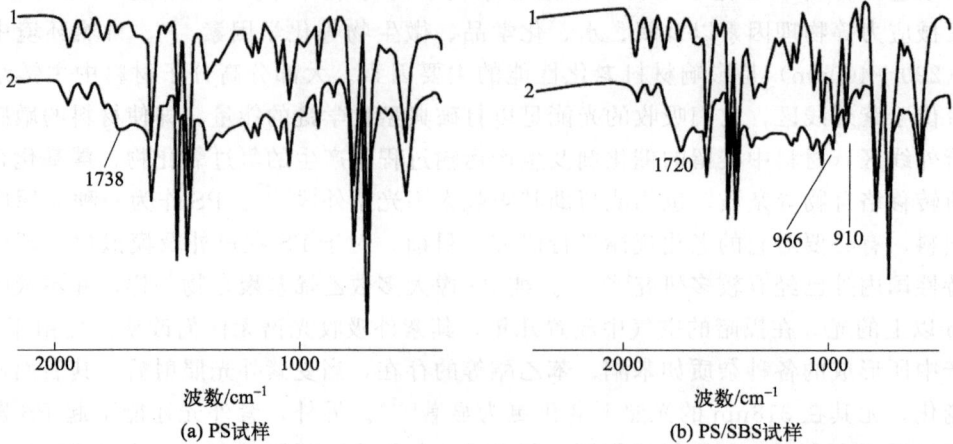

图 2-13　PS 试样与 PS/SBS 试样未经老化和老化 1000h 的 FTIR 谱图
1—未老化；2—老化 1000h

机械掺混，最终得到一种宏观上均匀，且力学、热学、光学等性能得到改善的新材料的过程。共混不仅是聚合物改性的重要手段，也是开发新材料的重要途径。

2.3.3.1　共混改性

近年来，随着聚合物材料使用范围的不断扩大和使用要求的日益提高，对高性能、多功能聚合材料的需求与日俱增，而单一品种的聚合物材料大多数都有着不同程度的缺点，难以满足高新技术发展的需要。通过聚合物合金化，可将两种或两种以上聚合物材料的优点集中体现在一种材料上，并可改进某单品种聚合物某一方面性能上的缺陷。PS 因为具有良好的刚性、透明度好、绝缘性和加工性能优良、价格低廉，在精密仪表、建筑材料、产品外包装、电子产品、化妆品以及儿童玩具等行业得到了广泛应用。但 PS 由于低温时较脆、加热易变形、受力容易开裂、冲击强度不高等缺点使得它的应用范围仍不够广泛[34]。对 PS 进行改性，不仅改善了 PS 的性能，而且扩大了其应用范围，经过改性的 PS 现已被广泛应用于包装材料、防水涂料、胶黏剂、农用薄膜、医药等领域[35]。目前，世界上聚合物合金的年产量正以 10% 左右的速度增长，且高于单品种树脂的平均增长速率。随着我国家电、汽车以及高科技领域的发展，对 PS 合金的需求也正在不断增长。

现已研制成功的合金体系主要有下列几种[36]。

（1）PO/PS 合金

PS 树脂易于热成型，有较好的刚性、尺寸稳定性，但耐环境应力开裂性较差，而聚烯烃（PO）树脂耐化学品性和耐环境应力开裂性较好，但熔融温度较窄，热成型困难，刚性较差。将 PS 和 PO 两种树脂共混，可改进 PS 的耐环境应力开裂性、PO 的刚性及热成型性，其性能可取长补短。除了上述的新型合金外，该工艺的重要性还在于它可解决 PO 及 PS 的回收再生问题，具有较高的环保价值。

聚苯乙烯树脂与聚烯烃的合金化，可用相容剂，也可不用相容剂。常用的聚烯烃为 LLDPE 和 PP；聚苯乙烯树脂则常用 GPPS、HIPS、无定形 PS 以及丁苯嵌段共聚物（K-树脂）。常用的增容剂有 SBS、SEBS、SIS、CPE、EVA、EPR 等。1987 年 BASF 公司、

Atochem 公司、Montediene 公司已完成了几种 PO/PS 合金的工业化开发。1989 年 BASF 公司开发了新型 PO/PS（50/50）合金，具有渗水性低、耐应力开裂和耐磨的特点。GPPS 或 HIPS 与 PO 是不相容的聚合物，以较多的量进行共混时，必须加入相容剂；如用少量的 PS（或 PO）改进 PO（或 PS）的某些性能，也是可行的。

（2）PE/PS 合金

聚乙烯（PE）具有优良的柔性和冲击性能，其与 PS 共混不仅有利于提高后者的韧性，而且所得到的 PE/PS 合金具有刚性、耐油脂、耐低温和耐化学品等性能，适用于包装材料、含油脂量高的食品容器以及冷冻装置等，市场前景和经济效益良好。PE/PS 合金主要包括非反应型共混和反应型共混两种[29]。

谢文炳等的研究表明：增大 PE 的分子量对 PE/PS 共混物的拉伸强度无影响，但可提高其冲击强度；增大 PS 分子量时，共混体系的冲击强度增加，但韧性下降。增容剂氢化苯乙烯-丁二烯-苯乙烯嵌段共聚物（SEBS）能使 HDPE/PS 共混物的柔性增大，冲击强度高于纯 HDPE。J. The 等将引发剂、偶联剂溶于苯乙烯单体中，在对 PE、PS 共混挤出时加入该苯乙烯单体，能减少 PE 的自身偶联，增加了 PS 和 PE 的接枝反应。Baker 等将增强 PS，羟基化 PE、PE、PS 同时加入双螺杆挤出机中熔融共混挤出，所得共混物性能比用 PS-g-PE 增容的 PS/PE 性能更好。

JSR 公司研制出力学性能优良的 GPPS/PE 合金，增容剂为氢化丁苯共聚物。欧洲专利提出以线型丁苯嵌段共聚物作增容剂，制得 HIPS/LLDPE 均相共混物，具有优异的力学性能、流变性能、耐化学品性。BASF 公司开发的 HIPS/HDPE 合金的冲击强度高、耐环境应力开裂性优良、渗水性低。其配方为：HIPS 47.5 份，HDPE 47.5 份，星型丁苯嵌段共聚物 5 份，试样拉伸强度 25MPa，断裂伸长率 18%，弹性模量 1.22GPa，维卡软化温度 107℃，渗水性 2.0g/(m^2·d)。PE/PS 合金的性能如表 2-4 所示。

表 2-4　PE/PS 合金的物性

项目	测试方法 ISO	PE/PS 合金		PS
		KR 2773	KR 2774	475K
密度/(g/cm³)	1183	0.99	0.99	1.05
拉伸强度/MPa	527	0.30	0.25	0.30
弯曲模量/MPa	527	18	12	21
断裂伸长率/%	527	50	80	40
冲击强度/(kJ/m²)	179	冲击断裂	冲击断裂	冲击断裂
维卡软化温度/℃	306	101	101	98
熔体流动速率/(g/10min)	1133	3	5	4
油中耐环境应力开裂/%	DIN 53449	80	85	4
水蒸气透过率/[g/(m²·d)]	1195	3	3	13
成型收缩率/%		约 0.7	约 0.7	—

（3）PP/PS 合金

由于 PS 与 PP 不相容，表面张力大，通常呈不同形态的多相体系，界面黏结性差，导致其力学性能较差。但通过加入合适的增容剂（嵌段或接枝共聚物）可以改善共混物各组分间的相容性，影响共混物的相形态。增容剂分布在组分界面，可降低界面张力，增强界面黏合力，提高分散相的分散性，促进应力在两相界面的有效传递，改善共混物的物理及力学性能。

日本三井东压化学公司研制的 GPPS/PP 合金，耐氟里昂等有机化学品性、耐冲击性、刚性优良。BASF 公司开发的 HIPS/PP 合金，其组分为 HIPS 45 份，PP 45 份，SEBS 10 份，试样拉伸强度 7.9MPa，断裂伸长率 18.6%，落球冲击强度在 240℃ 和 280℃ 时分别为 19.6J/m 和 18.6J/m，渗水性 3.0g/(m^2·d)，在氟里昂和食品油中浸渍 15min 后，相对断裂伸长率分别为 75% 和 58%。向 HIPS/PP 共混体系中加入粒径 5～20μm 的滑石粉 5%～60%，可明显改善 HIPS/PP 合金韧性，提高维卡软化温度，减小加工收缩率。

（4）PC/PS 合金

将 PS 与 PC 熔融共混，可制得 PC/PS 合金，可以改善 PC 的加工性能，共混组成对合金的热性能、力学性能和加工性能均有较大的影响。DSC 分析表明，PS/PC 合金中 PC 的玻璃化转变温度（T_g）降低，而 PS 的 T_g 升高，即两组分的 T_g 互相靠拢，说明 PC 与 PS 可部分相容。将增强 PS 与 PC 进行反应挤出共混，应力-应变试验及动态力学分析表明两者发生了接枝反应。另外，增强 PS 对 PS/PC 共混体系有较好的增容效果。PS-g-MAH（马来酸酐）、SBS-g-MAH、PE 接枝马来酸酐等增容剂也可用来增容 PS/PC 共混体系。

近年来 PC/PS 的应用领域正在拓展。为了适应办公设备如传真机、复印机等制造壳体的需要，日本出光石油化学公司开发出非卤阻燃的 PC/PS 系列产品，该系列产品有 NN2500、NN2510、NN2010，均有良好的阻燃性和流动性，性能指标见表 2-5。

表 2-5　日本出光石油化学公司 PC/PS 系列产品的性能

项目	NN2500	NN2510	NN2010
拉伸屈服强度/MPa	54	55	55
拉伸断裂强度/MPa	55	57	57
拉伸弹性模量/MPa	2520	3400	3470
弯曲弹性模量/GPa	2.64	3.62	3.70
弯曲强度/MPa	83	87	92
伸长率/%	50	50	90
缺口冲击强度/(kJ/m^2)			
3.2mm	60	38	54
6.4mm	16	20	20
热变形温度/℃	87	92	92
阻燃性(1.5mm)	UL94,V-0	UL94,V-0	UL94,V-0

（5）PMMA/PS 合金

聚甲基丙烯酸甲酯（PMMA）的透明性和耐候性均较好，PS 与之共混可望提高其耐热性而不影响体系的透明性。将苯乙烯和甲基丙烯酸甲酯的无规共聚物、PS-g-PMMA 及其嵌段共聚物相比，后者对 PMMA/PS 共混体系有较好的增容效果。

（6）PPO/PS 合金

聚苯醚（PPO 或 PPE），是由美国 GE 公司于 1965 年开发成功的热塑性工程塑料，其具有良好的力学性能、电性能、尺寸稳定性和耐热性，但熔体黏度高，加工困难，制品易产生应力开裂。该公司于 1967 年以机械共混法开发的商标为 Noryl 的 PPO/PS 合金，既保持了 PPO 优异的物理性能和电性能，又易于加工，从而迅速打开市场。合金优异的加工性能是由于其中的 PS 所起的内增塑作用，能改善 PPO 的流动性。SABIC 公司 Noryl 系列 PPO/PS 合金的性能如表 2-6 所示。

表 2-6　Noryl 系列 PPO/PS 合金的性能

项目	矿物和玻璃纤维增强				未增强		
	CN1134	CN5246	CN5258	CN5260	TP1000	CRX1005	EFN4230S
相对密度	1.23	1.33	1.42	1.53	1.08	1.06	1.08
拉伸强度/MPa	98	108	119	129	81	35	81
弯曲强度/MPa	137	152	158	161	119	55	119
弯曲模量/MPa	5880	8230	10000	12350	2800	1740	2800
断裂伸长率/%	7	7	5	5	80	150	80
Izod 缺口冲击强度/(J/m)	68	68	68	58	31	274	31
热变形温度/℃	106	125	125	125	149	105	147
吸水性/%	0.07	0.06	0.06	0.06	0.07	0.07	0.07
模具收缩率/%	0.25~0.35	0.25~0.3	0.15~0.25	0.15~0.25	0.5~0.7	0.5~0.8	0.5~0.7

之后，日本旭化成工业公司用 GPPS 与 PPO 接枝改性开发出牌号为 Xyron 的 GPPS/PPO 合金，并建成 18kt/a 的生产装置。日本三菱瓦斯化学公司、德国 BASF 公司、美国 Borg Warner 化学公司等，以 2,6-二甲基苯酚和 2,3,6-三甲基苯酚共聚制得 PPO，再与 GPPS 共混制得 GPPS/PPO 合金。日本三菱瓦斯化学公司建成 10kt/a 的 GPPS/PPO 生产装置，产品牌号为 Prevex。当前，PPO/PS 合金发展迅速，其应用量远远超过 PPO，已进入五大工程塑料行列，生产能力居第四位。

另外，在制取 PPO/PS 合金时，常添加第三、第四组分以改进某些性能。日本宇部赛康公司在制备 GPPS/PPO 合金时，加入 St-EPDM（三元乙丙橡胶）的接枝共聚物和聚乙烯蜡，产品具有优异的加工性、冲击性、耐热性、耐化学品性和耐候性等。Borg Warner 化学公司在制备 GPPS/PPO 合金时，加入甲基丙烯酸甲酯-丙烯酸丁酯共聚物和 SEBS，制品具有良好的冲击性、耐热性及光泽度。

（7）PVC/PS 合金

PVC 和 PS 是两种很重要的通用热塑性树脂，是热力学上不相容的一对体系，因此需要对 PVC/PS 进行改性。PVC/PS 共混物的改性方法主要有四种：一是加入嵌段共聚物；二是加入嵌段-接枝共聚物；三是加入接枝共聚物；四是形成互穿网络结构。以上四种方法都可有效改善 PVC 与 PS 之间的相容性，从而提高 PVC/PS 合金的性能。

（8）PA/PS 合金

由 Thermofil 公司生产的 PA/PS 合金，商品名为 N3-30004FG，填充了 30% 玻璃纤维增强材料。材料的拉伸强度略低于尼龙，但大大高于 AS（AS 是未增强苯乙烯类树脂中强度最好的一种）。该材料已在汽车制造和电工技术中应用。

（9）K-树脂/PS 合金

K-树脂是由美国 Phillips 石油公司于 1972 年研究开发的丁二烯-苯乙烯共聚物，该公司是目前世界上唯一的 K-树脂生产商。K-树脂/PS 合金由 Polar 塑料公司开发，可作一次性热成型杯。

（10）反应型 PS 合金

反应型 PS（RPS），即是在 GPPS 主链上引入具有反应活性的基团，这类基团能与带有羧基、环氧基等的聚合物发生反应，从而与 RPS 形成合金。RPS 是“反应型加工改性”的一种，国外有关这方面的研究较多，但工业化品种还很少。美国 Dow 化学公司将活性基为 1，3-氧氮杂环-2-戊烯的 RPS（商品名 XUS-40056.01）用于不相容的 PE 与 PS 共混体系，制得的 PE/PS 合金，兼具二者优点（见表 2-7）。它解决了许多难以合金化的聚合物之间的相容性问题，作为一种特殊手段扩大了 PS 系合金的研究范围，展示出开发新型聚合物合金品种的广阔前景。

表 2-7　用 RPS 改性的 PE/PS 合金的性能

项目	RPS	LDPE	RPS/LDPE(50∶50)
密度/(g/cm³)	1.04	0.94	0.98
拉伸强度/MPa	3.7	6.9	20
弯曲模量/GPa	2.90	0.12	0.69
伸长率/%	2	600	75
Izod 缺口冲击强度/(J/cm)	0.1	冲击不断	6.9
维卡软化温度/℃	107	82	91
熔体流动速率/(g/10 min)	7	5	4

（11）其他共混体系

王文等采用四种烷氧基钕化合物和苯乙烯本体聚合制备了不同掺钕 PS 材料，研究表明：烷氧基钕化合物掺杂的 PS 材料中存在着钕离子与 PS 大分子中苯环的配位作用。改性后 PS 的 T_g 随钕离子含量增加而下降，并且随着烷氧基链长的增加而下降。四种烷氧基钕掺杂后，PS 增韧作用以三异丁氧基钕掺杂的 PS 最好。章文贡等通过原位本体聚合制备三异丁氧基混合稀土掺杂 PS，发现：改性 PS 中存在着稀土金属离子和苯环的配位作用；改性 PS 的 T_g 随稀土含量增加而下降，但其抗冲性能显著提高；三异丁氧基混合稀土对 PS 的增韧改性作用明显[37]。

另外，淀粉与 PS 接枝物可生物降解，有利于环境保护，开发应用前景广阔。近几年，新的缓释剂品种不断问世，用于控制释放技术的高分子化合物日益增多，特别是天然高分子材料以其价廉易得更加受到青睐。但对于以 PS/淀粉为载体的缓释剂的研究还处于不完善阶段，日后这种以改性聚合物为载体的可降解性农药必将成为研究热点。

总之，无论是工程塑料还是通用塑料，与聚苯乙烯相容性都不是很好，要制取理想的改性 PS 共混物必须[38]：①选取适当的共混聚合物；②选取恰当的增容剂；③选取最佳的共混工艺。就目前研究情况来看，用工程塑料改性聚苯乙烯文献报道很少，今后可以考虑用纳米级材料改性聚苯乙烯，随着纳米材料/聚苯乙烯复合材料研究的深入，性能优越的新型复合材料不断出现，聚苯乙烯基复合材料的应用也越来越广泛，距离真正的产业化、商业化与功能化差距也正在逐渐缩小[39]。就共混方法而言，反应挤出共混改性 PS 是一种具有良好开发应用前景的新方法。因此，进一步开拓更实用、经济的共混改性途径，得到既有高抗冲强度又有较好拉伸强度及模量的改性 PS 制品，对发展家电、汽车等工业用塑料具有积极的意义。

2.3.3.2　弹性体增韧改性

国内外对 PS 的改性，特别是对其增韧改性进行了大量的研究。已得到应用的弹性体橡胶主要包括：低顺式聚丁二烯橡胶、高顺式聚丁二烯橡胶、复合橡胶、丙烯酸酯橡胶、三元乙丙橡胶、硅橡胶、纳米复合材料以及其他橡胶等[37]，对它们增韧 PS 的详细描述如下。

（1）LCPB 增韧改性

用低顺式聚丁二烯橡胶（LCPB）增韧的 PS 具有较好的色泽和较高的屈挠性，低温下抗冲击性能尤为突出。分别由丁苯橡胶（SBR）和 LCPB 增韧的 HIPS 试样，20℃时的冲击强度基本相同，但低于 0℃时，SBR 增韧试样的冲击强度明显下降，而 LCPB 增韧的试样在−50℃时仍有较高的冲击强度。因此，自 20 世纪 60 年代后，LCPB 取代 SBR 成为应用最广、最有效的增韧剂。橡胶中乙烯基含量通常会影响改性效果。采用 Lewis 碱改性的锂系催化剂产物中乙烯基质量分数可达 20%～40%。Elena Ceausecu 研究了分子量相同而乙烯基含量不同的试样对 HIPS 冲击强度的影响。结果表明，用低乙烯基含量的试样合成的 HIPS，其冲击强度高于中乙烯基含量的试样。Baer 研究了不同分子量分布的 LCPB 对 HIPS 冲击强度的影响，发现 HIPS 冲击强度正比于 LCPB 的分子量。

（2）HCPB 改性

Lunk 研究高顺式聚丁二烯橡胶（HCPB）作为 PS 增韧剂时发现，通用型 HCPB 不能作 PS 的有效增韧剂。李迎等曾对国内外部分用于 PS 改性的专用高顺式橡胶品种及其性能指标进行总结，认为用于生产 HIPS 的 HCPB 应具有色浅、稳定性好、适当低的 SV 值（5%苯乙烯溶液黏度）及较低的凝胶含量等。Bayer 公司和 Polysar 公司通过改进引发剂配方，生产出适于制备 HIPS 的镍系高分子量、低凝胶含量的高顺式 1,4-聚丁二烯。北京化工研究院燕山分院（简称燕化研究院）采用镍催化体系，研究了丁二烯溶液的聚合条件，发现通过增加镍催化剂、降低水用量、适当提高聚合温度可以生产出符合制备 HIPS 要求的 BR-9002，产品性能与日本 BR-1220Su 相当。Bayer 公司采用钴化合物作引发剂，在乙烯基芳香族溶剂存在下，加入 Lewis 碱作改性剂，制备出 1,2-链节含量可调的聚丁二烯。日本旭化成公司以有机酯类化合物对稀土聚丁二烯进行偶联改性，制备了分子量大、分布窄、偶联效率高、可用作 PS 抗冲改性剂的改性橡胶。

（3）复合橡胶改性

在聚合工艺条件一定的情况下，采用单一橡胶制得的 HIPS 中橡胶粒子大小及分布是固定的。在达到最佳抗冲击性能时，往往损失了光泽性等其他性能。因此，选用复合橡胶是目前开发 HIPS 新牌号的最佳方法。可以把特定的高分子量聚丁二烯和低分子量聚丁二烯混合作橡胶成分对 PS 改性。因为大橡胶颗粒只有利于终止银纹，小橡胶颗粒有利于引发和终止银纹，所以增大橡胶颗粒大小差，扩大颗粒分布，能使冲击强度明显增加。还可采用线型和星型低顺式橡胶、线型低顺式橡胶和高顺式橡胶、星型低顺式橡胶与高顺式橡胶，以1:1复合加入PS中制得HIPS（总橡胶质量分数为5%）。燕化研究院采用本体-悬浮法研究了复合橡胶对HIPS的影响，发现HIPS橡胶相体积分数因复合橡胶组成不同而产生不同的协同效应，星型低顺式橡胶与高顺式橡胶复合为正协同效应，随橡胶相体积分数增加，明显改善了高顺式橡胶的粒子形态，使橡胶粒子界面趋于清晰，粒子形状趋于规整。

（4）其他弹性体改性

卢肖然等[40]选用热塑性弹性体苯乙烯-丁二烯-苯乙烯嵌段共聚物（SBS）作为聚苯乙烯改性剂，制备PS/SBS共混复合材料，对其拉伸性能、弯曲性能、冲击性能、熔体流动速率、热稳定性及耐热性能进行测试，并对断面形貌进行表征。结果表明：SBS与PS有很好的相容性。SBS添加量从0增加至20%，PS/SBS复合材料的冲击强度、熔体流动速率、峰值温度、维卡软化温度分别从 $13.08kJ/m^2$、$9.0g/10min$、$403℃$、$84℃$ 增加至 $51kJ/m^2$、$11.9/10min$、$420℃$、$89.3℃$。SBS的添加有效提高了复合材料的韧性及热学性能，但降低了复合材料的拉伸性能。当PS/SBS质量比为92:8时，改性PS复合材料的拉伸性能与纯PS相比减弱幅度较小，且PS/SBS的冲击强度、熔体流动性、热稳定性、耐热性、相容性均显著提高，复合材料性能最佳。

蒋世俊等[41]利用不同配比的SBS（苯乙烯-丁二烯-苯乙烯嵌段共聚物）/EP（环氧树脂）共混体系改性了PS，结果表明：当SBS的加入量为15份，EP加入量为3份，DDM（4,4'-二氨基二苯基甲烷）为EP含量的25%时能使PS的综合性能最佳，此时，改性PS的冲击强度由 $1.61kJ/m^2$ 提高 $6.76kJ/m^2$，冲击强度提高320%；拉伸强度由44.94MPa提高到46.64MPa。

夏新江等[42]将聚丁二烯（PB）和白垩粉混入PS中，用扫描电子显微镜观察发现，聚丁二烯包覆白垩粉形成微米级核-壳结构。与HIPS相比，PS/PB/白垩粉有与HIPS相似的"香肠"微区相态结构，都符合银纹增强机理。当 $v(PB)$ 在4%~5%时，其断裂伸长率高于HIPS；PS/PB/白垩粉弯曲产生许多银纹，而HIPS弯曲产生"互联银纹网"，因而，PS/PB/白垩粉体系不易变形、不易形成微小孔洞。三元乙丙橡胶（EPDM）具有优良的耐候性、耐臭氧、抗氧化性、高耐热性及良好的拉伸性能，因而对提高PS性能有较好的促进作用。Shaw等[43]用EPDM接枝苯乙烯（EPDM-g-St）改性PS，研究表明：加入质量分数为10%的EPDM-g-St对体系拉伸强度影响很小，而冲击强度明显提高。

古忠云等[44]通过硅橡胶/PS共混发现硅橡胶可显著提高共混物强度，共混温度对共混物强度影响较大。硅橡胶与PS共混，可显著提高共混胶的硬度；且随PS用量增加，其硬度增大。共混过程中加入少量过氧化二异丙苯（DCP），其拉伸强度可显著提高，韧性增加，但DCP用量过多共混物强度反而降低很多。张保卫等[45]研究了胶粉/PS共混物的物理性能、流动性能及热性能，发现添加胶粉可改善PS材料的抗冲击性能，且胶粉粒径越小，改善效果越好，但会使共混物的拉伸强度下降。胶粉粒径减小，共混物的流动性能提高；胶粉用量增大，流动性能和热变形温度均下降。添加硅烷偶联剂或钛酸酯偶联剂，可提高共混物的热变形温度。另外，胶粉/PS改性材料的成本与纯PS大致相同。

唐卫华等[46]研究了聚苯弹性体（PSE）与PS共混对PS力学性能的影响。结果表明，PSE 与 PS 可以相容，这种相容性随树脂中 St 质量分数的提高而增大。PSE 与 PS 共混可以获得力学性能优异的韧性材料。当共混合金中 PSE 质量分数较低时，PSE 以小于微米的尺寸呈微区分散于 PS 中。PSE 质量分数达 40％时，PSE 与 PS 形成了两相连续分布的共混合金，该合金具有较好的强度和韧性。PSE 的增韧效果随 St 质量分数提高而增大，在 St 质量分数为 72％时达到最大值。PS 和 PSE 质量比为 3∶2 时，共混合金的冲击强度比 PS 基体提高了 17 倍多，而材料的刚性降低不多，合金的综合力学性能优良。透射电子显微镜观察发现，PSE 质量分数为 40％时增韧 PS/PSE 的试样断面形态表现为韧性断裂，基体分散相呈两相连续形态分布，两相界面模糊，因而材料的宏观力学性能很好。

2.3.3.3　刚性粒子增韧改性

传统的聚合物增韧改性方法是将聚合物与橡胶、热塑性塑料、热固性树脂等进行共混或共聚，但这样往往以牺牲材料宝贵的强度、刚度、尺寸稳定性、耐热性及可加工性能为代价。近年来发展起来的刚性粒子（rigid filler，RF）增韧聚合物，不但可使材料的韧性得以提高，同时也可使其强度、模量、耐热性、加工流动性能等得到改善，显示了增韧、增强的复合效应。刚性增韧粒子可分为 ROF（有机刚性粒子）、RIF（无机刚性粒子）两类，其中有机刚性粒子有 PMMA、PS、MMA/St 共聚物及 SAN 等，无机刚性粒子有 $CaCO_3$、$BaSO_4$、滑石粉、云母等[47]。目前，RF 改性聚合物已引起人们的高度重视，其研究逐渐深入，取得了许多实质性的进展。

（1）刚性有机粒子增韧改性

人们对刚性有机粒子增韧改性 PS 的研究如下[48]。

汤钧等用种子乳液聚合的方法，合成了一种核层为交联高分子结构、壳层为线型高分子结构的刚性聚合物微球，将其与 PS 共混，通过对微粒尺寸、用量及模量的控制获得增韧、增强、透明性好的聚苯乙烯复合材料。吴其晔等采用种子乳液聚合合成了以轻度交联的 PMMA 为核、PMMA 接枝聚合物为壳的核-壳型有机刚性粒子，且由于合成条件可控，可以根据需要设计并获得不同类型、不同尺寸结构的粒子，这种有机刚性粒子对 PS 体系具有增韧、增强作用。P. Jannasch 等采用环氧乙烷接枝苯乙烯的共聚物（PEO）作为 PS 与 PA6 或 PA12 的相容剂。添加 PEO 后可以有效地减小 PA 域的大小，且 PA 相可以更均匀地分布在整个相容的共混体系中，基体 PS 的韧性也有所增加，当 PEO 含量为 30％时，PS 的冲击强度提高 65％。侯斌等研究了 PVC/PS 体系，发现 PS 的用量为 10 份时效果最佳。此外，吕彦梅也研究了 PVC/CPE/PS 体系，通过对 PVC/CPE/PS 与 PVC/PS 体系增韧效果比较得出，PVC/PS 体系有一定的增韧效果，但增韧幅度较小。李文斐等[49]为制备接枝聚乙烯与 SiO_2 的复合材料，赋予其新的特殊性能，首先，通过预辐照和悬浮接枝技术制备了低密度聚乙烯接枝聚苯乙烯（LDPE-g-PS），通过表面接枝制备了 PS 改性纳米 SiO_2（PS@nano-SiO_2）；然后，将 LDPE-g-PS 与 PS@nano-SiO_2 熔融共混，制备了 PS@nano-SiO_2/LDPE-g-PS 复合材料；最后，利用 FTIR、SEM、DSC 和电子拉力机等对材料的结构及性能进行了研究。结果表明：PS 已经分别接枝到 LDPE 和纳米 SiO_2 上；在 PS@nano- SiO_2/LDPE-g-PS 复合材料中，SiO_2 在 LDPE-g-PS 内达到纳米级分散，并形成独特的纤维状网络结构；2％（质量分数）PS@nano-SiO_2/LDPE-g-PS 复合材料的冲击强度比 LDPE-g-PS 提高了 99.3%；与 LDPE-g-PS 相比，PS@nano-SiO$_2$/LDPE-g-PS 复合材料的结晶温度升高，击穿场强比 LDPE 的高 1.4 倍。所得结论表明 PS@nanoSiO$_2$/LDPE-g-PS 复合材料的性能较好。

刚性有机粒子对 PS 的增韧是通过促进基体发生屈服和塑性变形吸收能量来实现的，因而基体韧性是影响刚性有机粒子增韧效果的重要因素，故要求基体具有一定的韧性[50]。一般而言，基体的韧性越大，增韧效果越明显。同时，刚性粒子的粒径大小、用量也对增韧有着明显的影响。粒子太大容易在体系内产生缺陷，不但不能提高材料韧性，还有损材料的综合性能。粒径太小，颗粒间作用太强，容易产生团聚，也不利于提高材料的韧性。

（2）刚性无机（纳米）粒子增韧改性

要达到良好增韧、增强效果，形成宏观均相、微观两相结构是非常必要的，因此，近年来物理共混改性（如橡胶或热塑性弹性体增韧）、填充增韧改性得到了长足发展，但这些增韧手段通常会使材料的刚性、强度下降，或对材料韧性有一定损害，而用无机纳米粒子则可达到既增强又增韧的效果[51]。欧玉春在研究刚性无机粒子增韧、增强聚合物时发现，无机粒子均匀而少量地分散在基体中时，无论是否有良好的界面结合，都会产生明显的增韧效果。通过调节界面相容性、界面相互作用和界面层，可以获得高强度、高模量、高韧性的复合材料[48]。

粒子间相互作用的总位能为排斥力位能和引力位能之和，而对纳米粒子进行表面处理本身就是一个减少引力位能或增加排斥位能或者兼而有之的过程。为了制备纳米材料并提高其与基体材料的融合性，根据改性原理一般可以分为物理改性和化学改性。物理改性包括机械法改性、表面物理包覆改性、高能表面改性；化学改性分为表面接枝改性、偶联剂法、酯化法等。PS/无机纳米粒子复合材料的制备方法有很多，主要包括：熔融共混法、溶液共混法、原位聚合法、插层法和溶胶-凝胶法等[52]。

无机刚性粒子增韧 PS 主要存在着两种因素[48]：一是树脂基体冲击能量的分散能力；二是无机刚性粒子表面对冲击能量的吸收能力。这两种因素承担的冲击能并不完全按体积分数进行分配，而是与基层厚度 L 有关。临界增韧厚度 L_c 是基体树脂承担的冲击能和无机刚性粒子表面吸收的冲击能主次关系的转变点。当 $L > L_c$ 时，冲击能按体积分数分配给基体树脂和无机刚性粒子，因此，单位体积的树脂基体承担的冲击能不变，即韧性不变。当 $L < L_c$ 时，无机刚性粒子表面吸收冲击能的能力显著增加，树脂基体很少或不再承担对冲击能的分散，因此，此时冲击的破坏仅是刚性粒子界面的破坏，其冲击韧性只与界面性质有关。设聚合物与无机刚性粒子的界面厚度为 L_A，则当 $2L_A < L < L_c$ 时，复合材料界面完整，易吸收冲击能，冲击韧性好；当 $L < 2L_A$ 时，复合材料未形成完整的界面，此时，材料的冲击韧性将随 L 的降低而显著下降。针对刚性粒子增韧聚合物体系，季根忠等[53] 认为：冲击力场中，在材料冲击面上的压强近乎无穷大，韧性来源于材料的局部位移，理论上能提高材料局部快速位移的手段都能提高材料的韧性。对于所有以颗粒形式增韧的体系，颗粒和基体之间形成弹性过渡区，从而实现"破裂-下楔-压缩-应力方向改变"的增韧模式。

由于纳米复合材料具有一系列的优异特性，系统地研究纳米粒子对聚合物的改性作用，发展纳米材料和纳米结构的新型产品，具有非常重要的实用价值，同时深入研究纳米复合材料物性与纳米粒子微观结构的内在联系，摸索相应的改性机理，对进一步促进微观固体物理学的发展也有深刻的理论意义。再者，无机纳米粒子改性的聚合物材料在非线性光学材料、光电转换材料、化学工程、感应、催化等方面具有许多重要用途，表现出高性能、多功能等特点，具有广阔的应用前景。

国内对无机纳米粒子改性聚合物方面的研究，主要集中在增韧与增强亦即提高复合材料的拉伸与冲击强度上[54-57]。郝岑等[58]对潍坊某地的膨润土（MMT）原料进行提纯、用碳酸钠作为钠化剂进行有机改性，将之与聚苯乙烯（PS）复合制备出 PS/OMMT 纳米复合材料。重点研究了不同浓度的十六烷基三甲基溴化铵（CTAB）改性剂对 MMT 层间距的影响以及 OMMT 用量对复合材料力学性能的影响。结果表明：加入的十六烷基三甲基溴化铵浓度为 40% 时改性效果最好，得到的 OMMT 的层间距更大，可达到 2.38nm。在 PS 中加入 OMMT 以后，随着 OMMT 量的增多，材料的拉伸强度和断裂强度分别提高了 3MPa 和 2MPa，在 OMMT 用量为 5% 时，均达到 10MPa，此时所得 PS/OMMT 纳米复合材料的高温热分解率达到 6%，阻燃性能最好。OMMT 的加入使纳米复合材料水平燃烧速度下降至 9mm/min，氧指数增加了 3%，耐高温性能和阻燃性能增强。

总的来看，无机纳米粒子对聚合物的改性作用主要有下列特点[59]：

①作为分散相的纳米粒子在聚合物基体中能得到更为有效地细化与分散，从而使应力集中区实现良好疏散，促使复合材料的强度与韧性提高；

②聚合物基体使分散相纳米粒子层间距增大，因此，部分聚合物链段容易扩散到粒子层片中，形成结合紧密的界面，改善聚合物基体与无机纳米粒子间的界面黏结情况；另外，聚合物链段运动受到一定的空间限制，从而显著提高复合材料的耐热性和尺寸稳定性。

当代工业对韧性材料的要求越来越高，而 PS 又是目前塑料材料中产量最大的品种之一，其价格低廉，来源广泛，所以其增韧改性越来越受到人们的重视，尤其是刚性粒子对 PS 的增韧改性，目前已取得了一定的成就。随着人们对 PS 增韧改性的进一步研究，必定会出现更多的新方法、新思路，其应用也会更加广阔，增韧改性方面的研究也将会取得蓬勃的发展[60]。

2.4　品种、牌号及应用

近年来，聚苯乙烯树脂包括通用聚苯乙烯树脂（GPPS）和高抗冲型聚苯乙烯树脂（HIPS）等新品种的开发工作十分活跃，国外几乎所有的 PS 厂家都在开展这方面的研究。GPPS 为无色透明、无延展性、仿玻璃状的材料，其缺点是性脆、强度低、易破裂和耐热低。针对这些缺点，为改善其性能，近几十年来通过苯乙烯与不同的单体共聚或均聚物、共聚物的共混，创造了一系列聚苯乙烯的改性品种。HIPS 就是苯乙烯单体与丁二烯橡胶接枝共聚的产物，具有较高的强度和较好的韧性，应用范围更广。另外，根据不同的使用性能，上述不同 PS 产品再分成各自不同的牌号。据不完全统计，目前 PS 已有 300 多个牌号的产品，具有高光泽、高透明、高抗冲、耐热、耐化学品、耐燃和导电等性能。PS 新品种的开发成功，既提高了产品的性能，又开拓了市场。

PS 新品种开发的主要方向是提高冲击强度、耐热性和分子量；改进光泽度、透明性和耐开裂性；改善加工性、阻燃性和导电性；研制 PS 合金产品，使 PS 高性能化、功能化，进入工程塑料领域。开发的主要途径有三个：一是采用新的引发剂和过程控制技术，精确控制产品的分子量及其分布，开发高流动性、耐热性好的产品；二是改进 PS 产品的光泽度、透明性和抗冲性；三是采用共混、填充和增强等技术使产品多样化、高性能化[61]。目前新开发的 PS 产品在某些性能上已接近 ABS 及其他工程塑料，而且价格和加工性能保持原有水平，从而使 PS 在一定程度上进入了工程塑料应用领域。随着 PS 功能的提高，已出现了电视机外壳由 ABS 向 PS、录像机外壳由改性聚苯醚向 PS 转换的趋势。

2.4.1 高分子量通用聚苯乙烯

GPPS 的平均分子量为 20 万～30 万，易加工成型，但因机械强度较低、耐热性不高等缺陷而限制其应用。改善 GPPS 的性能，提高其分子量，成为超高分子量聚苯乙烯（UHMWPS）是近年来比较重要的研究方向之一。它既保留了 GPPS 所特有的优异光学性能、易加工性能，又具有较高的机械强度和耐热性，在一定程度上可以进入工程塑料的应用领域，可用于大型薄壁制品，也可与其他高聚物共混制备新的多相多组分材料[62-63]。近年来，UHMWPS 的合成在学术界和工业界受到重视，分别采用自由基聚合[64-66]、配位聚合[67-68] 和阴离子聚合的方法合成出 UHMWPS，并已部分实现商品化。

中国石油兰州化工研究中心院跟踪世界聚苯乙烯树脂领域新产品和新技术的发展趋势，独辟蹊径，利用阴离子聚合具有的链引发、链增长和无终止的活性链式聚合特点，采用负离子聚合技术成功地合成出高分子量聚苯乙烯树脂，打破国外公司实施的长期技术封锁和市场垄断的局面。这项中试技术的开发既拓展了通用聚苯乙烯的应用领域，提高了国产产品的市场占有率，同时也为下一步开发高端聚苯乙烯树脂成套生产技术奠定了基础。

近几年来，稀土催化剂被广泛地应用于高分子量聚苯乙烯的配位聚合中[69]。江黎明等将采用环芳烃钕与正丁基镁、六甲基磷酰胺组成的三元络合催化剂[70] 和以 Mg(n-Bu)$_2$ 为共催化剂的膦酸酯钕 $[Nd(P_{204})_3]$[71] 体系用于苯乙烯的配位聚合，制得了超高分子量聚苯乙烯。吴林波等[72-73] 采用毛细管流变仪和 Hakke 转矩流变仪对稀土催化合成的 UHMWPS 的流变、加工性能进行了研究，结果表明：UHMWPS 在低剪切速率下出现的不稳定流动与超高分子量聚合物长的松弛时间有关；较低的分子量和较高的温度有利于提高临界剪切速率，改善挤出物外观质量和降低熔体黏度，并提出了临界剪切速率与分子量和温度的定量关系；当 UHMWPS 塑化时熔体黏度高，转矩大，加工性能劣于 GPPS。金璟等[74] 则测定了 UHMWPS 的零剪切黏度和流动活化能。另外，有人利用稳定自由基[75]、双硫酯[76]、原子转移自由基聚合反应[77-78] 等方法引发苯乙烯聚合，获得了低分散度的聚苯乙烯，但产品分子量较低，引发体系价格高，不利于工业化生产。汤建萍等[79] 报道了以氯化亚铜/乙二胺/苄氯体系引发苯乙烯进行聚合反应，制备出低分散度的高分子量聚苯乙烯。

与化学法相比，辐射乳液聚合法通过高能射线生成的自由基、阳离子或阴离子直接引发聚合，具有高效、环保等优点而备受人们关注。彭朝荣等[80] 采用 ^{60}Co-γ 射线辐射乳液法合成了 UHMWPS，考察了剂量率 D、单体用量 [St]、乳化剂用量 [E] 等不同反应条件对单体转化率和分子量及其分布的影响，发现：PS 重均分子量 $M_w \propto D^{-0.38}$ $[E]^{0.75}[St]^{0.45}$，分子量分布为 2.88，产品具有较好的规整性。黄文艳[81] 等以 α-甲基丙烯酸-3-巯基己酯为链转移剂单体，过硫酸钾为引发剂，十二烷基苯磺酸钠为乳化剂，通过乳液聚合合成高分子量支化聚苯乙烯。采用核磁共振氢谱和体积排除色谱对支化聚苯乙烯进行了表征分析。结果表明：乳液聚合可以合成较窄分子量分布的高分子量支化聚苯乙烯，且表现出很高的支化程度。华东理工大学与金陵石化公司塑料厂合作开发的超高分子量聚苯乙烯合成工艺已通过鉴定[82-83]。该工艺采用一台反应型双螺杆挤出机并用阴离子引发的方法，直接将苯乙烯单体聚合成分子量达 60 万以上的聚苯乙烯产品。它不仅解决了传统釜式本体聚合法散热困难、反应后期高黏度下搅拌困难的技术问题，而且简化了工艺流程，聚合反应可在 5min 内完成，苯乙烯转化率接近 100%，分子量控制容易。所生产的超高分子量聚苯乙烯产品抗冲击性能较通用聚苯乙烯高 1 倍，拉伸强度提高 40%，弯曲强度提高 25%，断裂伸长率提高 30%，热分解温度提高 30℃，在家用电器、蓄电池、包装和建材等行业应用广泛。

BASF 公司开发了一种高分子量通用聚苯乙烯树脂 166H，可与高抗冲击聚苯乙烯和透明苯乙烯-丁二烯-苯乙烯嵌段共聚物掺混，适于注塑、吹塑、挤出成型。与通用聚苯乙烯相比，166H 可生产具有特殊韧性的透明部件，其典型用途为薄壁杯、瓶、办公设备、陈列品和保香性好的食品包装等。

另外，提高 GPPS 的分子量，一般会影响设备的生产能力，使成本提高。本体聚合工艺采用双官能团引发剂可解决这一技术问题。与常用引发剂过氧化二苯甲酰相比，该引发剂引发反应速率大，能合成高分子量的 GPPS。旭化成工业公司采用新的引发剂及连续聚合工艺，在川崎工厂改造旧设备，建成 23kt/a 生产装置，生产分子量高达 45 万的 GPPS，使冲击强度提高 1 倍。大日本油墨化学工业公司开发了连续本体聚合工艺，生产出分子量为 40 万、分子量分布窄的 GPPS，使冲击强度提高 1 倍左右。

2.4.2 耐热通用聚苯乙烯

提高 GPPS 耐热性可采用加入少量甲基苯乙烯、顺丁烯二酸酐、甲基丙烯酸等共聚的方法。旭化成工业公司开发了一种热变形温度为 100℃的耐热 GPPS。美国 Dow 化学公司的耐热 GPPS，牌号为 Styron 685D，维卡软化温度为 108℃，不含矿物油，只含少量的脱模剂和挤出助剂。德国 BASF 研发出一种牌号为聚苯乙烯 158K 的产品，因其具有良好的耐热性和快速固化性能，使这种食品安全级聚苯乙烯特别适用于食品包装领域，如一次性餐具和包装[84]。

2.4.3 导电通用聚苯乙烯

近年来，办公自动化设备、家电等的壳体都是由 PS 树脂等制成的。为了消除静电效应，使制品对电场、磁场或电磁波具有屏蔽作用，开发了导电 PS。通过向 PS 中加入导电性填料如铜、镍、铝等金属（粉末、丝、片等）或镀金属的玻璃纤维、碳纤维以及具有高导电性的炭黑等制成。日本三菱化成工业公司开发出一种体积电阻率小于 10^{10} $\Omega \cdot cm$、熔体流动速率大于 5g/10min 的导电和流动性均优良的 GPPS。日本出光石油化学公司向 GPPS 中掺入不锈钢纤维研制出一种具有永久导电性、电磁屏蔽性和耐冲击性优良、外观好的 GPPS。

2.4.4 阻燃通用聚苯乙烯

随着阻燃材料技术规范的强化，各种电器的阻燃标准也在不断提高，同时也迫切需要开发各种阻燃材料以满足市场的需要。PS 阻燃改性经历了较长时间的发展，至今已经形成了以添加型阻燃体系（卤素阻燃、磷系阻燃、氮系阻燃、无机阻燃、膨胀阻燃、黏土类阻燃等）和本体阻燃体系为主的多元发展格局[85]。前者是向 PS 基体中添加各种阻燃剂，使用方便，适用面广；后者是对 PS 的分子链结构进行化学改性，赋予聚合物本身阻燃性能，成本高，工艺复杂，故阻燃 PS 多采用添加型阻燃剂。

向 GPPS 中添加约 3% 的脂肪族溴化物（四溴乙烷、四溴丁烷、六溴癸烷等）、脂肪族含氯溴混合物（全氯五环癸烷和溴化物）或磷系化合物、Sb_2O_3 等可得到 UL94 V-2 级阻燃 GPPS。而磷酸二戊酯与卤素阻燃剂有极好的阻燃协同效应。含卤阻燃剂和阻燃材料虽然阻燃效率高，应用范围广，但在燃烧时发烟量大，易产生大量腐蚀性气体，严重污染环境。基于环境保护和可持续发展的要求，无卤阻燃体系具有非常广阔的发展前景。因此，无论是采用何种方法，目前的发展趋势是尽可能不使用含卤素的原料或助剂，开发低毒、少烟、高效、绿色的无卤新型阻燃产品成为阻燃领域的热点之一[86]。贾娟花等[87]采用正交设计法分析了聚磷酸铵、季戊四醇、三聚氰胺作为一种混合体系对聚苯乙烯的无卤阻燃作用，发现：酸源、炭源、气源组成的膨胀型阻燃剂有良好的阻燃效果，当三者用量分别为 30 份、20 份、5 份（质量份数）时，阻燃 PS 的综合性能较好，其中，季戊四醇对 PS 阻燃性能的影响显著。

国内外研究和开发的重点也主要集中在红磷微胶囊化、膨胀型阻燃剂、有机和无机硅系、金属氢氧化物阻燃剂和聚合物化学改性等领域，并取得了一定的成果[88]。另外，包覆技术、复配技术、交联技术、纳米技术、表面改性技术等先进的技术，以及高效、廉价的新型阻燃剂的不断出现推动着阻燃 PS 材料向前发展。

2.4.5 玻璃纤维增强通用聚苯乙烯

制备玻璃纤维增强 PS 的工艺路线有以下四种：一是将玻璃纤维与 PS 粉料充分混合，造粒、模压成型；二是先制成含玻璃纤维 80%、PS 树脂 20% 的母粒，再与树脂掺和均匀，模压成型；三是用自动控制装置将玻璃纤维和 PS 一起加入模内成型；四是在 PS 树脂聚合时填充玻璃纤维。

GPPS 用玻璃纤维增强后，刚性和机械强度有较大提高，热变形温度、尺寸稳定性、热导率、硬度均有所提高，线膨胀系数和吸水性降低，耐应力开裂性变好，燃烧速度降低，介电性能改善。但对冲击强度的影响比较复杂，常温下，非缺口冲击强度下降，缺口冲击强度增强，30% 的玻璃纤维增强 GPPS 在 -40℃ 以下缺口冲击强度有明显上升。

2.5 发展趋势

目前，我国聚苯乙烯市场仍然处于快速发展阶段。在产能方面，主要是江苏赛宝龙 10 万吨/年扩能、独山子石化 10 万吨/年扩能、惠州仁信 18 万吨/年扩能、山东玉皇 20 万吨/年、山东道尔 10 万吨/年、山东岚化 10 万吨/年等。自 2020 年开始，中国聚苯乙烯行业迎来新一轮扩能周期，未来随着市场需求规模的进一步扩大，行业产能将有望继续增长。

近几年聚苯乙烯市场逐渐过渡到新的阶段。在下游需求上，传统应用领域的市场规模继续保持增长或稳定。电子和建筑领域对聚苯乙烯市场需求日益增长。PS 相对 PC、PMMA、ABS 等其他树脂的性价比优势开始扩大。此外，在环保政策和工艺升级的推动下，XPS 挤塑板市场逐步使用 PS 新生料部分替代回收料。2023 年中国通用级聚苯乙烯需求量为 280.9 万吨，同比增长 2.59%，预计下游各行业对聚苯乙烯的消费性需求将持续增加。

参考文献

[1] 孙欲晓，林美宏，刘勋. 2021 年国内外苯乙烯生产及市场分析预测[J]. 化学工业，2022,40(02)：47-54.

[2] 蒋子龙，陈诚，王金鹏，等. 2016 年中国聚苯乙烯市场分析及前景展望[J]. 中国石油和化工经济分析，2017(9)：59-61.

[3] 李玉芳，李明. 国内外苯乙烯生产技术及发展趋势[J]. 化工技术经济，2005,23(10)：12-19, 24.

[4] 芦鹏曾，贾金乾. 苯乙烯生产技术和应用进展[J]. 山西化工，2022,42(2)：58-59, 68.

[5] 张钦文. 聚苯乙烯聚合机理[J]. 广东化工，2008,35(12)：71-73.

[6] 刘均. 低指数聚苯乙烯产品工艺研究及开发[J]. 大庆石油学院，2008.

[7] 谢芳宁，潘勤敏，孙建中，等. 苯乙烯本体聚合机理及动力学模型[J]. 合成橡胶工业，1997,(1)：57-61.

[8] 陈朝阳. 引发剂引发与热引发在苯乙烯本体聚合中的比较[J]. 广东化工，2003,30(2)：65-66, 64.

[9] Szwarc M. Living Polymers and Mechanisms of Anionic Polymerization[M]. Spring-Verlag, 1983.

[10] 钱伯章. 采用阴离子聚合工艺可制取高性能 PS[J]. 精细石油化工进展，2005(10)：11.

[11] 崔小明. 聚苯乙烯阴离子聚合新工艺[J]. 国外塑料，2005, 23(7).

[12] 刘宏吉. 国内外聚苯乙烯工艺技术分析[J]. 弹性体，2013,23(3)：72-77.

[13] 常敏. 2015 年中国聚苯乙烯市场分析及前景展望[J]. 中国石油和化工经济分析，2016(04)：62-64.

[14] 蔡新宇，李爱凤. 国内外聚苯乙烯的生产及市场分析[J]. 炼油与化工，2003,14(2)：6-7, 20.

[15] 化学工业出版社. 中国化工产品大全(上卷)[M]. 北京：化学工业出版社，1998.

[16] 陈朝阳，陈利傑. 国内聚苯乙烯生产工艺述评[J]. 合成树脂及塑料，2003,20(3)：39-43.

[17] 薛祖源. 聚苯乙烯生产与发展综述[J]. 化工设计，2006,16(6)：6-16.

[18] 闫振华，张剑光. 聚苯乙烯生产工艺与经济分析[J]. 化工设计，2005,15(3)：28-30.

[19] 胡景沧. 聚苯乙烯技术发展趋向及国产化[J]. 石油化工设计，1998(1)：6-14, 61.

[20] 何玉辉，曹亚. 用可聚合表面活性剂在超声辐照下乳液聚合制备聚苯乙烯纳米粒子[J]. 高分子材料科学与工程，2004,20(6)：72-75.

[21] 张红梅，孙文盛. 高分子量聚苯乙烯的生产特点[J]. 现代化工，2002,22(4)：43-44, 54.

[22] 谌基国，秦文其，龚树鹏，等. 酸奶杯专用高抗冲聚苯乙烯 HIEM 的工业化生产[J]. 合成树脂及塑料，2018,35(6)：59-62.

[23] 王文清，王浩水. 苯乙烯本体聚合反应器结构型式对其性能的影响[J]. 石化技术与应用，2001,19(5)：321-324, 327.

[24] 许家福. 本体聚合橡胶增韧苯乙烯系树脂反应器技术进展[J]. 上海化工，2013,38(8)：26-31.

[25] 佚名. 间规聚苯乙烯——优良的工程塑料[J]. 化工文摘，2001,000(004)：23.

[26] 叶明富，陈丙才，方超，等. 高分子材料的老化及防护[J]. 化学工程师，2018,32(7)：61-63.

[27] 李晓茜，钟浩. 高分子材料光老化研究方法综述[J]. 环境技术，2016,34(05)：107-109.

[28] Ranby, Bengt G. Photodegradation, photo-oxidation, and photostabilization of polymers[M]. Wiley, 1975.

[29] Bottino F A, Cinquegrani A R, Pasquale G D, et al. A study on chemical modifications, mechanical properties and surface photo-oxidation of films of polystyrene (PS) stabilised by hindered amines (HAS)[J]. Polymer Testing, 2004, 23(7)：779-789.

[30] 周大纲，谢鸽成. 塑料老化与防老化技术[M]. 北京：中国轻工业出版社，1998.

[31] 胡行俊. 高分子材料光氧老化[J]. 合成材料老化与应用，1987(04)：28-43.

[32] Wypych G. Handbook of material weathering[M]. Toronto：ChemTec Publishing, 2018.

[33] 叶荣根，肖春霞，蔡绪福，等. 苯乙烯类塑料耐老化性能研究[J]. 工程塑料应用，2008,36(3)：58-62.

[34] 郝妙琴. 低密度聚乙烯共混改性聚苯乙烯的研究[J]. 橡塑技术与装备, 2018, 44(14): 5.

[35] 姚海军, 杨永青, 常新林, 等. 聚苯乙烯改性方法及其应用研究进展[J]. 化学工程与装备, 2009(07): 142-145.

[36] 林楚瑜. 国内聚苯乙烯树脂的应用与发展[J]. 广东化工, 2002(6): 2-4.

[37] 董兰国, 常娜, 宗成中, 等. 国内外聚苯乙烯共混改性研究进展[J]. 合成树脂及塑料, 2005(6): 71-74.

[38] 刘俊华, 钟明强. 聚苯乙烯共混改性研究进展[J]. 功能高分子学报, 1999(3): 345-349, 356.

[39] 吴耀琴, 赵志平, 郭鹏, 等. 纳米材料改性聚苯乙烯的研究进展[J]. 鲁东大学学报(自然科学版), 2023, 39(1): 71-82.

[40] 卢肖然. 热塑性弹性体改性聚苯乙烯复合材料的制备及力学性能研究[J]. 塑料科技, 2021, 49(9): 17-20.

[41] 蒋世俊, 杨其, 朱家玉, 等. SBS/EP 共混体系改性 PS[J]. 塑料, 2012, 41(03): 7-10.

[42] 夏新江, 王炼石, 顾为民, 等. 粉末 SBR-G-S 的制备及其对 PS 的增韧作用[J]. 中国塑料, 1998(4): 47-53.

[43] Shaw S, Singh R P. Studies on impact modification of polystyrene (PS) by ethylene-propylene-diene (EPDM) rubber and its graft copolymers. Ⅲ. PS/EPDM-g-(styrene-co-maleic anhydride) blends and its relative performance [J]. Journal of Applied Polymer Science, 2010, 40(5-6).

[44] 古忠云, 马玉珍, 雷卫华. 硅橡胶/聚苯乙烯共混初探[J]. 特种橡胶制品, 2001(06): 32-34.

[45] 张保卫, 孙锡龙. 胶粉/聚苯乙烯共混物的性能研究[J]. 橡胶工业, 2003, (09): 529-531.

[46] 唐卫华, 唐键, 金日光. 茂金属聚苯弹性体增韧改性聚苯乙烯的研究[J]. 塑料工业, 2002, 30(1): 15-16, 37.

[47] 汪晓鹏, 贺建梅, 李文磊, 等. 聚苯乙烯改性研究进展[J]. 上海塑料, 2017(2): 8.

[48] 王文, 林美娟, 章文贡. 苯乙烯类聚合物的增韧增强[J]. 高分子材料科学与工程, 2005, 21(2): 37-41.

[49] 李文斐. 聚苯乙烯改性纳米 SiO$_2$/低密度聚乙烯接枝聚苯乙烯复合材料的制备及表征[J]. 复合材料学报, 2016, 33(9): 6.

[50] 张官云. GPPS 产品冲击强度的影响因素和优化措施[J]. 合成树脂及塑料, 2001, 18(3): 19-21.

[51] 张龙彬, 朱光明. 无机刚性粒子增韧聚合物研究进展[J]. 化工新型材料, 2005, 33(10): 25-28.

[52] 于守武, 桑晓明, 肖淑娟, 等. 无机纳米粒子改性聚苯乙烯研究进展[J]. 河北理工大学学报(自然科学版), 2009, 31(2): 88-92.

[53] 季根忠, 刘维民, 齐陈泽, 等. 刚性粒子增韧聚合物机理研究[J]. 高分子通报, 2005, (1): 50-54.

[54] 任显诚, 白兰英, 王贵恒, 等. 纳米级 CaCO$_3$ 粒子增韧增强聚丙烯的研究[J]. 中国塑料, 2000(01): 26-30.

[55] 贺鹏, 赵安赤. 聚合物改性中纳米复合新技术[J]. 高分子通报, 2001(01): 74-82.

[56] 舒中俊, 刘晓辉, 漆宗能. 聚合物/粘土纳米复合材料研究[J]. 中国塑料, 2000, 14(3): 7.

[57] 王丽萍. 无机-有机纳米复合材料[J]. 功能材料, 1998, 29(4): 343-347.

[58] 郝岑, 闫凯丽, 刘曙光, 等. PS/OMMT 纳米复合材料制备技术的研究[J]. 塑料科技, 2014, 42(12): 59-64.

[59] 杨伏生, 周安宁, 葛岭梅, 等. 纳米科技在聚合物改性方面的应用[J]. 化工进展, 2001, 20(8): 9-12.

[60] 许磊. 聚苯乙烯增韧的新进展[J]. 科技信息, 2010, (25): 49.

[61] 朱景芬. 国内外聚苯乙烯新品种的生产和发展[J]. 合成橡胶工业, 1995, (5): 311-316.

[62] 郭秀春. 国外聚苯乙烯的现状及发展动向[J]. 塑料工业, 1990(4): 3-6, 20.

[63] 陈建刚, 仇国贤. 负离子聚合技术合成出 PS 高端产品[N]. 中国化工报, 2006-03-01(2).

[64] 许德成, 吕在民, 林晶华. 一种超高分子量窄分布聚苯乙烯的研制和表征[J]. 石油化工, 1995(7): 468-472.

[65] 杨第伦, 金璟, 马振田, 等. 本体溶液法合成超高分子量聚苯乙烯[J]. 高等学校化学学报, 1995(02): 312-314.

[66] 张水合, 齐陈泽, 王宝义, 等. 超高分子量聚苯乙烯中的正电子寿命谱[J]. 核技术, 1998(4): 227-229.

[67] Jiang L M, Shen Z Q, Zhang Y F, et al. Styrene polymerization with rare earth catalysts using a magnesium alkyl cocatalyst[J]. Journal of Polymer Science Part A Polymer Chemistry, 1996, 34(17): 3519-3525.

[68] Wu L, Li B G, Cao K, et al. Styrene polymerization with ternary neodymium-based catalyst system: effects of catalyst preparation procedures[J]. European Polymer Journal, 2001, 37(10): 2105-2110.

[69] 赵姜维, 吴一弦, 王静, 等. 用一稀土催化剂合成高分子量聚苯乙烯[J]. 高分子学报, 2007(3): 240-245.

[70] 聂建, 张一烽, 江黎明, 等. 超高分子量聚苯乙烯的合成和聚合反应动力学[J]. 高分子学报, 2002(2): 203-207.

[71] Jiang L M, Shen Z Q, Yang Y H, et al. Synthesis of ultra-high molecular weight polystyrene with rare earth-magnesium alkyl catalyst system: general features of bulk polymerization. Polymer International[J]. 2001, 50(1): 63-66.

[72] 吴林波，李伯耿，李宝芳. 超高分子量聚苯乙烯的流变性能[J]. 高分子学报，2001(5)：633-638.

[73] 吴林波. 稀土催化苯乙烯聚合及超高分子量聚苯乙烯[D]. 杭州：浙江大学，2001.

[74] 金璟，魏秀英，杨弟伦. 超高分子量聚苯乙烯流动活化能的测定[J]. 兰州大学学报，1995(3)：85.

[75] Michael K, Georges, Richard P N, et al. Breathing new life into the free radical polymerization process[J]. Macro-molecular Symposia, 1994, 88(1)：89-103.

[76] Chiefari J, Chong Y K B, Ercole F, et al. Living free-radical polymerization by reversible addition fragmentation chain transfer：The RAFT process[J]. Macromolecules, 1998, 31(16)：5559-5562.

[77] Wang J S, Matyjaszewski K. Controlled/"living" radical polymerization. atom transfer radical polymerization in the presence of transition-metal complexes[J]. Journal of the American Chemical Society, 1995, 117(20)：5614-5615.

[78] Percec V, Barboiu B, Neumann A, et al. Metal-catalyzed "Living" radical polymerization of styrene initiated with arenesulfonyl chlorides. From Heterogeneous to Homogeneous Catalysis[J]. Macromolecules, 1996, 29(10)：3665-3668.

[79] 汤建萍，曾宪标. 低分散度高分子量聚苯乙烯的合成及其表征[J]. 湖南师范大学自然科学学报，2003, 26(2)：66-69, 78.

[80] 彭朝荣，陈浩，汪秀英，等. 辐射法合成超高分子量聚苯乙烯及其表征[J]. 辐射研究与辐射工艺学报，2007, 25(6)：355-358.

[81] 黄文艳，张俊，张东亮，等. 乳液聚合合成高分子量支化聚苯乙烯[J]. 高校化学工程学报，2015(1)：247-251.

[82] 郑安呐. 超高分子量聚苯乙烯的研制[D]. 上海：华东理工大学，2007.

[83] 佚名. 合成超高分子量聚苯乙烯新工艺[J]. 弹性体，1998(03)：65.

[84] 杜雪娟. Biesterfeld 开始销售巴斯夫聚苯乙烯[J]. 现代塑料加工应用，2017(5)：59.

[85] 雷自强，王伟，张哲，等. 阻燃聚苯乙烯研究进展[J]. 塑料科技，2009, 37(4)：93-99.

[86] Zaikov G E, Lomakin S M. Ecological issue of polymer flame retardancy[J]. Journal of Applied Polymer Science, 2002, 86(10)：2449-2462.

[87] 贾娟花，苑会林，邵晶鑫. 聚苯乙烯的无卤阻燃研究[J]. 合成树脂及塑料，2006, 23(002)：36-38.

[88] 刘继纯，付梦月，李晴媛，等. 聚苯乙烯无卤阻燃研究进展[J]. 中国塑料，2008, 22(6)：1-4.

第3章
高抗冲聚苯乙烯

3.1 概况

通用聚苯乙烯（GPPS）质硬而脆、机械强度不高、耐热性较差，且易燃。为此，人们进行了大量的改进工作，由此，一个庞大的苯乙烯系树脂体系应运而生，如 ABS、HIPS、SMA 等，其中以高抗冲聚苯乙烯（HIPS）的应用最为广泛。自 Ostromislensky 于 1927 年申请了第一个增韧聚苯乙烯的技术专利至 1952 年 Dow 化学公司最终成功地开发了连续生产高抗冲聚苯乙烯的新工艺，一系列发明掀开了塑料工业史上的一个新篇章。从此，PS 这种由于性脆而限制应用的高分子材料以增韧聚苯乙烯的新面貌被广泛地应用于包装、器械、家用电器和玩具等诸多领域。

HIPS 为白色不透明珠状或粒状热塑性树脂，其结构式如图 3-1 所示。

HIPS 除具有 GPPS 的刚性、加工性能和着色性等优点外，橡胶的引入使其冲击强度大幅度上升，但拉伸强度、硬度、光泽等性能指标下降，同时还丧失了透明性。HIPS 的典型性能如表 3-1 所示。

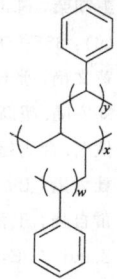

图 3-1 高抗冲聚苯乙烯的分子结构

表 3-1 HIPS 的典型性能

性能	指标	性能	指标
密度/(g/cm³)	1.04~1.06	体积电阻率/(Ω·cm)	$>10^{16}$
维卡软化温度/℃	79~86	弯曲强度/MPa	39.2~51.94
拉伸强度/MPa	27.44~35.28	介电常数(50MHz)	2.4~3.8
热变形温度/℃		Izod 缺口冲击强度/(J/m)	78.4~196
无退火	70~77	吸水性/%	0.1~0.14
退火	77~84	洛氏硬度(R)	65~75
伸长率/%	20~50	成型收缩率/%	0.02~0.06
拉伸弹性模量/GPa	2.07~2.74		

国内 HIPS 产品的生产与通用聚苯乙烯生产过程基本相似，不同之处在于生产 HIPS 时多一道橡胶处理工序。一般 PS 装置均能生产 HIPS 产品。

3.2　制备方法

3.2.1　增韧橡胶

高抗冲聚苯乙烯是由苯乙烯单体在增韧改性剂（橡胶）分子链上接枝聚合得到的一类苯乙烯系树脂。因此，除 2.2 节中所述原辅材料外，橡胶也是 HIPS 生产过程中的一类重要原料。PS 的改性剂最初选用丁基橡胶（IIR），其后用丁苯橡胶（SBR），也有不同胶种并用制备 HIPS 的报道，但低顺式 1,4-聚丁二烯橡胶（LCBR）和高顺式 1,4-聚丁二烯橡胶（HCBR）是制备 HIPS 的主要胶种[1]。以下对 PS 增韧改性用橡胶体系做详细描述。

3.2.1.1　聚丁二烯橡胶

对接枝用聚丁二烯橡胶的要求是：含 30%～98% 的顺式异构体，2%～70% 的反式异构体。1,4-加成产物应大于 85%，1,2-加成产物应低于 15%，门尼黏度为 20～70，两段转变温度为－50～105℃。聚丁二烯橡胶依其微观结构可分为高顺式、低顺式、高乙烯基、中乙烯基和高反式。聚丁二烯橡胶由于具有较高的弹性和较低的玻璃化转变温度，因此特别适用于增韧聚苯乙烯。低顺式与高顺式聚丁二烯均可用来制备性能优异的 HIPS。

目前，国内外实现工业化生产的 HIPS 专用聚丁二烯橡胶大部分都是锂系 LCBR 和钴系高顺式聚丁二烯橡胶。镍系高顺式聚丁二烯橡胶仅有日本 JSR 的 BR-02 系列和中国燕山石化的 BR9004 系列。

橡胶中的乙烯基含量是影响接枝反应的重要因素。乙烯基含量高，接枝率高，对提高两相间的结合能有利，进而有利于提高改性效果。因此，制备 HIPS 首选 LCBR，理想的 LCBR 在色浅、凝胶含量低的同时，还具有 5% 苯乙烯溶液黏度（简称 SV）较低、有一定的支化度等特点。橡胶的支化度影响橡胶的溶液黏度，进而影响 HIPS 生产中发生相转变时的体系黏度。橡胶的支化度小，溶液黏度大，相转变时的体系黏度大。HIPS 中橡胶相微粒直径大，产品的冲击强度大，光泽性降低。但是产品中橡胶相微粒过大时，反而会降低产品的冲击强度。所以，根据 HIPS 产品不同的性能要求，应选择不同溶液黏度的橡胶。

LCBR 以烷基锂为引发剂引发丁二烯聚合制得，有两种方法可调节聚合物的支化度和乙烯基含量：一是在聚合过程中加入多官能极性偶联剂（如四氯化硅、四氯化锡等），与聚合物进行偶联反应，控制偶联剂的官能度和用量可调节支化度，进而调节溶液黏度；二是在聚合体系中加入醚类、胺类等结构调节剂，调节乙烯基含量，如日本、俄罗斯专利均采用上述方法制备 LCBR。在丁基锂引发体系中加入一定量的巴豆醛，可以合成出不含凝胶的 LCBR。国外 LCBR 的合成技术已非常成熟。在国内，大连理工大学、北京化工研究院燕山分院和吉化集团公司精细化学品厂等先后开展过 LCBR 的技术开发。燕山分院开发的工艺技术已进行了工业试验，所生产的 LCBR 曾用于 HIPS 的批量生产。茂名石化公司采用引进技术生产 LCBR。

国内外部分用于塑料改性的 LCBR 的性能见表 3-2，HIPS 用高顺式聚丁二烯橡胶的性能见表 3-3。

表 3-2　国内外部分 HIPS 用 LCBR 的性能指标

生产公司及牌号		门尼黏度 [ML(1+4)100℃]	溶液黏度 (5%St, 25℃) /(mPa·s)	质量分数/%			
				凝胶	挥发分	灰分	顺式 1,4-链节
拜耳	Taktene380	38±4	90±10	≤0.01	≤0.6	≤0.2	≤37
	Taktene550	53±6	168.5±16.5	≤0.01	≤0.6	≤0.2	≤37
	Taktene710	71±4	265±20	≤0.01	≤0.6	≤0.2	≤37
	Buna CB502T	38	90	≤0.15	≤0.75	≤0.1	≤37
	Buna CB527T	50	150	≤0.15	≤0.75	≤0.1	≤38
	Buna CB528T	53	159	≤0.15	≤0.75	≤0.1	≤38
	Buna CB529T	55	170	≤0.15	≤0.75	≤0.1	≤38
	Buna CB530T	68	250	≤0.15	≤0.75	≤0.1	≤38
	Buna CB565T	60	44	≤0.15	≤0.75	≤0.1	≤38
Dow 化学	SEPB-4300	32	84	—	0.12	0.04	36.5
	SEPB-5800	50	157	—	0.06	0.05	36.5
锦湖	KBR-710S	50	173	0.01	0.5	0.01	34.5
	KBR-710H	68	250	0.01	0.4	0.01	34.5
	KBR-711	50	173	0.01	0.4	0.01	34.5
	KBR-720	35	38	0.01	0.5	0.01	33.5
埃尼	Intene 40A	—	100	0.02	—	—	38
	Intene 40AM	—	100	0.02	—	—	38
	Intene 50A	—	170	0.02	—	—	38
	Intene 50AM	—	170	0.02	—	—	38
	Intene 60A	—	250	0.02	—	—	38
	Intene P30AM	—	42	0.02	—	—	38
旭化成	Asaden NF55AS	50	170				35
	Asaden NF35AS	33	85	—	—	—	35
	Asaprene 755A	55	95	—	—	—	35
	Asaprene 700A	37	45	—	—	—	33
	Asaprene 730A	47	35	—	—	—	33
	Asaprene 720A	40	25	—	—	—	33
	Asaprene 760A	55	77	—	—	—	33
瑞翁	Nipol 1241S	38	93	—	—	—	36
	Nipol 1242S	53	170	—	—	—	37
宇部兴产	B	34	87	0.003	—	—	35
	C	52	166	0.003	—	—	35

续表

生产公司及牌号		门尼黏度 [ML(1+ 4)100℃]	溶液黏度 (5%St, 25℃) /(mPa·s)	质量分数/%			
				凝胶	挥发分	灰分	顺式 1,4-链节
费尔斯通	Diene 35AC10	37	97	—	—	—	—
	Diene 55AC10	53	162	—	—	—	—
	Diene 70AC	71	250	—	—	—	—
燕山石化	Y-810	50~55	160±20	0.01	0.5	0.2	—
	Y-812	45~50	35±5	0.02	0.5	0.2	—
茂名石化	F250	50	—				35

表 3-3　国内外部分 HIPS 用高顺式聚丁二烯橡胶的性能指标

生产公司及牌号		门尼黏度 [ML(1+ 4)100℃]	顺式1,4- 链节含 量/%	溶液黏度 (5%St, 25℃) /(mPa·s)	防老剂	支化度
JSR	BR-02	44	94	—	—	—
	BR-02L	34	94	—	—	—
	BR-02LL	28	94	—	—	—
燕山石化	BR-9004A	39	94	—	1076	—
	BR-9004B	42	94	—	1076	—
瑞翁	Nipol 1220SL	30	98	39	非污染	—
	Nipol 1220SU	40	98	60	非污染	—
	Nipol 1220SG	45	98	72	非污染	—
	Nipol 1220SB	52	98	98	非污染	—
宇部兴产	UBEPOL 15HB	40	97	60	—	高
	UBEPOL 15H	43	98	92	—	中
	UBEPOL 15HL	43	98	135	—	低
	UBEPOL 13HB	30	96	41	—	高
	UBEPOL 22H	41	98	202	—	中
	UBEPOL 34HL	34	98	91	—	低
	A	44	98	64	—	—
拜耳	Buna CB 1406	97	60	1076	—	—
	Buna CB 1407	97	70	1076	—	—
	Buna CB 1409	97	90	1076	—	—
	Buna CB 1410	97	100	1076	—	—
	Buna CB 1412	97	120	1076	—	—
	Buna CB 1414	97	140	1076	—	—
	Buna CB 1415	97	150	1076	—	—
	Buna CB 1416	97	160	1076	—	—
	Taktene 1202	97	67	1076/TNPP		

续表

生产公司及牌号		门尼黏度 [ML(1+ 4)100℃]	顺式1,4- 链节含 量/%	溶液黏度 (5%St,25℃) /(mPa·s)	防老剂	支化度
Dow化学	SE BR 1202B	—	96	31～45	—	高
	SE BR 1202D	—	96	63～80	—	中
	SE BR 1202E	—	96	80～100	—	中
	SE BR 1202G	—	96	117～145	—	中/低

高顺式聚丁二烯橡胶的弹性及耐低温性好，有利于提高 HIPS 在低温下的抗冲击性，用于 HIPS 生产时，要求高顺式聚丁二烯橡胶具有颜色浅且稳定性好、适当低的 SV 值及非常低的凝胶含量等特点。与 LCBR 相比，制备 HIPS 专用的高顺式聚丁二烯橡胶的关键是降低凝胶含量，使分子链适度支化和调节溶液黏度。日本合成橡胶公司采用 Ni-Al-B 引发体系，通过调整引发剂配方，可以调节微观结构，制备出顺式1,4-链节含量为85%～99%、反式1,4-链节含量为0.5%～7.5%、1,2-链节含量为0.7%～7.5%、门尼黏度为20～100、分子量分布曲线为单峰分布的聚丁二烯橡胶，可用于聚苯乙烯的抗冲改性。

为了提高 HIPS 的耐冲击性和表面光洁度，还可以把高分子量聚丁二烯和低分子量聚丁二烯混合作橡胶成分来对聚苯乙烯进行改性。因为大橡胶颗粒有利于终止裂纹，小橡胶颗粒有利于诱发和终止银纹，所以增大橡胶大、小颗粒的差，扩大颗粒分布，能使冲击强度明显增加。日本宇部兴产公司在这方面做了大量工作，其中制备高分子量聚丁二烯（简称 A）所用的引发剂为钴化合物、卤化有机铝和水。A 的平均分子量为60万～300万，A 的含量≥75%，而低分子量聚丁二烯（简称 B）所用催化剂为镍化合物、有机铝化合物，B 的平均分子量为2000～70000。此外，不同微观结构聚丁二烯橡胶复合充当脆性苯乙烯系树脂的增韧改性剂时，产品中橡胶相的粒子形态兼具两单一胶的特性。李杨等[2-8]将低顺式 PB 与高顺式 PB 橡胶复合后，发现两单一胶的粒子形态可明显得到改善，且使后者的"海-岛"结构更明显，颗粒更完整，粒子界面趋于清晰，粒径亦变得均匀；在不损害其包藏结构的同时，可明显地改进高顺式聚丁二烯橡胶的黏团现象，使橡胶粒子更趋于分散状态。

Bayer 公司和 Polysar 橡胶公司通过改进引发剂配方，用三乙基铝与三辛基铝的混合物代替传统工艺中仅使用的单一铝（如三乙基铝或三异丁基铝），制备出一种适于制备 HIPS 的镍系高分子量、低凝胶含量的高顺式1,4-聚丁二烯橡胶。日本合成橡胶公司报道了一种关于高顺式聚丁二烯溶液黏度调节法，用有机锂化合物和有机铝化合物的混合物代替单一的有机铝化合物，同时添加3个碳原子以上的醇类化合物，在不改变聚合速率、门尼黏度及微观结构的前提下，可以任意调节溶液黏度。Bayer 公司采用钴化合物做引发剂，在乙烯基芳香族溶剂的存在下，加入路易斯碱作改性剂，通过调节配方，可以调节聚丁二烯橡胶1,2-链节的含量，所得聚合物可以制备 HIPS。日本旭化成以有机酯类化合物对稀土聚丁二烯橡胶进行偶联改性，偶联剂选用羧酸酯或者碳酸酯类化合物，可以制备分子量大、分子量分布窄、偶联效率高的改性橡胶。这种改性橡胶可用来做 PS 的抗冲改性剂。燕山石化公司采用 Ni-Al-B 引发体系，通过调整配方，制备出顺式1,4-链节含量≥93%、门尼黏度为30～55、苯乙烯中不溶物含量小于0.03%、适用于 HIPS 的高顺式聚丁二烯橡胶。

　　用于 HIPS 生产的高顺式聚丁二烯橡胶主要是钴系橡胶，其次为镍系橡胶，如 Dow 化学公司、日本瑞翁公司等均生产 HIPS 专用钴系橡胶。JSR 公司近年开发了 HIPS 专用镍系高顺式 PB。日本瑞翁公司 Co 系高顺式聚丁二烯橡胶的特点是分子量分布较窄、支化度大、凝胶含量特少，在生产过程中添加分子支化度调节剂和凝胶防止剂，以获得适宜的分子量分布及支化度。

　　我国镍系高顺式 PB 工业化生产已有 30 多年历史，并形成了一定的经济规模，在生产技术和产品质量控制方面积累了大量经验，已初步成为具有中国特色的专有技术。HIPS 专用橡胶依据其性质的不同可构成一个产品系列，不同牌号产品的主要差别是溶液黏度。燕山石化橡胶厂 HIPS 专用橡胶是用特殊工艺聚合而成的 Ni 系顺丁橡胶，其分子量比通用顺丁橡胶 BR 9000 低，具有一定的支化度，Ni 系顺丁橡胶的分子量分布比 Co 系的要宽一些。分子量分布宽，含高分子与低分子的数目较多，则影响溶液黏度和溶胶时间；分子量分布窄，对 HIPS 的冲击强度和屈服强度有利，但它又受到溶胶速度和溶液黏度的限制。另外，分子支化度也影响溶液黏度。国产胶增韧 HIPS 牌号 492J 产品与进口胶（日本瑞翁高顺丁橡胶）对比表明，冲击强度较为接近，抗拉屈服强度则稍低于进口胶，这与国产胶生胶门尼黏度偏低有关[9]。

　　目前，我国生产的镍系高顺式 PB 溶液黏度较高，不能用于制备高质量的 HIPS。制备 HIPS 专用镍系高顺式 PB 的关键是在保持一定分子量的前提下，找到调控溶液黏度的方法。目前，国内应尽快开发出专用橡胶工业生产技术，以满足 HIPS 生产装置的需要。因此，国产胶设计要使分子量分布趋于变窄、分子支化度增大、凝胶含量降低。

3.2.1.2　丁苯橡胶

　　适用于 HIPS 的丁苯橡胶一般是指溶液聚合丁苯橡胶，通常是以有机锂为引发剂使丁二烯和苯乙烯通过溶液聚合制得的共聚橡胶，包括无规共聚和嵌段共聚两种类型，在共聚反应中加入极性化合物如醚类、叔胺类、碱金属烷氧基化合物等作为无规剂，可以改变丁二烯和苯乙烯的相对反应活性，得到无规共聚物，否则，形成嵌段共聚物。

　　对于嵌段共聚丁苯橡胶，苯乙烯含量增加，引起 HIPS 的相态结构变化，由细胞构造向核壳构造、小滴群构造改变，从而使 HIPS 冲击强度下降，光泽性提高。对于无规共聚丁苯橡胶，随苯乙烯含量增加，橡胶相微粒尺寸下降，同样造成 HIPS 冲击强度下降，光泽性提高。由于溶液聚合丁苯橡胶通常用来制备特殊牌号 HIPS（如超高光泽 HIPS），因此使用量较少，这方面的研究报道也较少。日本住友化学公司在有机锂化合物和路易斯碱化合物存在下使 1,3-丁二烯与苯乙烯共聚，然后用多官能团卤化物与所得聚合物反应，制得的橡胶 1,2-链节含量占总结合丁二烯的 18%～32%，结合苯乙烯含量最高 10%，支化聚合物链含量至少 60%，可用于制备 HIPS。国外部分 HIPS 用溶聚丁苯橡胶的性能指标见表 3-4。

　　此外，橡胶增韧剂的加入，虽然可极大地改善脆性 PS 树脂的耐冲击性能，但其强度、热稳定性能却存在明显的不足，从而在一定程度上又限制其应用。另外，由于 HIPS 树脂的耐油、耐有机溶剂性差，在非极性油品或化学溶剂中易发生溶胀并出现破损，极大地限制了其在很多场合的使用。因此，随着人们对 HIPS 树脂性能要求的不断提高，仅仅依靠二烯烃橡胶作为增韧剂已经不能满足需求，必须采用特殊结构或新的橡胶品种才能生产出具有更高性能的产品。

表 3-4　国外部分 HIPS 用溶聚丁苯橡胶的性能指标

生产公司及牌号		结合 St 质量分数/%	门尼黏度 [ML(1+4)100℃]	溶液黏度 (5% St,25℃)/ (mPa·s)	备注	用途
瑞翁	Nipol NS-310S	22.0	—	10	嵌段共聚物	—
	Nipol NS-312S	40.0	—	—	嵌段共聚物	—
旭化成	Tufdene 2000A	25.0	45	50	无规共聚物	板材型
	Tufdene 2100A	25.0	80	85	无规共聚物	板材型
	Asaprene 670A	40.0		35	无规共聚物	超高光泽 HIPS
比利时 石油公司	Finaprene 410	48.0	47	—	无规共聚物	—
	Finaprene 1205	25.0	47	—	无规共聚物	

　　对橡胶进行环氧化改性，即在橡胶大分子链的双键上引入环氧基团，从而使橡胶分子的极性增大，分子间作用力加强，这不仅赋予环氧化橡胶许多独特性能，如优异的气密性和耐油性、良好的黏合性和相容性等，为环氧化橡胶的二次改性提供了可能和方便，而且当利用环氧化橡胶对 PS 等脆性材料进行改性时，还将获得具有极大潜在应用价值的聚合物产品。李杨等[10] 以苯乙烯为单体，以环氧化的聚丁二烯橡胶或环氧化的丁二烯/苯乙烯共聚物或几种环氧化橡胶的混合物为增韧剂，在热引发或引发剂引发下，采用自由基聚合方法制备耐溶剂热稳定型抗冲击聚苯乙烯树脂。其中，环氧化橡胶的环氧化值为 5%～50%（质量分数），增韧剂的用量为 3%～20%。所得树脂产品与环氧化前橡胶增韧 PS 树脂的力学性能、耐热性能以及耐溶剂性能如表 3-5 所示。

表 3-5　抗冲击聚苯乙烯树脂的综合性能

PB 橡胶的 环氧化值/%	Izod 缺口冲击 强度/(J/m)	拉伸强度 /MPa	弯曲强度 /MPa	热失重初 始温度/℃	浸入正己烷中溶胀增重的质量分数/%		
					7h	24h	48h
0	89	31.8	41.6	416.83	4.84	6.72	8.70
7	130	27.9	39.9	425.01	—	5.45	—
31	110	34.7	53.1	426.74	0.39	1.35	2.70

　　由表 3-5 可见，随着聚丁二烯橡胶环氧化值的增大，抗冲击聚苯乙烯树脂溶胀增重的质量分数显著降低，树脂的耐溶剂性显著提高，且热失重初始温度增大，热稳定性提高。

　　此外，丁二烯/苯乙烯嵌段共聚物还被用作 PS 增韧剂以制备抗冲击强度高、透光性好的透明高抗冲聚苯乙烯，主要用于生产杯、管及外壳等制品，还在包装领域得到广泛应用，从而拓宽了 PS 树脂的应用领域。李杨等[11] 以高苯乙烯含量的丁二烯/苯乙烯嵌段共聚物为增韧剂，苯乙烯为单体，采用自由基聚合方法制备了透光率≥80% 的系列高透明抗冲击聚苯乙烯树脂，采用不同增韧剂以及不同制备方法所得树脂的综合物理性能分别如表 3-6、表 3-7 所示。该制备方法具有 3 大优势：①避免采用必须在无水无氧条件下进行的反应，对原材料纯度、设备及工艺控制要求高，避免技术难度大的阴离子溶液聚合方法，而采用目前广泛用于生产 HIPS 树脂的自由基聚合工艺；②选择极佳的增韧剂，如苯乙烯含量不少于 70%（质量分数）的高透明丁二烯/苯乙烯嵌段共聚物，确保抗冲击聚苯乙烯树脂的透光率得到显著提高；③以化学接枝改性取代物理共混改性，进而提高增韧剂的增韧效果。

3.2.1.3 集成橡胶

Nordsiek 等[12] 于 1984 年提出了"集成橡胶"（SIBR）的概念，作为一种新型的 St/Ip/Bd 三元共聚物，SIBR 兼具低滚动阻力和高抗湿滑性与耐磨性的特点，是迄今为止性能最为全面的聚二烯烃类橡胶，它集成一元、二元结构橡胶优点的同时还弥补了各种橡胶的不足。德国 Huels 公司率先开发出商品名为 Vestogral 的 SIBR 橡胶。

1991 年，美国 Goodyear 公司研究的 SIBR 胎面胶问世，商品名为 Cyber，产品主要应用于该公司生产的 S 速度级 Aquatred 乘用轮胎及防水滑轮胎等。1997 年，Goodyear 公司又试制出低滚动阻力子午线轮胎用 Sibrflex2550 型 SIBR。1994 年，俄罗斯合成橡胶科学院在 100 L 聚合釜中完成了 SIBR 的试验，所制备的胶样与干燥路面的附着率很低，减小了车辆正常行驶的摩擦，与湿滑路面的附着率较高，增加了湿滑路面行驶的安全性。另外，日本的横滨橡胶株式会社等也先后开展了 SIBR 的研究，到目前为止，已经研制成多种不同结构的 SIBR 并申请或获得专利。其中以美国 Goodyear 公司和德国 Huels 公司研究最为活跃，合成出的 SIBR 有线型 SIBR（L-SIBR）和星型 SIBR（S-SIBR），其合成方法分为一步法或多步法。它们的聚合体系及合成方法各不相同，制得的 SIBR 在组成、结构和性能上也存在着差异。目前只有美国 Goodyear 轮胎橡胶公司工业化生产 SIBR，商品名为 Cyber，产品牌号为 SIBR Flex2550，其 3 种单体的质量比为 St/Ip/Bd=25/50/25，门尼黏度为 80，主要与其他橡胶并用，用于生产节油、防滑、低噪声、高性能和全天候的绿色轮胎等。当 SIBR 与顺丁橡胶以及天然橡胶的并用比为 70：20：10 时，用于胎面胶可以使其综合性能达到很好的平衡；当 SIBR 与天然橡胶的并用比为 90：10 时，用于轿车轮胎胎面胶可以显著提高胶料的抗湿滑性、降低滚动阻力。日本住友化学公司在 SIBR Flex2550 的应用方面做了很多工作，将 SIBR、天然橡胶、丁苯橡胶（配比为 45：30：25）配合物与 SIBR 和天然橡胶（配比为 70：30）的配合物进行了对比，发现前者的抗湿滑性、滚动阻力、耐磨性均优于后者；在溶液聚合丁苯橡胶（SSBR）和充油丁苯橡胶中并用 10 份 SIBR Flex2550，可以提高胶料的抓着性能和耐磨性能。

表 3-6 采用不同增韧剂时透明 HIPS 树脂的结构与性能

增韧剂种类	KR-1	KR-2	KR-3	SBS-1	SBS-2	S-SBR	SIS
增韧剂牌号	KR-01	KR-03	KR-38	YH-802	YH-792	Solprene-1206	YH-1201
St/Bd（Ip）	75：25	75：25	60：40	40：60	30：70	25：75	25：75
结构特征	线型	线型	线型	星型	线型	线型	线型
透光率/%	88.0	85.3	60.1	65.5	58.3	61.5	52.5
雾度/%	19.7	14.1	92.2	30.4	64.1	65.7	87.6

注：增韧剂用量以最终产品中聚丁二烯含量为 5%（质量分数）计算；St 代表苯乙烯；Bd 代表丁二烯，Ip 代表异戊二烯；KR-01、KR-03、KR-38 为美国 Phillips 石油公司产品，YH-792、YH-802、YH-1201 为中石化岳阳分公司产品，Solprene-1206 为日本 Elastermer 公司产品。

表 3-7　采用不同制备方法时透明 HIPS 树脂的性能

制备方法	树脂结构与性能						
	组成配比	透光率/%	冲击强度/(J/m)	拉伸强度/MPa	弯曲强度/MPa	弯曲弹性模量/MPa	备注
自由基聚合法	增韧剂用量30%	88.0	42	34	63	2.53	
自由基聚合法	增韧剂用量20%	88.7	29	40	73	2.79	
阴离子聚合法	St/Bd (75∶25)	90.0	23	33	43	1.34	与牌号 KR-01 类似
阴离子聚合法	St/Bd (75∶25)	89.9	28	26	33	1.30	与牌号 KR-03 类似
物理共混	KR/GPPS (35∶65)	82.0	38	41	62	2.51	GPPS 与 KR-01 的共混物
物理共混	KR/GPPS (35∶65)	81.8	40	44	60	2.47	GPPS 与 KR-03 的共混物

注：St 代表苯乙烯，Bd 代表丁二烯；KR-01、KR-03 为美国 Phillips 石油公司产品。

由于 SIBR 是苯乙烯、异戊二烯、丁二烯三元组分的阴离子聚合产物，共聚物的分子量大并且序列结构多变，要想系统地调节三元共聚物的组成、微观结构、分子量和序列结构比较困难，因此，SIBR 的合成技术难度较大，目前我国还没有工业生产装置，但是其研究开发早已引起了我国橡胶界的广泛关注，并成为研究开发的热点产品之一。在国内，中国石化北京化工研究院燕山分院[13-17]、大连理工大学[18-35]、大连海事大学、北京化工大学[36-39]、青岛科技大学[40-42] 等在 SIBR 集成橡胶的研制、分析表征及推广应用领域做出可喜成绩。表 3-8 给出的是采用阴离子聚合方法制备的特殊结构 SIBR 的组成与物性参数。SIBR 橡胶的核磁共振波谱如图 3-2 所示。

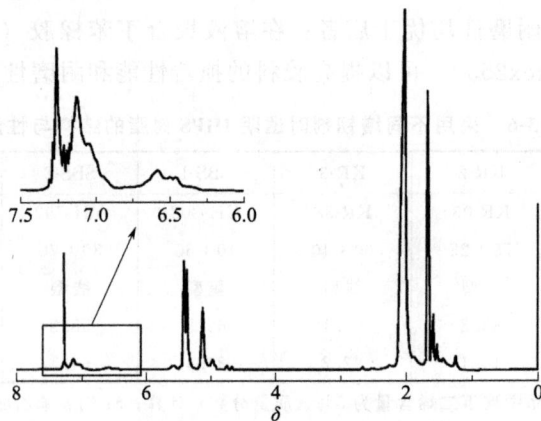

图 3-2　SIBR 橡胶的核磁共振波谱

表 3-8　SIBR 的组成及产品物性

序号	投料/g			橡胶结构及性能			
	St	Ip	Bd	SBR/IR	St/Bd	1,2-BR%＋3,4-IR%	HI
1	35	140	175	60/40	17/83	19.5	1.37
2	70	140	140	60/40	33/67	17.6	1.40
3	35	105	210	70/30	14/86	21.5	1.35
4	70	105	175	70/30	28/72	16.8	1.36
5	105	105	140	70/30	42/58	18.0	1.42
6	105	70	175	80/20	37/53	17.8	1.38
7	70	70	210	80/20	25/75	19.7	1.31

注：St 为苯乙烯，Bd 为丁二烯，Ip 为异戊二烯，SBR/IR 为 SBR 与 IR 嵌段比（质量比），St/Bd 为 SBR 嵌段中苯乙烯与丁二烯单体配比（质量比），1,2-BR%＋3,4-IR% 为 1,2-聚丁二烯和 3,4-聚异戊二烯含量之和，HI 为采用凝胶渗透色谱法（GPC）测得的分子量分布指数，即重均分子量与数均分子量之比（M_w/M_n）。

在开发应用方面，北京化工研究院燕山分院采用自行开发的双锂引发剂，合成了一系列对称型二元、三元嵌段型 SIBR 及立构嵌段型 SIBR，并形成了专利技术[43-47]。研究开发的星型结构 SIBR 0℃的 tanδ 值为 0.40，60℃的 tanδ 值为 0.088，D 值为 4.5；其中用锡锂引发剂制备的 SIBR 0℃的 tanδ 值可以达到 0.50，60℃的 tanδ 值可以达到 0.055，D 值可以达到 10.0。

北京化工研究院燕山分院与北京橡胶工业研究设计院合作开发的充芳烃油牌号 SI-BR2535，可以单独作为胎面胶使用，有较好的抗湿滑性能、低滚动阻力，与天然橡胶并用综合效果更佳。开发的非充油牌号 SIBR2505，在与充油丁苯橡胶（溶液聚合丁苯橡胶 SSBR 或者乳液聚合丁苯橡胶 ESBR）和天然橡胶并用时（主要用炭黑填充的配方下），可以获得抗湿滑性能、滚动阻力和耐磨性的综合平衡，具有很好的应用前景。

目前，SIBR 多采用阴离子聚合法来制备，但该方法厌水厌氧，聚合条件苛刻，工业化生产难度大。李杨等[48-49]采用工艺相对简单，易于工业化的乳液聚合方法，在乳液聚合丁苯橡胶的基础上，引入第三单体异戊二烯制备出冷法乳聚苯乙烯-异戊二烯-丁二烯三元共聚物和热法乳聚苯乙烯-异戊二烯-丁二烯三元共聚物（ESIBR），并考察了聚合温度、引发剂、链转移剂、电解质用量对三元乳液共聚合动力学的影响，通过红外光谱仪与核磁共振波谱对三元共聚物的组成及微观结构进行了分析表征，为开发丁苯橡胶新牌号提供了必要的数据支持。

近年来，由于集成橡胶 SIBR 优异的性能，人们对其作为弹性体增韧剂产生了很大兴趣。李杨和杨娟等[50-52]开发了一种超高抗冲击强度聚苯乙烯树脂，主要是将丁二烯、异戊二烯、苯乙烯三元共聚物或几种丁二烯、异戊二烯、苯乙烯三元共聚物的混合物溶解在苯乙烯中，通过自由基反应制备。所得的聚苯乙烯树脂的丁二烯含量为 1%～20%（质量分数），异戊二烯含量为 1%～20%，苯乙烯含量为 75%～97%，其抗冲性能得到明显提高。其中，采用星型无规 SIBR 为增韧剂制备了形状规整、排列紧密、大小不一的立体网状结构的 HIPS，冲击强度可达 380.0J/m，远远高于常规聚丁二烯增韧体系，且并未牺牲树脂材料的模量，其综合性能优异，发展前景良好。杜晓旭[53-54]、于志省等[55-56]则对不同分子结构及分子量参数的 SIBR（见表 3-9）增韧改性 PS 和 SAN 的聚合反应动力学、相转变过程和改性后树脂产品（HIPS、ABS 等）的结构、微观形态、力学性能以及断裂机理等进行了较为系统的研究。发现：随着 SIBR 分子量的增大，橡胶相尺寸增大，接枝率下降，相界面明显，但冲击强度有所提高；SIBR 中 St 组分含量增加，粒子均匀，但刚性增大，对抗冲击性能不利。高 M_n、低 St 组分含量 SIBR 抵抗裂纹形成和扩展的能力强，改性树脂呈韧性断裂，以丰富的银纹化、明显的剪切屈服和大量系带的撕裂为主要断裂机理；低 M_n、高 St 组分含量 SIBR 抵抗裂纹形成和扩展的能力较低，改性树脂以半韧性方式断裂，断裂机理以基体塑化、剥离和界面的应力白化现象为主。

表 3-9　阴离子聚合法不同结构 SIBR 橡胶的分子参数

橡胶 St：Bd：Ip（设计）		SIBR-1	SIBR-2	SIBR-3	IBR	SIBR-4
		40：30：30			0：50：50	20：40：40
微观结构组成/%	1,4-Bd	30.332.5	29.9	45.3	37.7	
	1,2-Bd	3.6	3.7	4.7	4.0	4.0
	1,4-Ip	30.8	28.6	29.8	46.6	40.6
	1,2-Ip	1.8	1.5	1.8	2.5	2.0
	3,4-Ip	0.4	0.1	0.1	1.6	0.1
	St嵌段	21.4	21.4	20.7	0	10.9
	St无规	11.8	12.1	13.1	0	4.9
	总支链含量	5.7	5.3	6.5	8.1	6.0
数均分子量		10 万	30 万	51 万	27 万	29 万
分子量分布		1.02	1.07	1.06	1.04	1.04
5.0%苯乙烯溶液黏度/(mPa·s)		26	433	3200	432	1005

从发展前景来看，我国在锂系橡胶的技术开发和工业化装置建设方面已积累了一定的经验，具备了独立进行技术开发的能力，这为 SIBR 的大规模工业开发提供了技术支持。SIBR 隶属于第三代 SSBR 范畴，系新一代改进型产品。开发 SIBR 有助于扩大 SSBR 品种牌号，调整 SSBR 产品结构的合理分布，加大 SSBR 市场开发和加工应用的深度和广度。此外，开发 SIBR 还可解决我国 C_5 综合利用问题。因此利用国内丰富的资源，对开发 SI-BR、生产高附加值的新型材料、形成专利技术、尽快产业化具有非常现实的意义。

另外，我国聚苯乙烯生产能力 900kt/a，其中 HIPS 的生产能力占 40%～50%，然而装置开工率较低，产品牌号及产量离市场需求差距较大。主要原因之一是国内 HIPS 专用橡胶牌号少，产量低，质量不稳定，致使生产高档 HIPS 产品必须依赖进口橡胶，造成生产成本高，产品不具备竞争力。另一方面，我国合成橡胶在塑料改性方面的消费比例偏低，尤其聚丁二烯橡胶产品结构及消费结构不合理。因此，加强 HIPS 专用橡胶的研究，尤其是开发 HIPS 专用的 LCBR、镍系高顺式聚丁二烯橡胶以及高性能集成橡胶 SIBR，以满足不同 HIPS 产品的要求，可使国产 HIPS 适应国内市场的需求，扩大合成橡胶的应用领域。

3.2.1.4　其他弹性体橡胶

三元乙丙橡胶（EPDM）具有优良的耐候性、耐臭氧、抗氧化性、高耐热性及良好的拉伸性能，因而对提高 PS 性能有较好的促进作用。Shaw 用 EPDM 接枝苯乙烯（EPDM-g-St）改性 PS，研究表明：加入质量分数为 10% 的 EPDM-g-St 对体系拉伸强度影响很小，而冲击强度明显提高。

古忠云等[57] 通过硅橡胶/PS 共混，发现硅橡胶可显著提高共混物强度，共混温度对共混物强度影响较大。硅橡胶与 PS 共混，可显著提高共混胶的硬度；且随 PS 用量增加，硬度增大。共混过程中加少量过氧化二异丙苯（DCP），其拉伸强度可显著提高，韧性增加，但 DCP 用量过多共混物强度反而降低。

张保卫等[58] 研究了胶粉/PS 共混物的物理性能、流动性能及热性能，发现添加胶粉可改善 PS 材料的抗冲击性能，且胶粉粒径越小改善效果越好，但会使共混物的拉伸强度下降。随着胶粉粒径的减小，共混物的流动性能提高；随着胶粉用量的增大，共混物的流动性能和热变形温度下降。添加硅烷偶联剂或钛酸酯偶联剂，可提高共混物的热变形温度。另外胶粉/PS 改性材料的成本与纯 PS 大致相同。

唐卫华等[59] 研究了聚苯弹性体（PSE）与 PS 共混对 PS 力学性能的影响。结果表明，PSE 与 PS 可以相容，这种相容性随树脂中 St 含量（质量分数）的提高而增大。PSE 与 PS 共混可以获得力学性能优异的韧性材料。当共混合金中 PSE 含量较低时，PSE 以小于微米的尺寸呈微区分散于 PS 中；当 PSE 含量（质量分数）达 40% 时，PSE 与 PS 形成了两相连续分布的共混合金，该合金具有较好的强度和韧性。PSE 的增韧效果随 St 含量提高而增大，在 St 含量（质量分数）为 72% 时达到最大值。PS/PSE 质量比为 3：2 时，共混合金的冲击强度比 PS 基体提高了 17 倍多，而材料的刚性降低不多，合金的综合力学性能优良。透射电子显微镜观察发现，PSE 含量（质量分数）为 40% 时，增韧 PS/PSE 的试样断面形态表现为韧性断裂，基体分散相呈两相连续形态分布，两相界面模糊，因而材料的宏观力学性能很好。

近年来，国内外对 PS 纳米塑料进行了大量的研究，获得了一系列的成果[60-62]。南京理工大学通过对纳米 TiO_2 表面处理及选择特定的大分子分散剂和母料制备了 HIPS/TiO_2/分散剂纳米复合材料。发现纳米粒子能起应力集中的作用，提高了 HIPS 的缺口冲击强度，同时纳米 TiO_2 的加入可提高 HIPS 的耐热性和阻燃性。BASF 公司推出 HIPS 496 型树脂，同低价格的通用 PS 树脂共混，降低了成本，材料的冲击强度达到了 1.4kJ/m，熔体流动速率为 2.8g/10min；同时推出新一代 HIPS 挤出级树脂，与结晶型 PS 树脂共混，进一步改善了产品性能，降低了成本，主要用于食品包装材料。美国 PMC Group Polymer Product 公司在树脂中添加低成本十溴二苯醚后，推出了 5 种 Avantra HIPS 树脂。美国 RTP 公司推出了新型阻燃级 HIPS 树脂，满足了美国和欧洲对树脂阻燃性的要求。

3.2.2　聚合机理

3.2.2.1　聚合反应动力学

HIPS 属多相多组分聚合体系，其聚合反应过程可采用如图 3-3 所示的相图[54] 来表示。O 点为初始原料组成，ON 线（相体积平衡线）与上端弧形线的交点 M 表示聚合反应达到临界点（相分离）。AB 线表示某时刻聚合体系中各原料和生成物的含量。进一步聚合产生更多的玻璃状聚合物 SAN，在 ON 线与 CE 线的交点 D，即相转变点处发生相转变（橡胶由连续相转换为非连续相，即分散相）。达 D 点时，所有单体都得到转换。其中，CF 段表示均相反应阶段，FD 段表示树脂分散相形成阶段，DE 段表示橡胶分散相形成阶段。

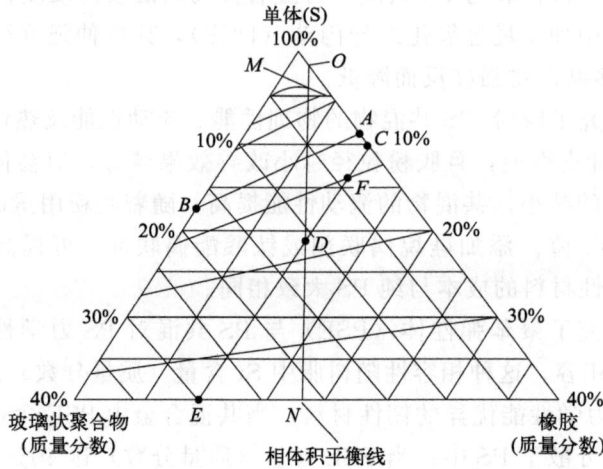

图 3-3　橡胶-玻璃状聚合物-单体体系的相图

橡胶的加入所引起的聚合速率（R_p）变化一直引人注目，通常是以下几方面综合作用的结果[63]：①橡胶自由基的稳定性及黏度所引起的笼蔽效应使得引发效率降低；②橡胶自由基间的终止反应；③引发剂及单体在两相中的分布不均；④聚合物间的不相容性使自由基线团尺寸减小，利于终止反应；⑤黏度上升引起的凝胶效应，使得聚合反应加速；⑥R_p 还与橡胶中双键的含量有关，双键越多反应越快。Manaresi 等[64] 对 HIPS 接枝机理和动力学进行了研究，并提出了以下基元反应（见表 3-10）。

表 3-10　橡胶接枝苯乙烯本体聚合反应的动力学机理

链反应	基元反应	类型
链引发	$I \xrightarrow{K_d} 2I\cdot$	引发剂分解
	$I\cdot + M \xrightarrow{K_{I_1}} M\cdot$	引发剂引发
	$2M \xrightarrow{K_{th}} 2M\cdot$	热引发
	$I\cdot + RH \xrightarrow{K_{I_2}} IH + R\cdot$	与橡胶结合
	$R\cdot + M \xrightarrow{K_{I_3}} RM\cdot$	二次引发
链增长	$M\cdot + M \xrightarrow{K_p} M_2$	均聚链增长
	$M_n\cdot + M \xrightarrow{K_p} M_{n+1}\cdot$	

链反应	基元反应	类型
链增长	$RM\cdot + M \xrightarrow{K_p} RM_2\cdot$ $RM_n\cdot + M \xrightarrow{K_p} RM_{n+1}\cdot$	接枝聚合链增长
链转移	$M_n\cdot + M \xrightarrow{K_{tM}} M_n + M\cdot$ $RM_n\cdot + M \xrightarrow{K_{tM}} RM_n + M\cdot$	向单体发生链转移
	$M_n\cdot + RH \xrightarrow{K_{tR}} M_nH + R\cdot$ $RM_n\cdot + RH \xrightarrow{K_{tR}} RM_nH + R\cdot$	向橡胶发生链转移
链终止	$M_n\cdot + M_m\cdot \xrightarrow{K_{t_1}} M_{n+m}$ $RM_n\cdot + RM_m\cdot \xrightarrow{K_{t_1}} RM_{n+m}R$ $RM_n\cdot + M_m\cdot \xrightarrow{K_{t_1}} RM_{n+m}$	终止反应
	$R\cdot + R\cdot \xrightarrow{K_{t_2}} RR$	橡胶自由基之间终止
	$R\cdot + RM_n\cdot \xrightarrow{K_{t_3}} RM_nR$ $R\cdot + M_n\cdot \xrightarrow{K_{t_3}} RM_n$	交叉终止

以上述机理为依据,经严格的数学推导,得到了稳定状态下的动力学链长方程,在橡胶浓度较低的情况下,计算结果与实验数据非常吻合。

$$\lambda = \frac{K_p[M]}{K_{t_1}\left(2[M_{tot}\cdot] + \dfrac{K_{t_3}}{K_{t_1}}[R\cdot] + \varepsilon[M] + \gamma[RH]\right)}$$

式中,$\varepsilon = K_{tM}/K_{t_1}$;$\gamma = K_{tR}/K_{t_1}$。

接枝反应原理可归纳为[63]:自由基(初级自由基 I·、增长自由基 R·)进攻聚丁二烯大分子链的双键或烯丙基氢形成活性中心,引发单体进行接枝反应形成侧链。聚合温度不高时,接枝活性点主要是 I· 进攻烯丙基氢;高温时,出现 I· 和 R· 同时进攻叔氢的竞争反应。聚丁二烯的 1,2-含量高时,随温度上升,R· 更易进攻橡胶。

通常认为苯乙烯的均聚反应速率方程为:

$$-d[M]/dt = R_p = K_p[P^*][M]$$

式中,R_p 为聚合反应速率;K_p 为聚合反应速率常数;$[P^*]$ 为稳定自由基浓度;$[M]$ 为单体浓度。

对上式作积分可得单体转化率与反应时间的关系式:

$$-\ln(1-x) = K't$$

式中，x 为单体转化率；$K'=K_p[P^*]$ 为表观反应速率常数，t 为反应时间。

苯乙烯均聚合反应速率直到较高转化率下都可以很好地用一级反应来描述[10]，而橡胶的引入使得聚合体系包含苯乙烯均聚和苯乙烯向橡胶分子链接枝聚合两个反应过程，不能再用一级反应来直接描述。

针对橡胶增韧聚苯乙烯树脂的自由基聚合反应体系，李杨等[54] 提出了假一级表观速率常数 K''，对上述转化率与时间的关系式进行了修正，为：

$$-\ln(1-x)=K''t$$

式中，$K''=K'a=K_p[P^*]a$，a 为苯乙烯向橡胶接枝聚合的影响系数，约为 1。同时，采用活性阴离子聚合方法设计合成出不同微观结构的苯乙烯-异戊二烯-丁二烯橡胶（SIBR），并以此作增韧改性剂（见表 3-11），采用本体聚合方法制备了 HIPS 增韧树脂。考察了不同 SIBR 分子链结构、分子量、橡胶质量分数等对接枝苯乙烯聚合反应动力学的影响，并与丁苯橡胶（SBR）、聚丁二烯橡胶（BR）等体系做了比较。结果如图 3-4 所示：SIBR 分子量大、用量低时，K'' 值较大，聚合反应速率较快；不同分子链结构对比来看，聚合体系反应速率大小：线型嵌段 SIBR＞线型无规 SIBR＞星型嵌段 SIBR＞星型无规 SIBR；另外，SIBR 体系＞SBR 体系＞BR 体系。

表 3-11　SIBR 胶种的分子结构参数

参数	星型无规 SIBR			星型嵌段 SIBR			线型无规 SIBR			线型嵌段 SIBR			SBR	BR
$M_n/10^4$	15	21	27	14	22	26	13	22	27	14	22	27	13	14
M_w/M_n	1.6	1.5	1.2	1.8	1.5	1.3	1.0	1.0	1.1	1.1	1.1	1.4	1.1	1.0
非 1,4 链节/%	14	15	15	17	15	16	14	15	15	11	14	13	15	14
St 含量/%	0	0	0	20	23	23	0	0	0	23	21	21	21	0

注：线型嵌段结构为 St-Bd-Ip；星型嵌段 SIBR 的结构为：

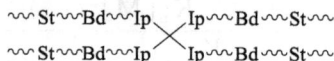

3.2.2.2　相转变过程

在本体聚合工艺中，橡胶首先以 15% 左右的比例溶解在苯乙烯中，随着聚合反应的进行，形成两相——橡胶富集相和聚苯乙烯富集相。同时发生接枝反应，部分聚苯乙烯上的自由基与橡胶分子反应。在聚合反应初期，橡胶、苯乙烯相为连续相，聚苯乙烯相为分散相。当聚苯乙烯浓度达到橡胶浓度的 2～3 倍时，在搅拌剪切作用下，发生相转变，橡胶、苯乙烯相成为分散相，逐渐生长成橡胶颗粒，聚苯乙烯、苯乙烯相成为连续相，最终成为聚苯乙烯基体。采用极性更强的溶剂能使相转变在较低的转化率时发生，而增加接枝率则能推迟相转变到更高的转化率时发生。相转变一结束，橡胶颗粒的界面就基本固定下来，聚合反应继续在橡胶颗粒内和颗粒外分别进行。聚合反应末期，随着温度的升高，橡胶分子发生交联，并最终形成稳定的橡胶颗粒[65]。

多相多组分体系如 HIPS 的聚合过程中由于 PS 与橡胶的不相容性，聚合开始后不久即发生相分离，体系出现两相。相转变阶段是橡胶粒子的形成阶段，相转化阶段形成的橡胶粒子大小及分布，对最终产品的性能影响很大。因此，可以在相转化阶段对橡胶粒子进行调控。分散体系的物理性质在较大程度上取决于连续相，而 PS 和橡胶相的物理性质有较大的差别，因此当体系状态发生转变时必然伴随着许多表观物理性质的突变，如流变行为、表观黏度和稠度系数、搅拌功率、流动行为指数、溶解性能、透光率等。Free-guard[66] 提出了在接近相转变点时两相交替层模型，即类似于用筷子搅一碗面条的情景（图 3-5）。

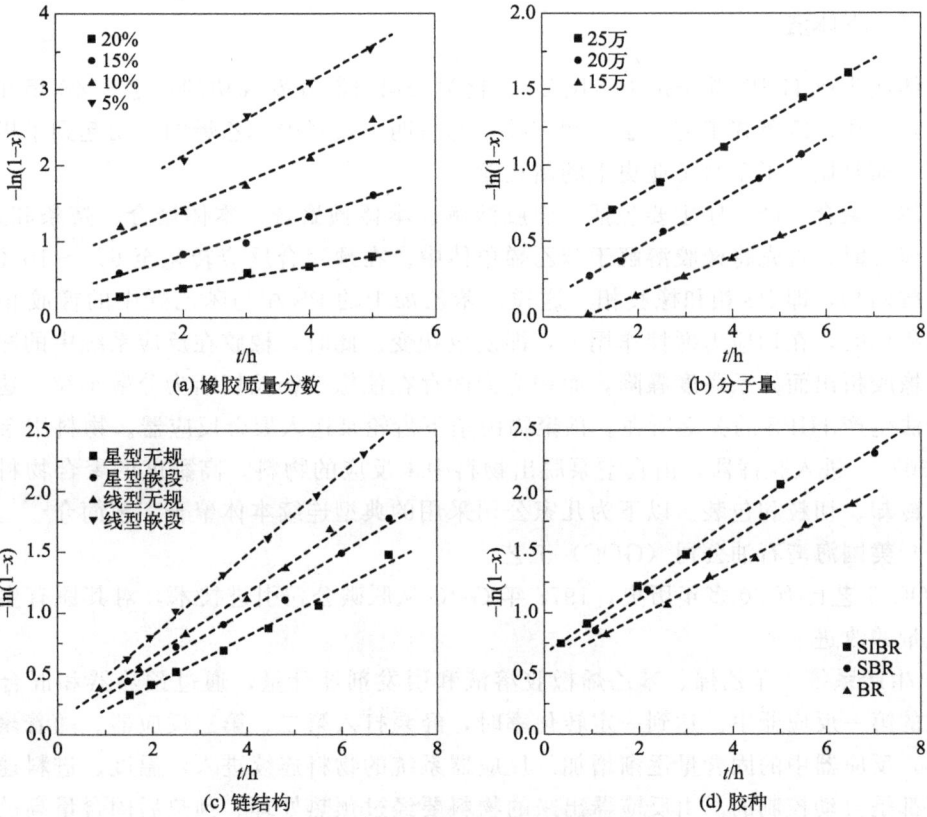

(a) 橡胶质量分数　(b) 分子量　(c) 链结构　(d) 胶种

图 3-4　SIBR 体系聚合反应动力学

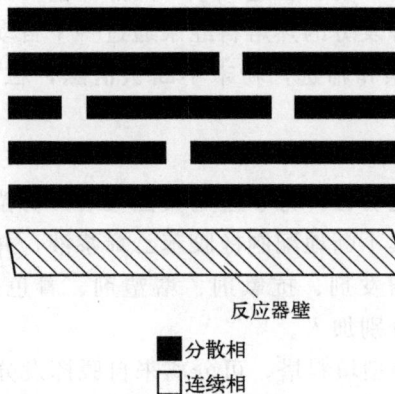

反应器壁

■ 分散相　□ 连续相

图 3-5　HIPS 相转变的交替层模型

3.2.3 生产工艺

HIPS 的工业生产方法有机械共混法和接枝共聚-共混法。这里主要介绍接枝共聚-共混法，生产工艺有乳液-悬浮法、本体-悬浮法和连续本体法等。其中乳液-悬浮法由于性能/经济指标较差，早已淘汰。本体-悬浮法是发展较晚的一种方法，但由于设备的利用率低，工艺流程长，能耗大，生产成本较高，此法已趋淘汰[67]。

3.2.3.1 本体法

本体法生产 HIPS 首先是由美国 Dow 化学公司研制开发成功的，于 1948 年开始工业化生产，采用连续釜式工艺。釜中增韧技术的发明不仅对聚苯乙烯的应用起到了极大的推动作用，而且掀开了塑料工业史上的新篇章。

本体法聚合生产工序主要包括：橡胶溶解、本体预聚合、本体聚合、挤条和造粒等。本体法聚合时，首先将橡胶溶解于苯乙烯单体中。在预聚合反应转化至 6%～10% 时，就开始形成两相，即 PS 相和橡胶相。这样，苯乙烯中的 PS 相与苯乙烯中的橡胶相达到一定的体积比时，在切应力搅拌作用下，即发生相变。此时，橡胶在反应系统中的相容性降低，因橡胶析出而体系黏度骤降，而切应力的存在使橡胶颗粒切断为分散小粒，这便是本体聚合法生产 HIPS 的关键所在。预聚物由釜下齿轮泵送入聚合反应器。物料用泵送并加热至 230℃，进入脱挥器，由真空泵脱出物料中未反应的物料。高黏度的聚合物料经模头拉条、冷却、切粒和包装。以下为几家公司采用的典型连续本体聚合工艺简介[68]。

（1）美国海湾石油公司（GOC）工艺

GOC 工艺已有 30 多年历史，1978 年 GOC 从联碳公司引进技术，对其原有生产工艺做了大量的改进。

① 生产系统　苯乙烯、苯乙烯橡胶溶液和引发剂经计量，通过预热器和混合器进入搅拌式的第一反应器中。达到一定转化率时，经泵打入第二、第三反应器。随着聚合反应的进行，反应器中的固含量逐渐增加。反应器系统的物料连续进入，温度、进料速度和停留时间都是自动控制的。由反应器出来的物料要经过预热处理。预热后固含量高的热熔料经闪蒸器脱除挥发分，经二次闪蒸后，单体含量减至 0.1% 以下。

为了提高脱挥发分的效果，物料在进入第二闪蒸器前，加入少量热水，并使水与聚苯乙烯热熔料充分拌匀。脱了挥发分的热熔料经泵通过一个自动滤网装置，并进入水下切粒系统。粒水淤浆经脱水、干燥和筛选，粉末不断被清除，粒料被集入储罐里，送去进行包装。

② 辅助系统

a. 橡胶溶解区。橡胶首先切粒，为了避免胶粒黏结，切粒时喷入少量水，胶粒直接送入溶解槽内，按一定配比连续不断地配制橡胶苯乙烯浆液，并要求均匀，不含有凝胶。

b. 添加剂。添加剂，如引发剂、抗氧剂、增塑剂、着色剂等，根据需要，可在进料区、反应区或脱挥发分区段分别加入。

c. 单体回收。使用一个小型填料塔，可分离来自脱挥发分区的冷凝液。

③ 产品牌号及其应用　GOC 共能生产 30 多种牌号的产品，如结晶型、中冲击型、高冲击型、超高冲击型等。GOC 产品的主要用途包括容器、家用电器、电视机、收音机、

电冰箱、洗衣机等外壳，以及装饰部件、结构部件、镜框、嵌板、玩具、家具等。

④ GOC 工艺的主要特点

a. GOC 工艺是连续化、自动控制生产的，设备也是密闭的，所以产品质量均匀稳定。产品的单体含量低于 0.003％。

b. GOC 工艺能生产全系列聚苯乙烯产品，橡胶与苯乙烯的比例是根据中冲击级和高冲击级以及注塑和挤出级产品而变化的，橡胶含量变化范围为 0～18％。

c. 色母料或其他添加剂可在生产线中加入。

d. 废料可用现有装置的设备来处理，实际上没有废水。

e. 聚合反应一般采用热引发聚合，可不采用引发剂。为提高转化率、调整分子量，可加入引发剂。

f. 一条生产线能从生产抗冲击型产品转换成生产结晶型透明产品，且只要稍加改动，也可生产苯乙烯-丙烯腈聚合物（SAN）。

（2）日本东洋工程公司和三井东压化学公司（TEC-MTC）工艺

TEC 在 1977 年从 MTC 获得生产 PS 工艺的专利权和技术秘密。TEC-MTC 工艺是连续本体法。TEC 采用此工艺，早已建成四套通用聚苯乙烯装置和两套 SAN 装置。

① 工艺简介　用皮带输运机将橡胶送到压碎机，轧成小块的橡胶，送到装有苯乙烯单体的橡胶溶解槽并加热，使橡胶完全溶解，然后，橡胶溶液被送到橡胶溶液进料罐。用计量泵将混合液送往聚合工段。将循环单体和少量溶剂，加入新鲜苯乙烯中，配制成单体混合物。苯乙烯和溶剂的比例保持恒定，用计量泵连续送入聚合工段。聚合工段由几个特殊设计的连续搅拌槽式反应器组成。聚合不需任何催化剂，但要加热混合物到一定温度，恒温进行引发，以便控制转化速率。

聚合物是一种高黏性溶液，从聚合工段通过预热器送到脱挥发分器。在脱挥发分器中，通过真空蒸发，将聚合物溶液中的挥发分除去。积存在脱挥发分器底部的熔融聚合物，连续送到造粒工段。从脱挥发分器顶部出来的挥发性物质，送到回收工段进行回收。熔融的聚合物经机头，水下切成小粒，经气动输送到料仓进行包装。

② 产品质量及用途　TEC 聚苯乙烯装置能生产的板材级高抗冲聚苯乙烯产品，主要分为标准型、板材型、高热型。标准（高流动）产品主要用于收音机、电视机、电器设备等部件；片材（色调和光泽好）产品主要用于轻质容器，电冰箱的内箱和门的衬里，收音机、电视机、磁带录音机等壳体；高热产品主要用于电器设备的耐热部件。

③ TEC-MTC 工艺的特点

a. 该工艺是连续本体法聚合工艺。采用串联连续搅拌反应器，反应器容积效率高。聚合时采用少量溶剂是为了降低反应器中反应液体的黏度。

b. 该工艺是一个热聚合过程，不需要催化剂。

c. 工艺过程是一个密闭系统，也不采用工艺水，工艺过程的废水来自切橡胶时附在胶上的水和水下切粒机上的水，所以符合当前无污染的目标。

d. 工艺采用全自动化，生产在稳定状态下进行，质量均匀。设有特殊脱挥发分装置，产品中单体含量很少。

e. 与普通聚合方法相比，能耗低。本工艺取消了挤出工序。

f. 能生产应用范围广的产品：标准产品、板材、高热型产品。

3.2.3.2　本体-悬浮法

本体-悬浮聚合方法主要包括两个反应阶段：本体预聚合阶段和悬浮聚合阶段[69-70]。第一（本体预聚合）阶段与本体法聚合过程一样，当单体转化率达30％左右时，转入悬浮釜中，添加悬浮剂及其他助剂，进行悬浮聚合。

3.2.4　生产装置

3.2.4.1　国内生产装置

珠海碧阳化工有限公司采用美国 Fina 公司的工艺技术及设备，一个预聚釜和两个卧式反应器串联的连续本体聚合工艺。原材料主要有苯乙烯单体、聚丁二烯橡胶、矿物油及各种助剂等，按照一定的配方配制后经过各反应器反应，产物经脱挥工序除去未反应的单体和杂质，最后制得 HIPS 树脂[71]。

燕山石化聚苯乙烯装置的生产工艺流程如下[9]：以苯乙烯为单体，将切成小颗粒的橡胶溶于苯乙烯中，配成约7％的溶液，加引发剂引发进行连续本体聚合，三釜串联生产，控制每釜的固含量，当第三釜中固含量达到80％～85％，进入脱挥发分器，真空下除去聚合物中的未反应单体，然后挤压造粒得产品。

中国石油化工股份有限公司广州分公司（简称广州石化公司）的 HIPS 装置[72]采用美国 Fina 工艺技术，热引发连续本体聚合，乙苯为稀释剂。工艺流程采用3个聚合反应器串联：第一个是连续搅拌釜式反应器（即预聚釜），第二个和第三个为卧式柱塞流反应器。为提高产品质量，对装置进行改造，增加1个预聚釜，形成2个预聚釜、2个卧式反应器的反应体系。改造后的 HIPS 工艺流程见图3-6。

中国石油独山子石化分公司（简称独山子石化）的 HIPS 生产线引进美国 GE 公司工艺技术，采用热引发连续聚合工艺，通过在苯乙烯原料中加入橡胶，形成带橡胶颗粒结构的不同牌号 HIPS 产品，具有高抗冲击强度。独山子石化原 HIPS 生产工艺采用进口高顺式聚丁二烯橡胶（BR）与苯乙烯接枝聚合，为降低生产成本和外部市场影响，并提高 HIPS 的抗冲击性能，采用两种国产低顺式 BR（复配），以替代进口高顺式 BR，研发低成本 HIPS（牌号为 HIE-1）并进行工业化生产[73]。

3.2.4.2　国外生产装置

国外典型的连续本体 HIPS 生产装置主要包括：连续搅拌塔式反应釜、横向连续搅拌反应釜、纵向连续搅拌反应釜以及复合型反应釜等，其相应的生产装置示意图分别如图3-7～图3-10所示。国外主要连续本体生产装置的生产厂家列于表3-12。

下面，将几家主要 HIPS 生产厂家所采用的生产装置做简要介绍[74]。

（1）Chervon 公司

Chervon 公司于1978年从 UCC 引进技术，并在此基础上做了大量的改进，采用新技术，以低顺式聚丁二烯橡胶作增韧剂、少量乙苯作溶剂，聚合反应采用热引发，为了提高转化率、调整分子量，也加入引发剂，从而形成了目前的工艺路线和生产装置。

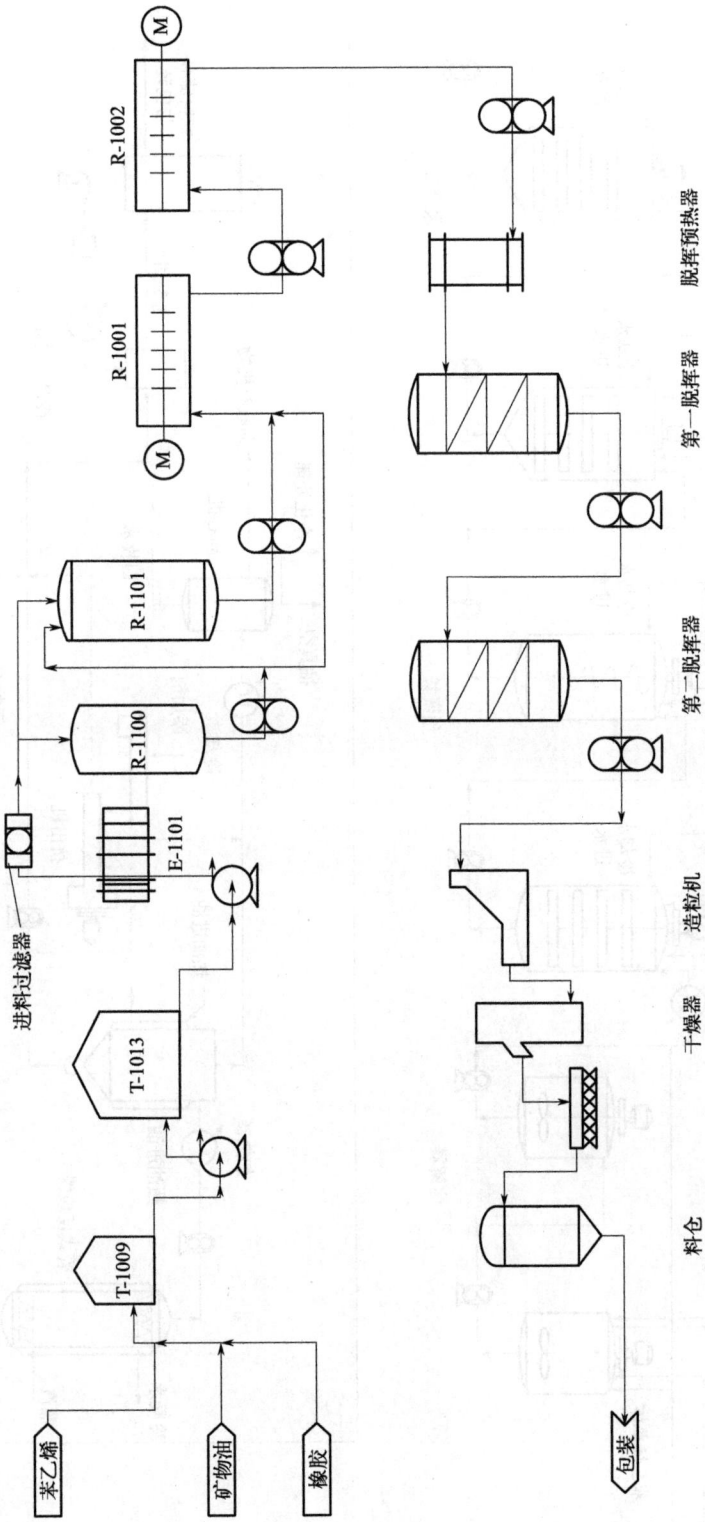

图 3-6　改造后的 HIPS 工艺流程

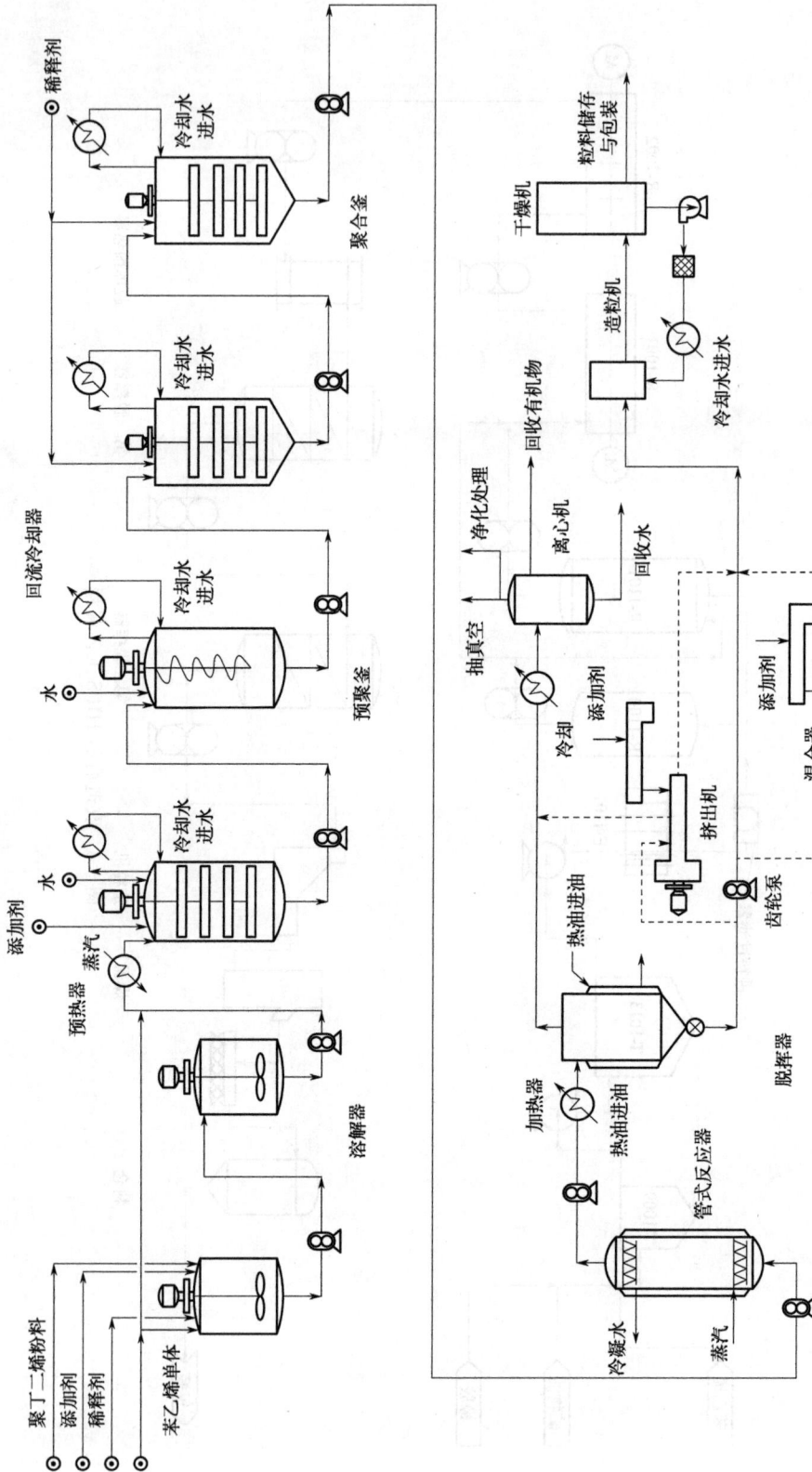

图 3-7 连续搅拌塔式 HIPS 生产装置

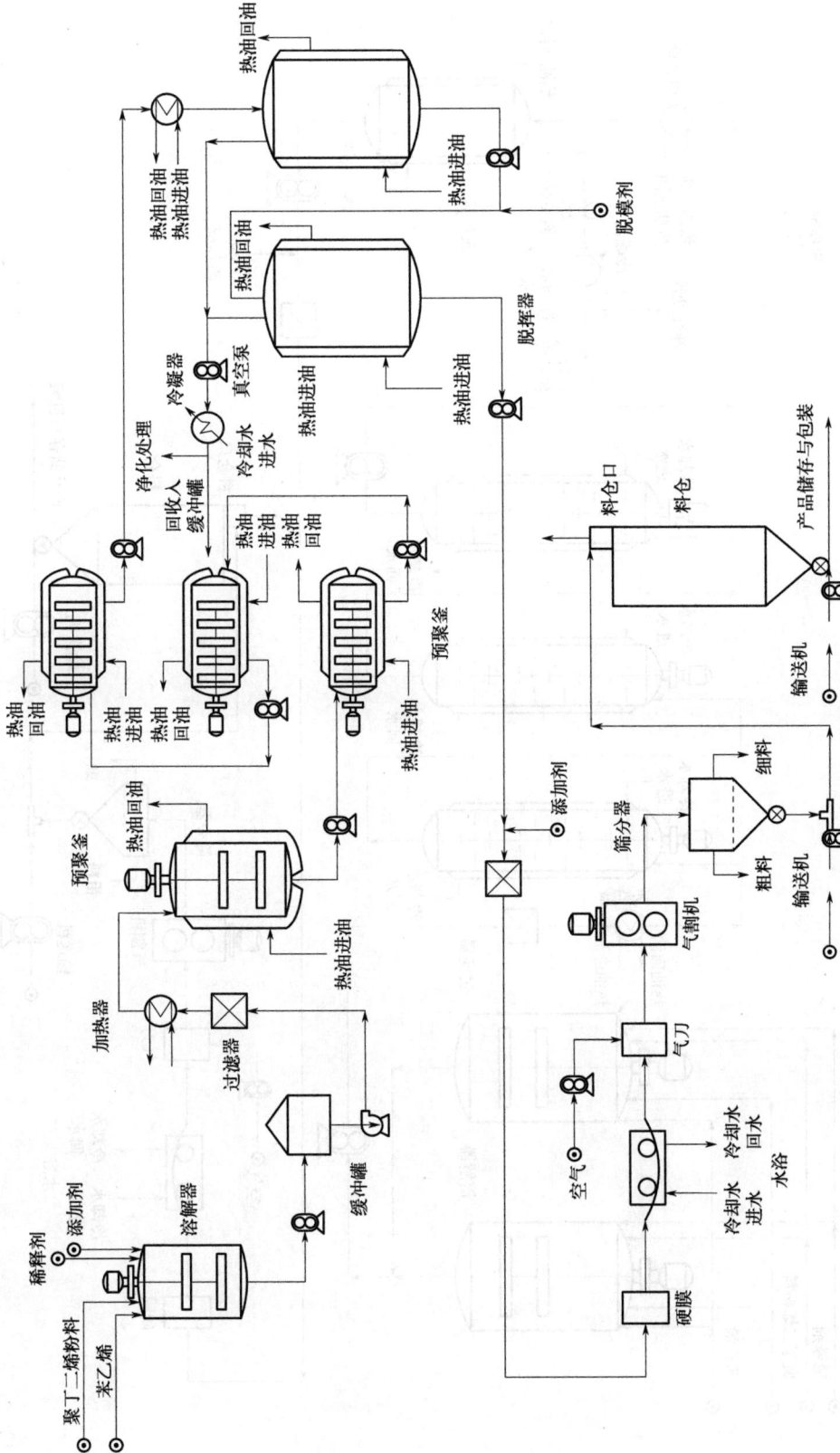

图 3-8　横向连续本体 HIPS 生产装置

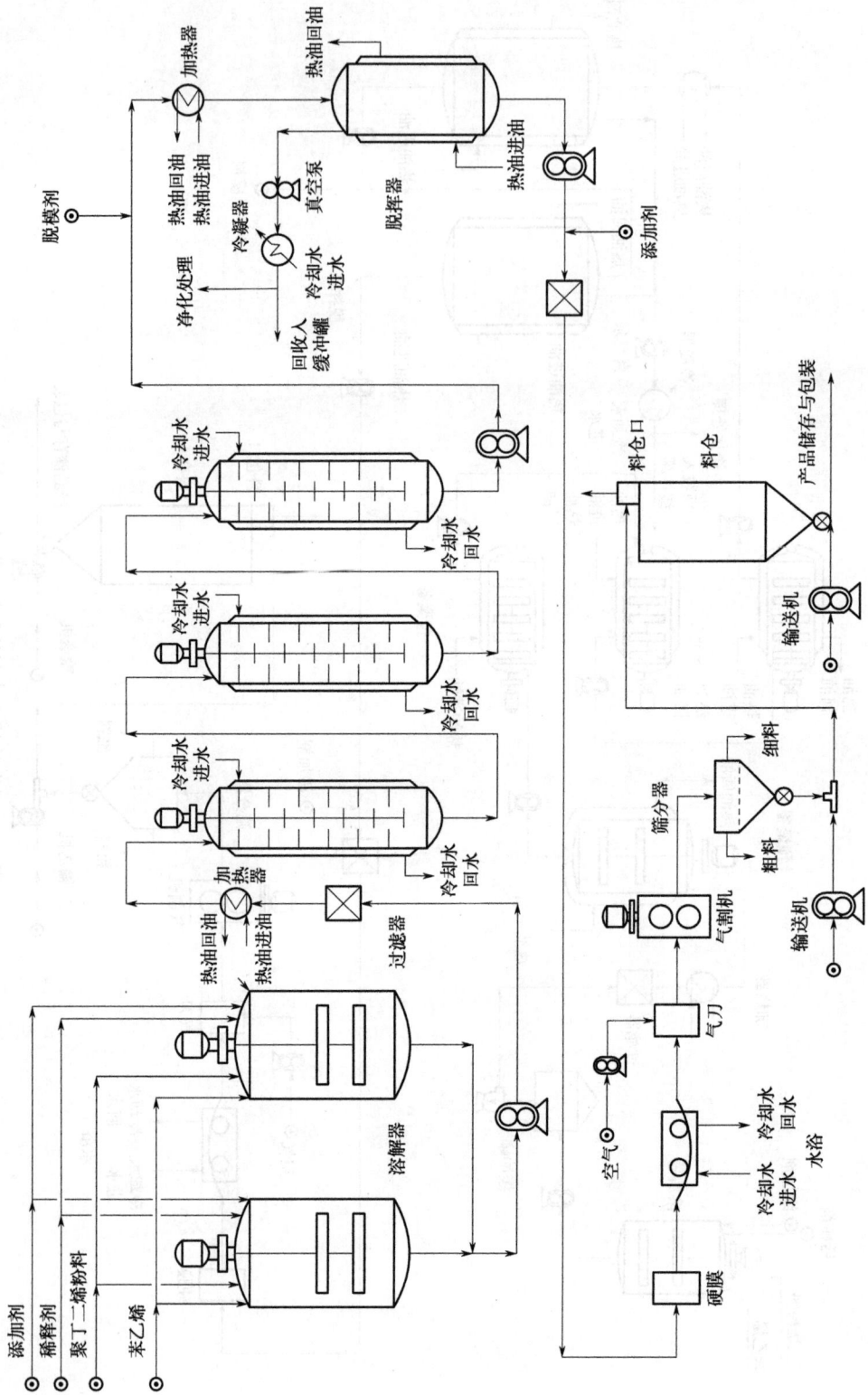

图 3-9　纵向连续本体 HIPS 生产装置

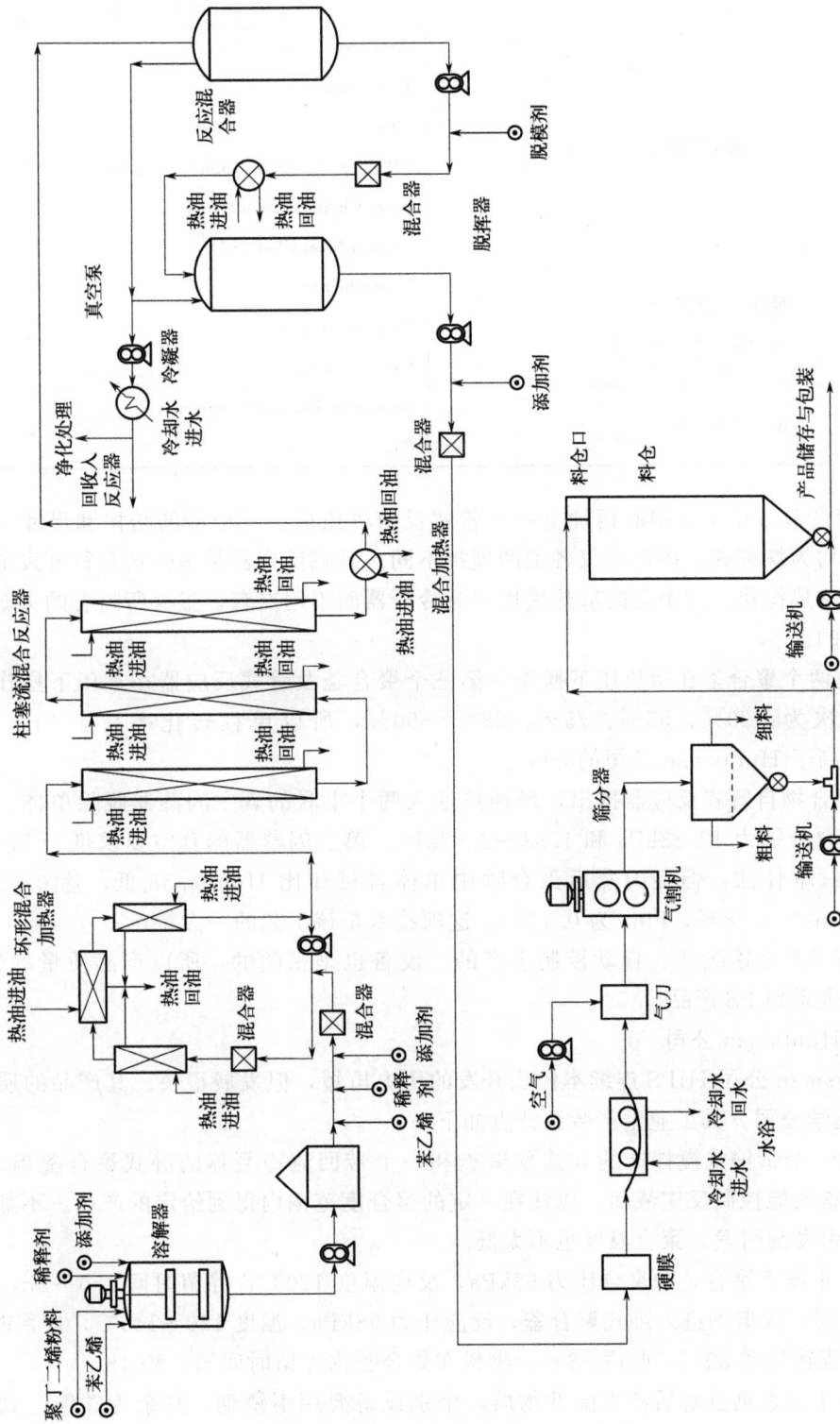

图 3-10　复合型本体 HIPS 生产装置

表 3-12　国外主要连续本体生产装置汇总

反应釜类型		主要生产厂家
横向	活塞流反应器	AtoFine
		Huntsman
		UOP
		BP Chemicals/ABB Lummus Global
		Nova Chemical/Stone & Webster
		Nippon Steel Chemical
纵向	搅拌塔式反应釜 连续搅拌塔式反应釜	Dow Chemical
		Shell and Union Carbide
		Sulzer Canada
其他	复合型反应釜	Dainippon Ink and Chemical
		GE

① 聚合装置由三釜串联再加上一个管式反应器组成。三个釜的结构和尺寸一样，搅拌器结构均为螺带式，操作时仅各釜的搅拌不同。管式反应器是该公司自行开发的，不用搅拌器，绝热操作。三个釜的散热采用回流冷凝器而不用夹套，釜身所附有的夹套只是开车升温用的。

② 前两个聚合釜在微负压下操作，第三个聚合釜及管式反应器在正压下操作。反应转化率依次为：20%、55%、75%、88%～90%，所以单程转化率高于 Fina 公司的70%，也高于 Huntsman 公司的80%。

③ 聚合物自管式反应器排出，经预热送入两个串联的真空闪蒸器脱除单体。闪蒸器的操作压力分别为 13.33kPa 和 1.33～2.67kPa。第二闪蒸器的真空要求低于 Huntsman公司的连续本体法，但经闪蒸后聚合物中单体含量却比 Huntsman 低，达 0.03% 以下（Huntsman 为 0.08%，Fina 为 0.1%）。这项技术是该工艺的一大特点。

④ 该工艺是连续化、自动控制生产的，设备也是密闭的，所以产品质量均匀稳定，且能生产全系列 PS 产品。

（2）Huntsman 公司

Huntsman 公司 HIPS 连续本体法开发的历史虽短，但发展很快。其产品的质量已赶上 Dow 化学公司。其工业生产装置特点如下。

① 由一个带锚式搅拌器的立式预聚釜和一个带回流冷凝器的卧式聚合釜串联组成。两个反应釜均能控制反应液面，以便在一定的聚合度范围内得到给定的产品。不加任何溶剂，但有引发剂引发，聚合温度也不太低。

② 在正压下聚合，预聚合压力 98kPa，反应温度 120℃，停留时间 1.5～2h，预聚合转化率 20%；预聚物进入卧式聚合釜，反应压力 98kPa，温度 120～140℃，停留时间 1～1.5h，单程转化率 80%，收率 98%。物料在聚合釜内停留时间短，约 4h。

③ 由于引发剂分解后产生酸性物质，个别设备要用不锈钢，其余为碳钢；真空闪蒸后，产品中残留单体 0.08%；部分聚合热未利用，需供应 0.98MPa 的蒸汽进行加热；橡胶用低顺式聚丁二烯橡胶，原料消耗定额虽稍高于 Fina 公司，但产品质量却比 Fina 好，

与 Dow 化学产品不相上下，甚至在某些方面超过 Dow 化学。

（3）Fina 公司

Fina 公司本体法工艺所采用的反应器由一个立式预聚釜和三个卧式聚合釜组成，其生产工艺特点如下。

① 预聚温度 115～125℃，压力为负压 46.66～53.33kPa，停留时间 4h，预聚转化率 30%。预聚釜出口物料含聚合物约 30%、矿物油 5%、乙苯 2%、苯乙烯 63%，反应热由夹套及苯乙烯带走。

② 预聚物依次经三个卧式聚合釜，反应温度分别为 125～150℃、150～160℃、155～165℃，转化率分别为 38%～40%、53%～60%、68%～72%。物料在三个聚合釜的停留时间均为 1h。

③ 介质无腐蚀，设备全部为碳钢。聚合釜结构复杂，附有热油加热或冷却循环系统；聚合物脱挥发分分别在 1.33～2kPa、133～400Pa 真空下进行；再进真空闪蒸器，将聚合物中单体含量降至 0.1%。

3.3　结构、性能与改性

3.3.1　增韧机理

聚合物的脆韧理论复杂且较难理解。分子的柔性在决定聚合物相对的脆性和韧性方面起着重要作用。聚合物材料的冲击性能与整个材料的韧性直接相关。抗冲击性能是材料在冲击负载下抵抗破裂的能力或在高速应力作用下抗断裂的能力。多数聚合物受到冲击负载时，都以一种特殊方式发生破坏。在不同的冲击载荷下，一般有四种破坏类型[75]：①脆性破坏：零件严重破坏而不发生屈服现象，如通用聚苯乙烯总是呈瞬间机械破坏；②轻微开裂：零件上出现轻微开裂和屈服，但不改变其形状或完整性；③屈服：零件确实发生屈服，表现出明显的变形和应力发白，但无裂缝产生；④延性破坏：除产生裂缝外，材料还有一定的屈服，如聚碳酸酯聚合物。

脆性塑料的增韧理论很多，有关 HIPS 的增韧理论主要有：Merz 微裂纹理论[76]、多重银纹理论[77]、剪切屈服理论[78] 银纹-剪切带理论[78-80]、逾渗理论[81-82]、空穴化理论[83]、有机或无机刚性粒子增韧理论[84-86]。

3.3.1.1　Merz 微裂纹理论

许多橡胶粒子连接着基材中一个正在增长的裂纹的两个表面，于是断裂过程中吸收的能量等于基材的断裂能和橡胶粒子断裂能的总和。这个理论的主要缺陷是将韧性提高的原因偏重橡胶的作用而忽视了基材所起的作用，所以很快就被淘汰了。

3.3.1.2　多重银纹理论

将应力发白归因于银纹而不是裂纹。银纹是由裂纹体内高度取向的分子链束构成的微纤和孔洞组成的，是造成 HIPS 硬弹性行为的原因。这个理论的基本观点是橡胶粒子作为应力集中点既能引发银纹又能控制其增长。

3.3.1.3　剪切屈服理论

由 Newman 和 Strella 提出，其主要观点是橡胶粒子的应力集中所引起的基材的剪切屈服是韧性提高的原因。

3.3.1.4　银纹-剪切带理论

将多重银纹理论和剪切屈服理论有机结合，银纹和剪切带是材料在冲击过程中同时存在的消耗能量的两种方式，只是由于材料以及条件的差异而表现出不同的形式。

3.3.1.5　空穴化理论

空穴化是指发生在橡胶粒子内部或橡胶粒子与基材界面间的孔洞化现象。它是在外力作用下，分散相橡胶粒子由于应力集中，引起周围基体的三维张应力，橡胶粒子通过空化及界面脱粘释放其弹性应变能的过程。

3.3.1.6　逾渗理论

Wu 等人提出了临界基材韧带厚度（τ_c）的概念，将粒子间面对面的距离定义为基材韧带厚度（τ）。当 $\tau < \tau_c$ 时，材料以韧性方式断裂；当 $\tau > \tau_c$ 时，脆断。

Wu 所提出的临界粒子间距普适判据和脆韧转变的逾渗模型（图 3-11），将增韧理论由传统的定性分析推向了定量分析的高度，特别是将逾渗理论引入共混高聚物脆韧转变的分析，是增韧理论发展的又一突破，意义十分重大。

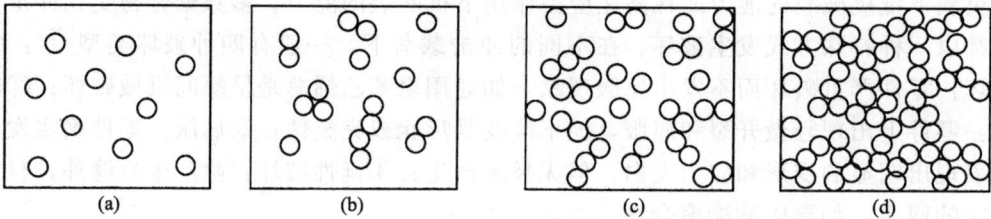

图 3-11　逾渗理论示意图

基于上述增韧理论，欲使橡胶达到最大的增强效果，需做到以下几点：①橡胶相和树脂相组分以两相状态存在；②两相黏附力和亲和力要好，即两相界面有良好的相容性；③橡胶粒子本身要有高的拉伸强度，可通过内接枝或适当提高橡胶交联度达到；④橡胶粒子的 T_g 要低；⑤橡胶粒子大小、数目、间距都要适当；⑥橡胶粒子应均匀分布在树脂相中。

3.3.1.7　新型增韧机理[87]

采用橡胶增韧剂接枝改性脆性苯乙烯系树脂，虽可极大地改善后者的抗冲击性能，但采用通用橡胶作增韧剂难以得到超高冲击强度的苯乙烯系树脂（冲击强度一般低于 200J/m），这在一定程度上限制了抗冲击树脂的应用。近年来，由于合成橡胶工业发展迅速，以丁二烯、异戊二烯、苯乙烯三元共聚物为代表的集成橡胶已在汽车轮胎领域得到了很好的应用，通过调节丁二烯、异戊二烯、苯乙烯三元共聚物的单体配比、微观结构及序列结构，实现了丁二烯、异戊二烯、苯乙烯三元共聚物集成橡胶产品的系列化，集成橡胶的出现为橡胶增韧塑料技术的快速发展提供了可能。

李杨等采用丁二烯-异戊二烯-苯乙烯三元共聚物集成橡胶作苯乙烯系脆性树脂的增韧改性剂，开发了一系列超高抗冲击强度的聚苯乙烯树脂。其中，采用星型无规 SIBR 为增韧剂制备出在未损失模量的情况下，冲击强度可达 380J/m，具有形状规整、排列紧密、大小不一的立体网状结构的 HIPS。该产品优异的综合物理性能被认为是其所呈现出的明显的规整网状增韧结构——河床结构或水立方结构，而这也正是区别于传统的高抗冲聚苯乙烯树脂所具有的海岛形态结构特征。将无规型和嵌段型 SIBR 集成橡胶用于增韧脆性苯乙烯/丙烯腈共聚物（SAN）时，所得增韧 ABS 树脂的微观结构则分别呈现出"网络状"和"等高线"结构形态。其中，线型 SIBR 增韧 ABS 树脂的冲击强度高达 468J/m，断裂形貌特征表现为丰富的"根须"状支化银纹、"舌唇"状蜷曲及"河流"状花纹。这些新型结构形态的发现，不仅丰富了苯乙烯系树脂增韧体系微观结构种类（如细胞状、迷宫状、线圈状、壳状、液滴状、棒状、药片状、棒串状、液滴串状等），而且为开发增韧剂种类和高性能树脂新牌号提供了思路。

上述新型结构赋予树脂优良力学性能的增韧机理，可以被解释为：在 PS、SAN 类脆性材料增韧体系中，橡胶粒子与基材间要达到一定的粘接强度是橡胶增韧体系获得高冲击韧性的前提条件。SIBR 中含有的苯乙烯和异戊二烯成分，在橡胶相与聚苯乙烯相之间的相互作用增强，故界面性能优于普通 BR 增韧制备的 HIPS。结合注塑成型试样的冲击断面上平行于冲击方向切片观察，在受到垂直于试样外力冲击下，断面微观结构发生了变化，橡胶相不再形成连续的网络结构，而是发生形变，一部分部位保持下来，一部分部位发生破裂，说明在外力作用下，每个包藏聚苯乙烯的橡胶粒子均充当了受力单元，发生形变的同时，引发周围基体相产生大量银纹和多种形式的塑性形变，并且大量银纹间应力场相互干扰，降低了银纹端应力，阻碍其进一步发展，吸收塑性形变能、裂纹扩展能、表面功和化学键的断裂能等，从而增加冲击阻抗。从本质上来看，SIBR 增韧仍符合传统意义上的 HIPS 增韧机理，即橡胶粒子小，单位体积内用以吸收冲击能的橡胶粒子增多，可提高耐冲击能力。

图 3-12 为 SIBR 橡胶增韧制备 HIPS 的 TEM 照片。图 3-13 为 SIBR 橡胶增韧制备 ABS 的 TEM 照片。

3.3.2　结构与性能

3.3.2.1　橡胶用量

HIPS 是苯乙烯单体和聚丁二烯橡胶发生接枝反应的共聚物。聚丁二烯橡胶是制备 HIPS 产品的关键，其用量对 HIPS 产品的性能有很大的影响。随橡胶用量的增加，HIPS 橡胶粒子颗粒更完整，分布更均匀，且橡胶粒子逐渐减小。在保证一定搅拌速率下，橡胶用量大，反应体系的黏度高，同样搅拌速率下的剪切力大，所以橡胶粒子变小。橡胶用量增加，HIPS 中橡胶相体积分数不是单一递增的，而是在橡胶含量为 5% 时，橡胶相体积分数有一个最大值，之后随橡胶含量的增加，橡胶相体积分数下降[2]。不同的聚丁二烯橡胶用量对 HIPS 产品性能的影响如表 3-13 所示[71]。

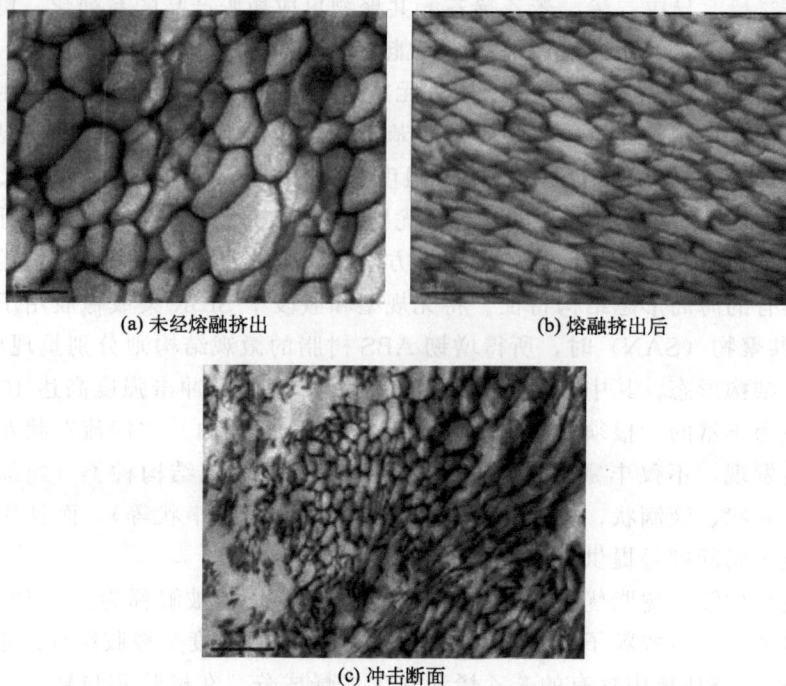

(a) 未经熔融挤出   (b) 熔融挤出后

(c) 冲击断面

图 3-12　SIBR 橡胶增韧制备 HIPS 的 TEM 照片

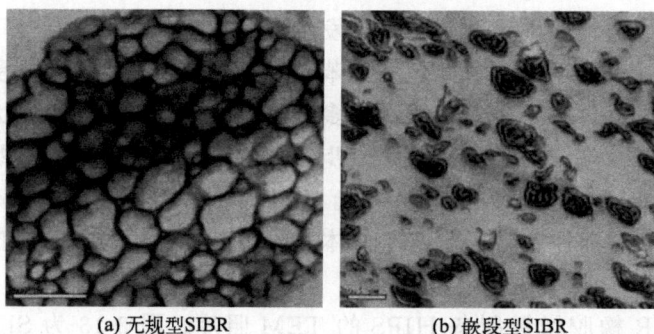

(a) 无规型SIBR   (b) 嵌段型SIBR

图 3-13　SIBR 橡胶增韧制备 ABS 的 TEM 照片

表 3-13　不同的聚丁二烯橡胶用量对 HIPS 产品性能的影响

性能	指标			
橡胶用量/%	3	5	7	9
拉伸强度/MPa	28.5	27.2	26.1	23.9
断裂伸长率/%	31.8	41.7	48.5	33.5
落锤冲击强度/(J/m)	15	27	52	89
悬臂梁冲击强度/(J/m)	72.5	117.2	128	158
维卡软化温度/℃	87.8	91.5	95.2	97.3

可见，随着聚丁二烯橡胶用量的增加，产品的断裂伸长率、悬臂梁冲击强度、落锤冲击强度、维卡软化点先有不同程度的提高，但拉伸强度下降，这是因为增加橡胶的用量，

反应体系中的乙烯基结构增加,有利于接枝反应的发生,从而使 HIPS 中橡胶相体积分数增加,改善产品的冲击性能。但随着橡胶用量增加到一定值,反应体系内接枝点过多,产物易发生过度交联反应,形成网状结构,反而引起 HIPS 的模量降低,断裂伸长率下降。故可以通过增加聚丁二烯橡胶用量来改善 HIPS 的冲击性能,强度最佳时聚丁二烯橡胶用量有一个最佳值。

3.3.2.2　橡胶种类

李杨等[2] 的研究发现:随橡胶中乙烯基结构的增加,橡胶相接枝率增加,Li 系胶所得产品橡胶相粒子完整,分布均匀,橡胶相中接枝和包埋的 PS 较多;高顺式 Co、Ni 胶橡胶相粒子边界不清,分布较宽,橡胶相中接枝和包埋少;从抗冲击性能来看,高顺式 Co、Ni 胶增韧效果最佳,Li 系线型胶次之,Li 系星型胶较差。在相同橡胶用量下,不同种类的聚丁二烯橡胶对 HIPS 产品的形态结构及力学性能均有较为显著的影响,结果如表3-14 和表 3-15 所示。

表 3-14　不同种类的聚丁二烯橡胶对 HIPS 形态结构的影响

橡胶种类		橡胶结构					HIPS 结构				
		顺式结构含量/%	反式结构含量/%	乙烯基结构含量/%	$M_n/\times10^4$	分布情况	橡胶相体积分数/%	表观接枝率/%	溶胀指数	PS 相 $M_n/\times10^4$	PS 相 M_w/M_n
Li 系低顺胶	35As(线型)	35	52	13	8.8	单峰	20.2	3.02	4.17	10.7	3.0
	55As(线型)	35	52	13	10.4	单峰	25.5	3.51	4.44	10.1	3.1
	760(线型)	33	49	18	8.3	多峰	20.7	3.13	4.42	10.1	3.0
	730(星型)	33	49	18	10.9	双峰	20.5	3.11	4.11	10.9	2.9
高顺胶	Co	92	4	4	9.2	单峰	17.9	2.57	4.59	12.2	3.0
	Ni	96	2	2	8.3	单峰	16.0	2.18	3.89	12.5	2.9

表 3-15　不同种类聚丁二烯橡胶对 HIPS 性能的影响

性能	Li 系 55As 胶	Li 系 730 胶	Ni 胶
顺式结构含量/%	35	33	96
反式结构含量/%	52	49	2
乙烯基结构含量/%	13	18	2
T_g/℃	−93	−94	−105
拉伸强度/MPa	25.8	26.2	26.8
断裂伸长率/%	36	47	48
落锤冲击强度/(J/m)	49	57	32
悬臂梁缺口冲击强度/(J/m)	75	64	120
维卡软化温度/℃	93	95	90

由表 3-15 可以看出:聚丁二烯橡胶的种类和结构对 HIPS 的拉伸性能影响较小,对冲击性能和断裂性能则有一定影响。使用 Li 系低顺胶所生产的 HIPS 的各项力学性能较

为均衡。但从耐低温性能来讲，高顺胶含有较高含量的顺式-1,4 结构，易于在低温下结晶，而且高顺胶的玻璃化转变温度较低，有利于提高 HIPS 在低温下的抗冲击性能，故用高顺胶制备的 HIPS 在低温性能上占有优势。使用不同聚丁二烯橡胶制备的产品性能不同，所以针对不同产品的性能要求，可选择不同种类聚丁二烯橡胶。

另外，单一胶种制得的橡胶粒子大小及分布在聚合工艺条件一定的情况下是固定的。为达到较佳的综合性能，选用复合胶作为增韧改性剂是目前开发新牌号的最佳方法和趋势[3]。李杨等[4] 采用不同结构低顺胶与高顺胶复合后作增韧剂，考察了复合胶对高抗冲聚苯乙烯产品的结构与性能的影响规律，发现：①HIPS 橡胶相体积分数因复合胶组成不同而产生不同的协同效应，星型低顺胶与高顺胶复合为正协同效应，橡胶相体积分数增加；②复合胶 HIPS 的橡胶粒子形态介于两单一胶种之间，低顺胶被高顺胶复合，明显改善了高顺胶的粒子形态，使橡胶粒子界面趋于清晰，粒子形状趋于规整，粒径减小、粒径分布趋于均匀；③复合胶与单一胶的拉伸强度无显著差别，而冲击强度变化较大；当星型低顺胶被高顺胶复合时，HIPS 的冲击强度产生显著的正协同效应。

王健、李杨等[88-89] 采用集成橡胶 SIBR 增韧聚苯乙烯，考察了增韧剂种类、橡胶含量以及 SIBR 中异戊二烯链段对 HIPS 树脂冲击性能的影响，结果如表 3-16、表 3-17 所示。当 SIBR 质量分数为 17.5% 时，所得增韧树脂在拉伸强度不损失的情况下，冲击强度高达 380J/m，远高于高顺胶 BR9004 增韧体系的 135J/m；SIBR 中异戊二烯组分起到了一定的增韧作用，与 PS 发生了化学接枝，使 SIBR 与基体 PS 相共混性更好，同比相同丁二烯含量的 BR9004 橡胶，产品的悬臂梁缺口冲击强度提高了 180%。不同质量分数 SIBR 增韧 HIPS 的 TEM 照片见图 3-14。

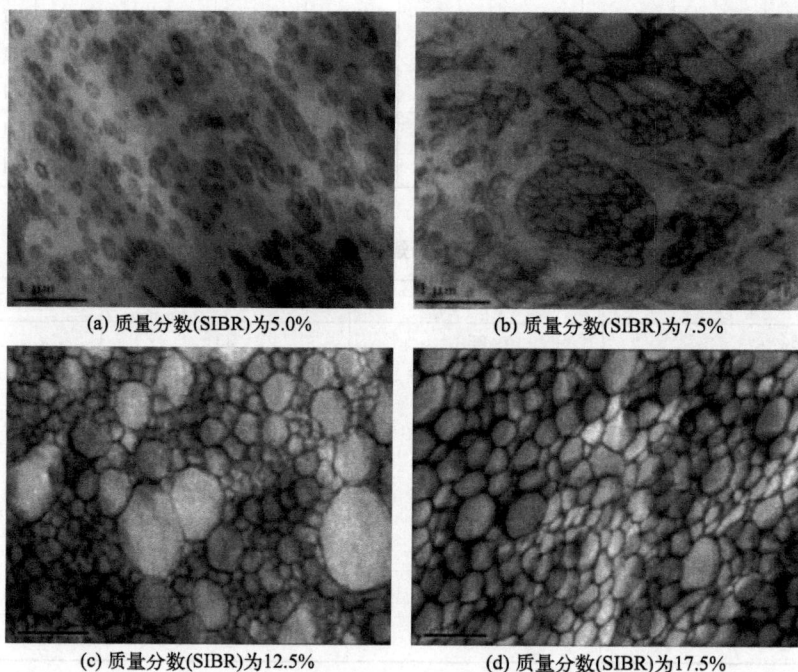

(a) 质量分数(SIBR)为5.0%

(b) 质量分数(SIBR)为7.5%

(c) 质量分数(SIBR)为12.5%

(d) 质量分数(SIBR)为17.5%

图 3-14　不同质量分数 SIBR 增韧 HIPS 的 TEM 照片

表 3-16　增韧剂种类及用量对 HIPS 冲击性能的影响

增韧剂种类	增韧剂用量/%	(B+I)/%	悬臂梁缺口冲击强度/(J/m)
BR9004	6	0	135
	10	0	80
	14	0	72
SIBR	7.5	6	79
	12.5	10	216
	17.5	14	380

注：B 为丁二烯；I 为异戊二烯。

表 3-17　质量分数（SIBR）对 HIPS 冲击性能的影响

项目	SIBR 质量分数/%				BR9004 质量分数/%
	5.0	7.5	12.5	17.5	7.0
悬臂梁缺口冲击强度/(J/m)	25	79	216	380	135
拉伸屈服强度/MPa	38.5	31.4	29.5	27.9	26.7
拉伸断裂强度/MPa	30.8	30.2	25.9	27.7	30.1
断裂伸长率/%	5.6	38.0	43.0	66.0	32.0
弯曲强度/%	59.4	51.4	45.8	40.6	45.8
弯曲模量/GPa	2.42	1.99	1.81	1.54	1.85

注：SIBR 质量分数为 17.5% 时，SIBR 中丁二烯质量分数为 7.0%。

3.3.2.3　橡胶粒径

（1）橡胶颗粒尺寸对 HIPS 性能的影响

橡胶颗粒大小及其尺寸分布对 HIPS 产品的外观和韧性有明显的影响。通常胶粒尺寸在 1～5μm 范围内，胶粒过大，则橡胶颗粒少，无法有效增加韧性，且表面粗糙；胶粒过小，则易埋入应力裂缝内，降低韧性，表面光泽度较好。由表 3-18 可以看出，当胶粒较小时，产品的悬臂梁冲击强度较高，但落锤冲击强度低；当胶粒较大时，落锤冲击强度较好，但悬臂梁冲击强度则较低。这是因为较小的粒子分布均匀，有利于接枝反应的进行，从而有利于冲击强度的改善，但过小的胶粒则往往没有预期效果，因为过小的胶粒在引发裂纹上有明显的效果且在终止裂纹时不起作用。如果胶粒过大，则会成为应力集中点，使悬臂梁冲击强度降低。除了选择不同聚丁二烯橡胶种类及粒径之外，在生产过程中也可通过调整生产工艺来改善聚丁二烯橡胶粒径大小分布，以获得更好的综合力学性能。

表 3-18　聚丁二烯橡胶粒径大小对 HIPS 性能的影响

性能	指标		
平均粒径/μm	0.64	0.93	1.03
拉伸强度/MPa	25.6	25.8	26.1
断裂伸长率/%	48	42	37
落锤冲击强度/(J/m)	25	46	70
悬臂梁冲击强度/(J/m)	154	125	112

Flumerfelt 于 1972 年提出了悬浮液中液滴尺寸计算的通用经验公式：

$$D = K \times (\eta_d / \eta_c)^{\beta - 1} \times [\sigma] \times [1/\tau]$$

式中，D 为液滴（胶粒）直径；η_d 为分散相黏度（在此代表相转变结束时的橡胶相黏度，包含与橡胶分子接枝的聚苯乙烯分子）；η_c 为连续相黏度（在此代表相转变结束时的聚苯乙烯相黏度）；σ 为界面应力；τ 为剪切力；K，β 为常数。

将此公式应用在 HIPS 相转变中，D 代表相转变结束时分散相液滴尺寸，即胶粒尺寸。那么由此式出发，我们可从几个方面对胶粒尺寸进行控制[65]。

（2）橡胶颗粒尺寸的控制

① 控制 $(\eta_d / \eta_c)^{\beta - 1}$，即改变两相之间的黏度比　在其他条件相同的情况下，使相转变结束时的分散相黏度与连续相黏度之比增加，则最终得到的橡胶颗粒尺寸更大。主要有以下几种具体做法。

a. 通过提高温度或者增加引发剂进料量来提高在相转变反应釜内的转化率，提高橡胶接枝部分，即分散相的黏度 η_d，从而获得较大的橡胶颗粒尺寸。反之，降低相转变反应釜内的转化率就会相应减小产品中橡胶颗粒尺寸。

b. 将苯乙烯进料中的一部分于相转变反应器之后进料。这就意味着初始进料中有较高的橡胶浓度，就要求有较高的转化率才能开始相转变过程。最终提高了相转变完成时的分散相黏度 η_d。相应地，橡胶颗粒尺寸变大。

c. 向相转变反应釜中加溶剂（甲苯），用来降低连续相黏度 η_c，以达到提高橡胶颗粒尺寸的目的。但是实际表明，在搅拌充分的情况下，这一措施对最终产品的颗粒尺寸影响很小。

② 采用不同的橡胶胶种　采用较高黏度的橡胶会获得较大的橡胶颗粒尺寸。雪佛龙-菲利浦斯（中国）化工公司采用了两种聚丁二烯橡胶，高顺式橡胶的 5% 苯乙烯溶液黏度为 147～177mPa·s，低顺式橡胶的为 61～81mPa·s，在用相同配方生产同种产品时，使用前者获得的平均橡胶颗粒尺寸为 2.95μm，使用后者时为 2.82μm。

③ 控制 $[\sigma]$，即改变相界面的应力　较小的界面应力，即两相间有较好的相容性，能获得小的橡胶颗粒尺寸。改变相界面应力的办法有以下几种：采用合适的橡胶，如苯乙烯-丁二烯共聚物橡胶，能增加相容性；增加聚苯乙烯分子在橡胶分子上的接枝率也能有效增加相容性；采用提高接枝反应器中温度，增加引发剂用量的办法，但需控制在相转变限度以下；或者选用增强接枝效果的橡胶和引发剂。

④ 控制 $[1/\tau]$，即改变搅拌的剪切力　放慢搅拌器转速将获得更大橡胶颗粒。当搅拌器的转速由 60r/min 提高到 600r/min 时，胶粒直径减小 2/3，橡胶相体积减小 1/2。

综上所述，控制橡胶颗粒尺寸是 HIPS 生产质量控制的重要环节。理想的胶粒尺寸、合理的尺寸分布对产品最终性能有重要影响。可以通过控制分散相和连续相的黏度比、两相的界面应力以及搅拌的剪切力来控制橡胶颗粒尺寸。其中，控制黏度比最为可行[90]。

3.3.2.4　其他因素

张玉冰等[91] 对多次注塑 HIPS 的力学性能与化学结构的关联性进行了研究，发现：HIPS 经过多次注塑后，弯曲强度、伸长率、断裂强度、冲击强度等均有所下降，其中断裂强度受影响的程度比较小，而伸长率受影响最大；重复加工稳定性偏差可以较好地评价多次加工后材料力学性能的变化。^{13}C NMR 分析结果表明 HIPS 中加入了丁二烯和其他填充剂，经过多次注塑加工后，聚丁二烯的碳峰强度明显减弱，填充剂的碳峰强度也明显减弱或消失，聚苯乙烯的碳峰变化不大，说明多次注塑会导致 HIPS 中的丁二烯链段和填充助剂发生变化；HIPS 中丁二烯链段的顺（反）结构对材料的力学性能也有一定的影响，多次注塑后材料力学性能的降低与聚丁二烯量的改变有较好的对应关系。

从橡胶对 PS 的增韧机理来看，橡胶粒子大小及数目、粒子间距、橡胶粒子内"次包裹物"的量等对产品性能的影响均很大[63]。橡胶粒子赤道面的应力集中需要两相间强的界面结合力，诱发银纹，并在银纹形成后与塑料相分担负荷，阻止银纹的发展。高顺胶和低顺胶独特的性能使其在 HIPS 中发挥其各自的优势。连续相结构对性能的影响主要取决于 PS 的分子量及分布。PS 相的低分子拖尾对材料的抗冲性能十分不利。接枝到橡胶分子上的 PS 链是增加两相界面结合力的主要因素。两相结构及界面相对性能的影响还与 HIPS 的合成工艺有关。HIPS 结构参数对其综合性能的大致影响规律如图 3-15 所示。

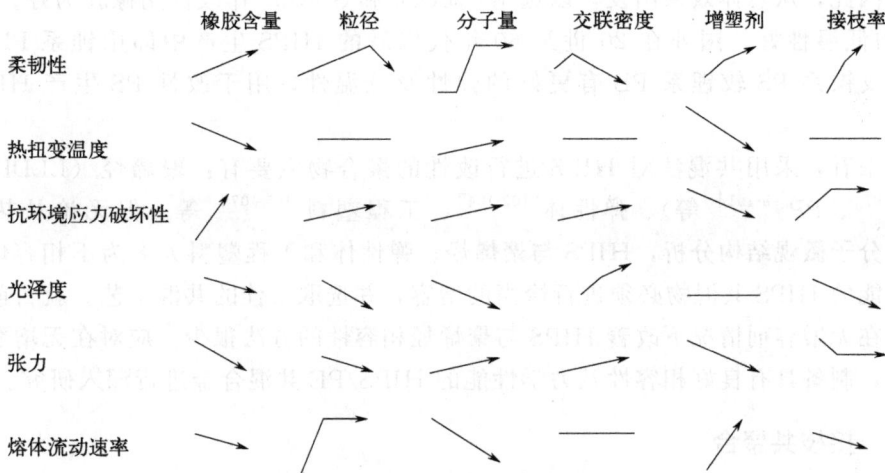

图 3-15　HIPS 的结构与性能之间的关系

3.3.3　改性

橡胶改性 PS 制备 HIPS 的方法主要有两种：机械共混法和接枝共聚合法[92]。

3.3.3.1　机械共混法

用橡胶改性 PS 生产高抗冲聚苯乙烯较为简便的方法是机械共混法，即 PS 乳液与弹性体乳液经机械混合，然后破乳、洗涤、干燥，可得所需产品。该过程伴有断链、降解、嵌段共聚合和接枝共聚合的发生。机械共混法的特点是：工艺简单，易于实施；橡胶加入量准确，但橡胶粒子的粒径及其分散程度不易控制。只有当橡胶粒子的粒径在 $1\sim10\mu m$，且均匀分散于 PS 中时，才能得到共混物性最好的 HIPS。

采用机械共混法制备的 HIPS，存在着两相结构，相间没有化学键的连接，在一定条件下容易发生相分离，并由此导致材料出现裂痕。裂痕在外力作用下又会沿着界面延伸，从而造成材料的损坏，影响产品的使用性能。造成相分离的原因是高聚物的不相容性。例如，浓度各为 2% 的 PS/苯溶液和天然橡胶（NR）/苯溶液在一起搅拌均匀，放置不久即分为两相；分子量为 2000～4000 的 PS 与聚丁二烯橡胶也不相容。因此，在早期用橡胶改性 PS 时，机械共混法所得改性 PS 的强度增加甚微，有时冲击强度比未改性者还低。

20 世纪 50 年代，美国 Dow 化学公司采用 SBR 胶乳（结合苯乙烯含量 60%）与 PS（或含有部分 α-甲基苯乙烯的 PS）乳液共混，得到了不同牌号的 HIPS。在国内，兰州化学工业公司于 20 世纪 70 年代用 SBR-30 干胶与本体聚合的 PS 在加热辊筒上共混制得了 Ⅰ 型 HIPS；高桥石油化工公司采用 SBR-50 胶乳与悬浮法 PS 在加热辊筒上捏合和烘干制得了 203 型 HIPS。采用 SBR 与 PS 共混得到的材料很少出现剥离现象，冲击强度也有一定提高，这主要是两相间的界面结合能增加，使两相的相互作用增强的缘故。

除了两相间的结合能以外，PS 改性用橡胶的弹性和耐低温性对改性效果也有重要影响。以 SBR 为例，结合苯乙烯含量越高，PS 改性后两相的结合能越大。就结合能而言，改性效果依下列顺序递减：SBR-60、SBR-50、SBR-30；但从耐低温性考虑，上述顺序恰好相反。因此，从总体效果出发，以选用 SBR-30 和 SBR-50 作改性用橡胶为好。锂系 PB 比 SBR 的低温性好，国外在 20 世纪 60 年代以后的 HIPS 生产中即用锂系 PB 取代了 SBR。钴或镍系 PS 较锂系 PB 有更好的弹性及低温性，用于改性 PS 生产 HIPS 效果更好。

总体来看，采用共混法对 HIPS 进行改性的聚合物主要有：聚烯烃（LLDPE[93-95]、HDPE[96-97]、PP[98-101] 等）、弹性体[102-104]、工程塑料[105-107] 等。但无论从热力学角度，还是分子微观结构分析，HIPS 与聚烯烃、弹性体和工程塑料大多为不相容体系。要得到高性能的 HIPS 共混物必须进行恰当的增容，并选取最佳的共混工艺。就目前研究情况来看，在无增容剂情况下改善 HIPS 与聚烯烃相容性的方法很少。应对在无增容剂存在的情况下，制备具有良好相容性及力学性能的 HIPS/PE 共混合金进行深入研究。

3.3.3.2　接枝共聚合

为了提高橡胶相与树脂相之间的结合能，使两相之间生成化学键是最好的途径。采用乳液接枝共聚合改性 PS，如 PB 胶乳与 PS 接枝共聚合，所得产品的冲击强度虽有较大提高，但橡胶用量必须在 15% 以上，从而导致产品的拉伸强度、静弯曲强度、耐热性等大幅度下降。因此，用乳液接枝共聚合改性 PS 受到了一定的限制。目前，世界上绝大多数 HIPS 生产厂家采用的方法是本体接枝共聚合。

20 世纪 50 年代初，Dow 化学公司首先发表了本体接枝共聚合改性 PS 的专利，在制备 HIPS 方面取得了重大技术突破，并相继将该技术转让给德国 BASF 公司、法国 Pechiney 公司和英国 Distillers 公司。到 70 年代，用本体接枝共聚合改性 PS 制备 HIPS 的技术已趋于成熟。70 年代后期，我国也开展了这方面的研究工作，并形成了 400kt/a 的生产能力，产品主要技术指标达到意大利 Montedison 公司 ARL-1000 水平，于 1980 年通过技术鉴定。

橡胶本体接枝共聚合制备 HIPS 的基本方法是：首先合成出改性用橡胶，然后将其按一定比例溶解到苯乙烯中，用引发剂（或加热）引发聚合，橡胶用量一般为 5%～10%。此工艺过程较复杂，原材料质量要求严格，制成品性能优异。作为改性剂的橡胶加入量不宜过多，否则将引起 HIPS 的模量降低；要使少量接枝 PS 的橡胶发挥更大作用，橡胶相内要包藏适当的 PS，以增加接枝橡胶相在材料中的体积分数；同时，橡胶粒子的平均粒径必须在 1μm 以上，最佳值为 1.3μm。在 HIPS 两相体系中，冲击强度的提高主要靠大粒径橡胶相诱发和终止裂纹的效应，而小粒径橡胶相的这两种效应都很差。由于改性用橡胶首先溶解于苯乙烯中，然后进行本体接枝共聚合，从而保证了橡胶相粒子在 PS 中能够均匀分散。在一定剪切应力作用下，橡胶相粒子的大小也得到了控制。特别是 PS 分子链接枝到橡胶分子链上，使得橡胶相和 PS 相之间的相互作用增强，两相间的化学键增多，相界面间的结合能增强，从而改善了改性效果，使得 HIPS 材料的冲击强度等物性得到提高。

3.4　品种及应用

经过聚丁二烯橡胶接枝改性的 HIPS，改善了 PS 的脆性，由于其高强度、高刚性、高光泽等性能，使其能作为工程塑料使用，广泛应用于电子、家电、食品包装、建材、医疗器械、音像、玩具等各个领域。特别是性能优异的高光泽产品，能够部分替代 ABS 应用于高档电器，制品质量既能够满足用户的需求，生产成本又可大大降低。

HIPS 的品种和牌号众多，按照其特性，主要分成以下几类进行介绍[108-129]。

3.4.1　阻燃型 HIPS

阻燃型 HIPS 主要通过添加阻燃剂来实现阻燃性能。常见的阻燃剂包括溴系阻燃剂、磷系阻燃剂、无机阻燃剂等。阻燃型 HIPS 需满足严格的阻燃标准，如 UL94 阻燃等级。常见的阻燃型 HIPS 可达到 UL94 V-0、V-1 或 V-2 等级。除阻燃性能外，其力学性能如拉伸强度、冲击强度等也需保持在一定水平，以满足实际应用需求。阻燃型 HIPS 的应用主要集中在电子电器和建筑装饰等领域。随着电子电器产品的普及和小型化、轻量化发展趋势，对其防火安全性能提出了更高要求。阻燃型 HIPS 因其良好的阻燃性能、力学性能和加工性能，成为制造电子电器外壳的理想材料，有效降低了火灾发生的风险。在建筑物中，火灾一旦发生，火势容易迅速蔓延，因此建筑材料的阻燃性能至关重要。阻燃型 HIPS 可制成各种装饰板材，用于墙面、地面装饰，既能满足美观需求，又能提高建筑物的防火安全性。

我国科研人员在阻燃型 HIPS 的开发上做了大量的研究工作。薄文海[130] 等将三(三溴新戊醇基)磷酸酯阻燃剂用于阻燃 HIPS 中，并与多溴二苯醚和溴化邻苯二甲酰亚胺衍生物进行了对比，结果表明：三(三溴新戊醇基)磷酸酯非常适用于阻燃 HIPS 树脂，在 UL94 V-2 级阻燃体系中，溴含量 70% 和磷含量 3% 的结合使阻燃剂用量最小，而且产品有非常好的流动性，并有着显著的抗紫外线特点。郭福全[131] 等采用熔融共混的方法将 MgO、MRP 和 HIPS 按不同比例共混制备 HIPS 复合材料。当 MRP 和 MgO 的质量比为 7∶3 时，HIPS 复合材料的氧指数为 24.7%，UL94 达到 V-0 级，PHRR 和 THR 分别减少了 69% 和 42%，MgO-MRP/HIPS 材料的阻燃性能得到显著改善。郭迎宾[132] 等将微胶囊红磷（MRP）与氢氧化镁（MH）制成协同阻燃 HIPS 复合材料。结果表明：MRP 阻燃剂用量为 6.7% 时，HIPS/MH/MRP 复合材料的 UL94 由无级别升至 V-0 级，氧指数提高到 23.5%，表明 MRP 与 MH 对 HIPS 有非常明显的协同阻燃作用。Liu[133] 等将可膨胀石墨（EG）与 MRP 复配作为复合阻燃剂，改善 HIPS 阻燃性能。HIPS/EG/MRP 复合材料形成的膨胀型炭层有效地隔绝了热量和氧气的交换，大大增强了热氧化稳定性，隔热效果良好，从而提供了良好的防火屏障。郭军红[134] 等将合成的磷杂化聚合物（OPP）与纳米氢氧化铝（ATH）和聚苯乙烯掺杂共混制备得到 ATH/OPP/PS 阻燃复合材料，并对复合材料及炭层进行研究。结果表明，ATH 与 OPP 之间存在协同作用，ATH/OPP 的引入明显提高了复合材料的阻燃性能。当 ATH 含量为 5%、OPP 含量为 10%时，ATH/OPP/PS 复合材料的氧指数由 24.5%（OPP/PS）提高到 27.5%，无黑烟产生，熔滴现象消失。复合材料炭层更加致密，有利于隔断热氧，具有阻燃功能。栗娟[135] 等将聚甲基倍半硅氧烷（PMSQ）与高抗冲聚苯乙烯熔融共混制备得到 PMSQ/HIPS 阻燃复合材料，并对其阻燃性能及力学性能进行研究。结果表明：PMSQ 的添加明显改善了 PMSQ/HIPS 复合材料的阻燃性能。随着 PMSQ 的增加，复合材料的氧指数不断提高；而拉伸强度和冲击强度逐渐减小；在 PMSQ 用量为 15～20 质量份时，复合材料的综合性能最好。纳米阻燃剂由于绿色环保、性能稳定、效率高、来源广等特点，逐渐成为阻燃研究的热点之一。Ma[136] 等将 IFR 与多壁碳纳米管（MWCNTs）复配作为协同阻燃剂阻燃 PS。结果表明，MWCNTs 的加入促进了 IFR 在 PS 基体中的分散，且二者存在协同阻燃效果。氧指数测试结果表明，当 MWCNTs 含量为 1%、IFR 含量为 30%时，复合材料的氧指数为 34.1%，而不加 IFR 的复合材料的氧指数则低于 22%。

未来，无卤化和多功能化将是阻燃 HIPS 的发展方向。由于溴系阻燃剂在燃烧过程中可能产生有毒有害气体，对环境和人体健康造成危害，近年来无卤阻燃型 HIPS 的研发成为热点。研究人员致力于开发新型无卤阻燃剂，如磷氮系阻燃剂、膨胀型阻燃剂等，并优化配方和制备工艺，以提高无卤阻燃型 HIPS 的性能，使其在满足阻燃要求的同时，更加环保安全。除了阻燃性能外，未来阻燃型 HIPS 还将朝着多功能化方向发展，如兼具抗菌、抗静电、耐候等性能。通过添加相应的功能性助剂或采用特殊的制备工艺，使阻燃型 HIPS 满足更多复杂应用场景的需求，进一步拓展其应用领域。

3.4.2　易加工型 HIPS

易加工型 HIPS 具有良好的熔体流动性，其熔体流动速率（MFR）通常较高。在加工过程中，塑料熔体能够更轻松地填充模具型腔，降低成型压力和温度，缩短成型周期，提高生产效率。加工过程中，易加工型 HIPS 表现出良好的稳定性，不易发生降解、分解和变色等问题。它对加工温度、剪切速率等工艺参数的变化具有较强的适应性，能够保证产品质量的一致性。在制造各种复杂形状的注塑制品时，易加工型 HIPS 能够快速、准确地填充模具型腔，减少注塑缺陷，提高产品合格率。例如，制造大型家电外壳、工业零部件等，易加工型 HIPS 可以降低注塑难度，提高生产效率和产品质量。易加工型 HIPS 还用于挤出成型的管材、板材、型材等。良好的熔体流动性使 HIPS 在挤出过程中能够顺利通过机头口模，形成均匀的截面形状，提高挤出速度和产品精度。

北方华锦化学工业股份有限公司采用连续本体聚合工艺生产高流动抗冲聚苯乙烯材料（FHIPS），与国外高流动高抗冲聚苯乙烯产品（HIPS425TVL）进行性能对比，发现在 MFR 优于 HIPS425TVL 的基础上，FHIPS 产品的物性与 HIPS425TVL 的物性相当[137]。

3.4.3 高光泽型 HIPS

高光泽型 HIPS 具有出色的表面光泽度，其光泽度值通常可达到 80％以上（60°光泽度测量），明显高于普通 HIPS。高光泽型 HIPS 在制成产品后，产品外观更加美观、高档，不仅光泽度高，其表面平整度和光洁度也极佳，几乎没有表面缺陷，如流痕、波纹等，能够满足消费者对产品外观质量的追求，提升产品的附加值。高光泽型 HIPS 在家电产品，如冰箱、洗衣机、空调等的外壳中应用广泛。采用高光泽型 HIPS 制成的冰箱外壳，不仅具有良好的耐腐蚀性和力学性能，还能展现出豪华的质感。另外，高光泽型 HIPS 还用于制造各种日用品，如塑料餐具、化妆品包装、玩具等。高光泽的表面使这些日用品更加吸引人，可增加消费者的购买欲望。采用高光泽型 HIPS 制成的塑料餐具，不仅美观大方，而且易于清洗和消毒。

通过控制反应条件，改进聚合工艺，将橡胶粒径控制到小于 $1\mu m$，可以制得高光泽型 HIPS，且能保持其耐冲击性。此外，还可通过消除树脂内部的光散射，使橡胶的折射率与树脂的透明度相匹配，得到高光泽型 HIPS。影响 HIPS 产品冲击性能和光泽性能的因素很多，为了获得冲击性能与表面光泽性兼优的橡胶改性 HIPS 树脂，人们进行了大量的研究。江苏莱顿宝富[138] 开发了一种高光泽度和高冲击强度聚苯乙烯树脂组合物，原料组分的质量配比为低顺式聚丁二烯橡胶 6％～8％、白油 1％～2％、苯乙烯 90％～93％。该树脂中有两种不同粒度的聚丁二烯橡胶颗粒分散于聚苯乙烯基体中，平均粒径约 $0.2～0.8\mu m$ 和 $1.2～5.0\mu m$，易于大规模连续进行。上海赛科[139] 开发了一种高光泽高抗冲聚苯乙烯材料，该材料含有两种不同尺寸和形态的聚丁二烯橡胶，分别为粒径为 $0.8～1.0\mu m$ 的胶囊颗粒和粒径为 $1.2～4.4\mu m$ 的微孔颗粒，聚丁二烯橡胶的平均粒径为 $1.6～2.2\mu m$，胶囊颗粒和微孔颗粒的体积比在 $1:13～1:17$ 之间，聚丁二烯橡胶占聚丁二烯橡胶和聚苯乙烯总重的 6％～12.5％。此材料通过本体连续法制备，具有良好的光泽度和冲击性能，可以满足刚度、延展性以及尺寸稳定性等应用所需的关键要求。

随着消费者对产品外观要求的不断提高，未来高光泽型 HIPS 将朝着更高光泽度和更稳定的性能方向发展。通过进一步优化原材料配方和加工工艺，开发新型助剂，可以实现更高的光泽度值，并提高光泽度在不同环境条件下的稳定性。此外，还可以将高光泽性能与其他特殊性能如阻燃、抗菌、耐候等相结合，开发出多功能的高光泽型 HIPS 产品。例如，开发具有阻燃性能的高光泽型 HIPS 用于电子电器外壳制造，既能满足防火安全要求，又能提升产品外观质量。

3.4.4 耐候型 HIPS

耐候型 HIPS 在长期的自然环境中能够保持较好的物理和化学性能。它具有优异的抗氧化性能，能够抵抗空气中氧气、水分和温度变化等对材料的侵蚀，减缓材料的老化速度，延长产品的使用寿命。在紫外线照射下具有良好的稳定性，不易发生降解、变色和力学性能下降等问题。耐候型 HIPS 主要用于户外建筑材料，如户外建筑装饰板材、遮阳板、雨棚等。这些户外建筑材料长期暴露在自然环境中，需要具备良好的耐候性能，以确保在风吹日晒、雨淋雪冻等恶劣条件下，仍能保持外观和性能的稳定性。耐候型 HIPS 还用于生产汽车零部件，如汽车的保险杠、后视镜外壳、车身装饰条等，以及部分内饰件如仪表盘、座椅扶手等。耐候型 HIPS 能够满足汽车零部件对耐候性能的要求，保证汽车在不同气候条件下的正常使用和外观质量。

随着对产品使用寿命要求的提高，开发具有长效耐候性能的 HIPS 成为趋势。通过探索新型助剂和改性方法，可提高耐候型 HIPS 在长期自然环境中的稳定性，延长其使用寿命。另外，针对不同地区的特殊气候条件和环境因素，有必要开发适应性更强的耐候型 HIPS。例如，针对高温高湿地区，开发具有良好耐湿热性能的耐候型 HIPS；针对强紫外线辐射地区，开发具有更高紫外线防护能力的产品。

3.4.5 其他类型 HIPS

（1）耐热 HIPS

耐热 HIPS 是通过在配方中加入耐热改性剂等手段，提升材料的热变形温度和热稳定性。普通 HIPS 的热变形温度通常在 70~84℃，而耐热 HIPS 热变形温度可提升至 90℃以上甚至更高。在中高温环境下，耐热 HIPS 能更好地保持产品的形状和尺寸，减少因受热而产生的变形、翘曲等问题。在提升耐热性的同时，耐热 HIPS 仍能保持原本的高抗冲击性、一定的刚性和韧性等力学性能，使其在受热时也不易破裂或损坏。

耐热 HIPS 的制备方法通常有：与其他耐热聚合物共混（如聚苯醚、聚苯硫醚、聚碳酸酯）、添加耐热填料（玻璃纤维、滑石粉、碳纳米管等）、化学交联、化学接枝或共聚改性等。耐热 HIPS 广泛应用于家电、汽车、电子电器、工业部件等领域，例如用于微波炉部件、电饭煲外壳等需要耐热的部件，用于仪表板、内饰件等需要耐热和抗冲击的部件，用于打印机外壳、复印机等需要耐热和尺寸稳定性的部件，用于耐热管道、阀门等工业设备等。

（2）导电 HIPS

导电 HIPS 是一种通过添加导电填料或改性技术赋予 HIPS 导电性能的功能性材料。这些添加剂在 HIPS 基体中形成导电网络，从而使材料具备传导和耗散静电的能力。这种材料在抗静电、电磁屏蔽、传感器和电子器件等领域有广泛应用，可有效防止静电对电子元件的损害，同时也能起到电磁屏蔽的作用，减少电子设备之间的相互干扰。刘志维等[140] 以 HIPS 为基体，炭黑为导电填料，热塑性丁苯橡胶为增韧剂，制得抗静电高抗冲聚苯乙烯片材。结果表明，采用多相复合体系、低压缩比螺杆、低牵伸速度均有利于降低片材表面电阻率。

（3）抗菌 HIPS

抗菌 HIPS 具有抑制或杀灭细菌、霉菌等微生物的能力。其制备方法主要是添加抗菌剂，如有机抗菌剂（季铵盐类、双胍类等）、无机抗菌剂（银离子、锌离子等负载在载体上）。通过合理选择抗菌剂种类和添加量，并优化加工工艺，使抗菌剂均匀分散在 HIPS 基体中，赋予材料持久的抗菌性能。抗菌 HIPS 主要应用于医疗器械、食品包装、厨房用品等对卫生要求较高的领域。随着人们对健康和卫生意识的提高，抗菌型 HIPS 的市场需求将不断增加。开发高效、广谱、安全、持久的抗菌剂，以及提高抗菌剂与 HIPS 基体的相容性和稳定性是未来的发展趋势。

（4）导热 HIPS

导热 HIPS 具有较高的热导率，能够快速传递热量。通常是在 HIPS 基体中添加导热填料，如金属粉末（铝粉、铜粉等）、碳系填料（石墨、碳纳米管等）、陶瓷粉末（氧化铝、氮化硼等）。通过优化填料的种类、形状、尺寸和含量，以及采用合适的分散技术，提高填料在基体中的分散均匀性和界面结合强度，从而提高材料的导热性能。导热 HIPS 主要应用于电子电器的散热部件、LED 灯具散热外壳等。

（5）耐环境应力开裂 HIPS

耐环境应力开裂 HIPS 在受到如化学物质、机械应力、温度变化等环境因素作用时，相比普通 HIPS，更不容易出现开裂现象，能保持材料的完整性和性能稳定性。普通 HIPS 用于冰箱内衬和含油食品包装时，卤代烷与不饱和油脂能使它易于开裂，失去强度。此时，耐环境应力开裂是 HIPS 使用性能的重要指标之一。耐环境应力开裂 HIPS 常用于制造冰箱内胆、洗衣机外壳等家电部件，能承受频繁的温度变化，与洗涤剂等化学物质接触以及在一定的机械应力下，不易发生开裂；也可用于汽车仪表盘、内饰板等部件，能适应汽车内部复杂的环境，如温度变化、与车内装饰材料和清洁剂等化学物质接触，以及在车辆行驶过程中受到的振动和冲击等，减少开裂风险；还用于制造一些需要长期储存或在复杂环境下使用的包装容器，如化学品包装、户外用品包装等，能抵抗包装内容物和外界环境因素引起的应力开裂。

3.5　发展趋势

在材料科学与市场需求不断演变的当下，HIPS 需不断提升性能以巩固市场地位。企业间在技术创新、成本控制与市场份额争夺上竞争激烈，促使 HIPS 在性能提升的道路上持续迈进，以满足各领域日益增长的需求，开拓更广阔的应用空间。HIPS 的主要发展趋势如下。

（1）提高 HIPS 的力学性能

通过改进橡胶相的粒径分布、形态结构及与聚苯乙烯基体的相容性等，使橡胶粒子能更有效地吸收和耗散冲击能量。还可采用新型橡胶或对现有橡胶进行改性，如引入具有特殊官能团的橡胶，增强与聚苯乙烯的相互作用，进一步提高 HIPS 的抗冲击性能，使其能在更苛刻的使用环境中保持良好的性能。添加高性能的纤维状或片状增强材料，如碳纤维、玻璃纤维、云母片等，形成复合材料，在保持一定韧性的基础上提高拉伸强度和刚性。也可对 HIPS 的分子链结构进行设计和调控，如采用共聚、交联等方法，增加分子链间的相互作用，提高 HIPS 的拉伸强度和刚性。

（2）提高 HIPS 的热性能

引入具有高热稳定性的单体或基团进行共聚，或添加耐热性助剂，如耐热填料、热稳定剂等，提高 HIPS 的热变形温度和长期使用温度。开发新型的交联技术或采用反应性加工方法，使 HIPS 形成适度的交联结构，限制分子链的运动，从而提高耐热性。优化生产工艺，减少 HIPS 分子链中的不稳定结构和杂质，提高分子链的规整性和稳定性。添加高效的抗氧化剂、紫外线吸收剂等助剂，抑制 HIPS 在受热和光照过程中的氧化降解反应，延长材料的使用寿命。

（3）改善 HIPS 的加工性能

研发新型的加工助剂，如高效润滑剂、流动促进剂等，降低 HIPS 的熔体黏度，提高其在加工过程中的流动性，使其能更易于填充复杂的模具型腔，提高成型效率和制品质量。通过调整 HIPS 的分子量及其分布，在保证材料基本性能的前提下，使分子量分布更窄，提高熔体的流动性和加工性能。开发快速成型技术和工艺，如采用高效的加热和冷却系统、优化成型工艺参数等，缩短 HIPS 制品的成型周期，提高生产效率，降低生产成本。

（4）提高 HIPS 的耐化学腐蚀性能

通过表面处理技术，如涂覆耐腐蚀涂层、进行化学改性等，在 HIPS 表面形成一层具有良好耐化学腐蚀性能的保护膜，提高材料对酸碱、有机溶剂等化学物质的耐受性。对 HIPS 的分子结构进行设计，引入具有耐化学腐蚀性能的基团或链段，增强材料的内在耐化学腐蚀性能。

（5）改善 HIPS 的阻燃性能

开发新型的环保型阻燃剂，如无卤阻燃剂、纳米阻燃剂等，将其添加到 HIPS 中，在提高阻燃性能的同时，减少对环境和人体的危害。采用协同阻燃技术，将不同类型的阻燃剂复配使用，发挥协同阻燃效应，提高 HIPS 的阻燃效率和综合性能。

除提升 HIPS 的综合性能外，从可持续发展角度，HIPS 生产将采用更环保的工艺，降低能耗与污染物排放，同时加强回收利用技术研发，提高材料回收率，实现资源循环利用。

参考文献

[1] 李迎，于晓霞，王凤菊，王晓敏. 高抗冲聚苯乙烯专用橡胶的研究进展[J]. 化工进展，2002，21(7)：471-474.

[2] 李杨，李阳，刘宏海，洪涛，李金树，周爱霞，陈琳，李晓蕊. 高抗冲聚苯乙烯的研制：Ⅲ. 橡胶粒径分布及其对 HIPS 性能的影响[J]. 合成树脂及塑料，1997，14(3)：10-14.

[3] 于志省. 本体法高性能 ABS 树脂的研究[D]. 大连：大连理工大学，2010：42-52.

[4] 李杨，王梅，刘宏海，洪涛，李金树. 高抗冲聚苯乙烯的研制：Ⅳ. 复合胶对高抗冲聚苯乙烯产品性能的影响[J]. 合成树脂及塑料，1997，14(4)：1-5.

[5] 李杨，李阳，刘宏海，等. 高抗冲聚苯乙烯的研制：Ⅱ. 预聚合反应过程及形态结构的研究[J]. 合成树脂及塑料，1996，13(4)：6-8.

[6] 于志省，李杨，杨娟，等. 复合胶本体聚合法增韧 ABS 合成及结构与性能[J]. 大连理工大学学报，2011，51(4)：479-485.

[7] 于志省，李杨，王超先，等. ABS 增韧树脂的本体法制备和力学性能[J]. 材料研究学报，2010，24(1)：55-60.

[8] Yu Z S, Li Y, Zhan Z F, et al. Effect of rubber types on synthesis, morphology and properties of ABS resins[J]. Polymer Engineering and Science, 2009, 49(11): 2249-2256.

[9] 朱行玲. 试用国产顺丁胶生产高抗冲聚苯乙烯情况[J]. 石化技术，1996，3(1)：21-23.

[10] 李杨，王梅，王玉荣，等. 耐溶剂热稳定型抗冲击聚苯乙烯树脂及其制备方法：CN1239720[P]. 1999-12-29.

[11] 李杨，王梅，杨力，等. 高透明抗冲击聚苯乙烯树脂及其制备方法：CN1172120A[P]. 1998-02-04.

[12] Nordsiek K H. The "integral rubber" concept an approach to an ideal tire tread rubber[J]. Kautschuk, Gummi, Kunststoffe, 1985, 38(3): 178-185.

[13] 董松，傅强，李杨，等. 苯乙烯/异戊二烯/丁二烯(S/I/B)星型嵌段聚合物的研制方法[J]. 弹性体，2002，12(2)：65-70.

[14] 崔小明. 三元集成橡胶 SIBR 的制备及应用前景[J]. 上海化工，2011，36(12)：19-23.

[15] 王启飞，于国柱，梁爱民，等. 嵌段型 SIBR 的制备与性能研究[J]. 橡胶工业，2006，53(9)：534-536.

[16] 于国柱，王启飞，徐一兵，等. 一种具有低滚动阻力和高抗湿滑性能的三元共聚橡胶及其制备方法及其应用：CN200710064112. 3. 2007-02-28.

[17] 王启飞，于国柱，梁爱民，等. 嵌段型 SIBR 的制备与性能研究[J]. 橡胶工业，2006，53(9)：537-538.

[18] 田福学. 溶聚体系制备集成橡胶 SIBR 的基础研究[D]. 大连：大连理工大学，2001.

[19] 田福学，张春庆. 集成橡胶 SIBR 的合成进展[J]. 高分子材料科学与工程，2001，17(6)：19-24.

[20] 赵宝忠. 多锂体系丁二烯/异戊二烯/苯乙烯星型聚合物的研制[D]. 大连：大连理工大学，2002.

[21] 郭文俊. 基于阴离子聚合方法合成链端官能化 SIBR[D]. 大连：大连理工大学，2010.

[22] 孙强. 氢化 SIBR 阻尼性能的研究[D]. 大连：大连理工大学，2010.

[23] 王启飞. SIBR 结构与性能模试和中试的研究[D]. 大连：大连理工大学，2006.

[24] 薛林. 用于粘度指数改进剂的氢化 SIBR 的研究[D]. 大连：大连理工大学，2009.

[25] 王启飞，王妮妮，史工昌，等. BuLi/TMEDA 体系合成 SIBR. 弹性体，2005，15(5)：11-14.

[26] 张春庆. 不对称醚及 TMEDA 存在下的丁二烯、异戊二烯、苯乙烯阴离子聚合研究[D]. 大连：大连理工大学，2006.

[27] 王正胜，李杨，王玉荣，等. 氮官能化多锂引发合成星型苯乙烯-异戊二烯-丁二烯共聚物的微观结构和玻璃化转变温度[J]. 合成橡胶工业，2007，30(3)：175-178.

[28] 王正胜. 氮官能化星型集成橡胶 SIBR 共聚物的研究[D]. 大连：大连理工大学，2006.

[29] 王妮妮. 集成橡胶 SIBR 的合成及白炭黑补强体系的研究[D]. 大连：大连理工大学，2006.

[30] 任春晓. 苯乙烯-丁二烯-异戊二烯三元共聚合成 SIBR[D]. 大连：大连理工大学，2007.

[31] 张红霞. 丁二烯/异戊二烯/苯乙烯星型梳状高支化聚合物的研究[D]. 大连：大连理工大学，2009.

[32] 古文正. 丙烯腈-丁二烯-异戊二烯三元乳液共聚合的研究[D]. 大连：大连理工大学，2011.

[33] 刘昌伟. 高反式丁二烯/苯乙烯/异戊二烯共聚物的研究[D]. 大连：大连理工大学，2010.

[34] 李杨，洪定一，顾明初. 国外苯乙烯-异戊二烯-丁二烯橡胶的合成[J]. 合成橡胶工业，1998，21(1)：7-12.

[35] 王正胜，李杨，张春庆，等. 氮官能化多锂引发丁二烯/异戊二烯/苯乙烯聚合动力学[J]. 合成橡胶工业，2006，29(6)：419-423.

[36] 严自力，金关泰，王新，等. 线型无规共聚物 SIBR 的合成与表征[J]. 弹性体，2001，11(3)：12-14.

[37] 张韬毅，戴斌，韩丙勇，等. 星型苯乙烯-异戊二烯-丁二烯无规共聚物微观结构的控制[J]. 合成橡胶工业，2001，24(6)：373.

[38] 韩丙勇，杨万泰，金关泰. 阴(负)离子聚合二十年[J]. 高分子通报，2008(7)：29-34.

[39] 邹华，赵素合，张兴英，等. 星型两嵌段 SIBR 的性能[J]. 合成橡胶工业，2001，24(4)：207-210.

[40] 白振宇. 国产新型橡胶 SIBR 及 Nd-IR 的加工性能研究[D]. 青岛：青岛科技大学，2011.

[41] 于少翼. 国产新型 SIBR 的结构与性能及其在轮胎中的应用研究[D]. 青岛：青岛科技大学，2011.

[42] 于少翼，张萍，赵树高. 国产集成橡胶 SIBR 基本性能的研究[J]. 弹性体，2012，22(1)：62-66.

[43] 李杨，徐宏德，王梅，等. 丁二烯、苯乙烯星型嵌段共聚物及其制备方法：CN1350011A[P]. 2002-05-22.

[44] 李杨，王梅，徐宏德，等. 丁二烯、异戊二烯、苯乙烯星型嵌段共聚物及其制备方法：CN1350012A[P]. 2002-05-22.

[45] 李杨，徐宏德，洪定一，顾明初. 共轭二烯烃、苯乙烯星型嵌段共聚物及其制备方法：CN1350013A[P]. 2002-05-22.

[46] 李杨，吕占霞，徐宏德，等. 苯乙烯、共轭二烯烃星型嵌段共聚物及其制备方法：CN1350014A[P]. 2002-05-22.

[47] 李杨，徐宏德，吕占霞，等. 异戊二烯、丁二烯、苯乙烯星型嵌段共聚物及其制备方法：CN1350015A[P]. 2002-05-22.

[48] 张玉，张春庆，李杨，等. 苯乙烯-异戊二烯-丁二烯三元乳液共聚合反应研究[P]. 弹性体，2010，20(5)：15-19.

[49] 李杨，张春庆，张玉，等. 乳聚苯乙烯-异戊二烯-丁二烯三元乳液共聚物及其制备方法：CN 101463110A[P]. 2009-06-24.

[50] 李杨，王健，吕占霞，赵锦波，杨力，周爱霞，于国柱. 超高抗冲击强度聚苯乙烯树脂及其制备方法：CN1609126A[P]. 2005-4-27.

[51] 杨娟，王健，刘澄. SIBR 增韧 PS 的微观结构[J]. 合成树脂及塑料，2005，22(3)：58-61.

[52] 王健，李杨，于国柱，吴一弦. 集成橡胶增韧 PS[J]. 合成树脂及塑料，2009，26(3)：42-43.

[53] 杜晓旭. 本体法 SIBR 增韧苯乙烯系列树脂的研究[D]. 大连：大连理工大学，2009.

[54] 杜晓旭，李杨，李战胜，等. 苯乙烯-异戊二烯-丁二烯橡胶接枝苯乙烯聚合动力学[J]. 合成橡胶工业，2010，33

（4）：276-280.

[55] 于志省，杜晓旭，李杨. SIBR 增韧本体法 ABS 树脂的合成与性能——结构与性能及断裂机理[J]. 高分子学报，2012，（4）：433-439.

[56] 于志省. 本体法高性能 ABS 树脂的研究[D]. 大连：大连理工大学，2010：3-10.

[57] 古忠云，马玉珍，雷卫华. 硅橡胶/聚苯乙烯共混初探[J]. 特种橡胶制品，2001，22(6)：32-34.

[58] 张保卫，孙锡龙. 胶粉/聚苯乙烯共混物的性能研究[J]. 橡胶工业，2003，50(9)：529-531.

[59] 唐卫华，唐键，金日光. 茂金属聚苯弹性体增韧改性聚苯乙烯的研究[J]. 塑料工业，2002，30(1)：15-17.

[60] 王成云，龚丽雯. 聚苯乙烯纳米塑料研究进展[J]. 广东化工，2002(3)：2-5.

[61] Shang S W，Williams J W，Soderholm K J M. How work of adhension affects the mechanical properties of filled polymer composites[J]. Journal of Materials，1994(29)：2406-2416.

[62] 胡圣飞. 纳米级 CaCO$_3$ 粒子对 PVC 增韧增强研究[J]. 中国塑料，1999，13(6)：25-28.

[63] 姚臻，李伯耿，曹堃，潘祖仁. 高抗冲聚苯乙烯的合成机理与结构、性能[J]. 化工生产与技术，1997，(3)：20-26.

[64] Manaresi P，Passalacqua V，Pilati F. Kinetics of graft polymerization of styrene on *cis*-1，4-polybutadiene[J]. Polymer，1975，16(7)：520-526.

[65] 武斌. 高抗冲聚苯乙烯中的橡胶颗粒尺寸控制[J]. 塑料科技，2002，(5)：43-44.

[66] Freeguard G F. Structural control of rubber modified thermoplastic as produced by the mass process[J]. British Polymer Journal，1974，6(4)：205-228.

[67] 高文彬，乔庆东. 高抗冲聚苯乙烯改性的发展趋势[J]. 辽宁化工，2004，33(12)：706-708.

[68] 钱德基. 国外高抗冲聚苯乙烯两种工艺介绍[J]. 燕山油化，1981(3)：170-175.

[69] 黄秀云，朱文炫，叶锦镛. 高温法合成高抗冲聚苯乙烯[J]. 石油化工，1982，11(4)：280-282.

[70] 李杨，李阳，刘宏海，李金树，周爱霞，陈琳，张淑芬. 高抗冲聚苯乙烯的研制：Ⅱ. 预聚合反应过程及形态结构的研究[J]. 合成树脂及塑料，1996，13(4)：8-10.

[71] 王靖. 聚丁二烯橡胶改性高抗冲聚苯乙烯的性能研究[J]. 精细化工中间体，2002，32(2)：41-42.

[72] 曾芳勇，苏彬. 合成树脂及塑料[J]. 2019，36(01)：48-53.

[73] 杨昌辉. 橡胶工业[J]. 2020，67(08)：620-624.

[74] 郭秀春. HIPS 连续本体聚合工艺述评[J]. 合成树脂及塑料，1988(2)：37-41.

[75] Vincent P L. Impact tests and service performance of thermoplatics[J]. The Plastics Institute，1971.

[76] Merz E H，Glaver G C，Baer M. Studies on heterogeneous polymeric systems[J]. Journal of Polymer Science，1956，22(101)：325-341.

[77] Bucknall C，Smith R R. Stress-whitening in high-impact polystyrenes[J]. Polymer，1965，6(8)：437-446.

[78] Newman S，Strella S. Stress-strain behavior of rubber-reinforced glassy polymers[J]. Journal of Applied Polymer Science，1965，9(6)：2297-2310.

[79] Bucknall C B，Clayton D，Keast W E. Rubber-toughening of plastics[J]. Journal of Materials Science，1972，7(12)：1443-1453.

[80] Haward R N，Bucknall C B. The provision of toughness in one and two phase polymers[J]. Pure and Applied Chemistry，1976，46(2-4)：227-238.

[81] Wu S. Phase structure and adhesion in polymer blends：A criterion for rubber toughening[J]. Polymer，1985，26(12)：1855-1863.

[82] Wu S. A generalized criterion for rubber toughening：The critical matrix ligament thickness[J]. Jouranl of Applied Polymer Science，1988，35(2)：549-561.

[83] Pearson R A，Yee A F. Toughening mechanism in elastomer-modified epoxies[J]. Journal of Materials Science，1986，21(7)：2475-2488.

[84] Kurauchi T，Ohta T. Energy absorption in blends of polycarbonate with ABS and SAN[J]. Journal of Materials Science，1984，19(5)：1699-1709.

[85] 李东明，漆宗能. 非弹性体增韧——聚合物增韧的新途径[J]. 高分子通报，1989(3)：32-38.

[86] 裘怿明，吴其晔，赵永芸，王鹏. PS、SAN 和 AAS 对 PVC/ABS 体系增韧改性的研究[J]. 塑料工业，1992(6)：43-

46.

[87] 谢尔斯 J，普利迪 DB 编. 现代苯乙烯系聚合物[J]. 高明智，李昌秀，王军，等译. 北京：化学工业出版社，2004.

[88] 王健，李杨，于国柱，等. 集成橡胶增韧 PS[J]. 合成树脂及塑料，2009，26(3)：43-44.

[89] 李杨，王健，吕占霞，等. 超高抗冲击强度聚苯乙烯树脂及其制备方法：CN1609126A[P]. 2005-4-27.

[90] 孙伯平，赵伟，张振亮. 高抗冲聚苯乙烯的合成[J]. 炼油与化工，2004，15(2)：42.

[91] 张玉冰，高照明，徐庆强，徐兵. 多次注塑 HIPS 的力学性能与化学结构的关联性研究[J]. 中国塑料，2010，24(1)：85-93.

[92] 阎铁良. HIPS 生产工艺及其专用橡胶简评[J]. 合成橡胶工业，1995，18(3)：132-134.

[93] 徐建平. HIPS/LLDPE 中 DCP 与 SBS 的协同作用及其共混物性能[J]. 工程塑料应用，2002：30(3)：6-8.

[94] Ying Gao, Hongliang Huang, Zhanhai Yao, et al. Morphology, structure, and properties of Insitu compatibilized linear low-density polyethylene/polystyrene and linear low-density polyethylene/high-impact polystyrene blends[J]. Journal of Polymer Science. Part B. Polymer Physics, 2003, 41(15): 1837-1849.

[95] Pospisil J, Fortelny I, Michalkova D, et al. Mechanism of reactive compatibilisation of a blend of recycled LDPE/HIPS using an EPDM/SB/aromatic diamine coadditive system[J]. Polymer Degradation and Stability, 2005, 90(2): 244-249.

[96] Asira Chirawithayaboon, Suda Kiatkamjornwong. Compatibilization of high-impact polystyrene/high-density poly-ethylene blends by styrene/ethylene-butylene/styrene block copolymer[J]. Journal of Applied Polymer Science, 2004, 91(2): 742-755.

[97] 徐建平，刘春林，承民联. HIPS/HDPE 制备工艺对共混物机械性能的影响[J]. 江苏工业学院学报，2005，17(2)：16-19.

[98] Horák Z, Foĭt V, Hlavatá D, Lednický F, Večerka F. Compatibilization of high-impact polystyrene/polypropylene blends[J]. Polymer, 1996, 37(1): 65-73.

[99] Ruth M, Campomanes Santana, Sati Manrich. Morphology and mechanical properties of polypropylene/high-impact polystyrene blends from postconsumer plastic waste[J]. Journal of Applied Polymer Science, 2003, 88(13): 2861-2867.

[100] 刘万军，杨军，刘景江. HIPS/PP 反应共混物的热性能研究[J]. 高分子材料科学与工程，1998，15(2)：90-93.

[101] Duarte F M, Botelho G, Machado A V. Photo-degradability of ketone modified PS/HIPS blends[J]. Polymer Testing, 2006, 25(1): 91-97.

[102] 杨军，刘景江. 用 SBS 或 SBR 或 BR 改进 HIPS 的冲击性能[J]. 合成橡胶工业，1995，18(4)：226-228.

[103] Jelcic Z, Holjevac-Grguric T, Rek V. Mechanical properties and fractal morphology of high-impact polystyrene/poly(styrene-b-butadiene-b-styrene)blends[J]. Polymer Degradation and Stability, 2005, 90(2): 295-302.

[104] 丁圣宏，潘正云. HIPS/SBS 共混改性的研究[J]. 塑料科技，1995(6)：9-11.

[105] Dong W F, Chen G X, Zhang W X. Radiation effects on the immiscible polymer blend of nylon 1010and high-impact strength polystyrene. (Ⅱ) Mechanical properties and morphology[J]. Radiation Physics and Chemistry, 2001, 60(6): 629-635.

[106] 王国全. 聚合物共混改性原理与应用[M]. 北京：中国轻工业出版社，2007.

[107] 郭建兵，薛彬，秦舒浩，等. HIPS/PPO 共混物拉伸和冲击断裂面的电镜观察[J]. 化学推进剂与高分子材料，2008，6(3)：50-52.

[108] 申晓燕. 耐环境应力开裂型聚苯乙烯的研究[J]. 石化技术，2024，31(7)：17-19.

[109] 常雪松，王海燕，韩冲，等. 冰箱抗菌高抗冲聚苯乙烯内胆材料的研究[J]. 家电科技，2023，(2)：82-85.

[110] 林士文，何超雄，黄宝奎，等. 新型环保阻燃剂阻燃 HIPS 及其机理研究[J]. 广东化工，2023，50(3)：36-38.

[111] 冯明晖. 高抗冲聚苯乙烯基导热绝缘复合材料的制备及其性能[D]. 广州：广东工业大学，2019.

[112] 康瑜. 纳米 TiO₂ 在高抗冲聚苯乙烯塑料改性中的应用研究[D]. 青岛：中国石油大学(华东)，2019.

[113] 苏彬. 高光泽高抗冲聚苯乙烯的开发研究[J]. 石化技术，2018，25(7)：327-330.

[114] 宫岩，张玮，谭兵，等. 碳酸钙对 HIPS 耐候性能的影响[J]. 当代化工研究，2018(3)：53-54.

[115] 霍耀楠，任媛媛，黄玲. 耐腐蚀高光 HIPS 在冰箱中的研究与应用[C]//2016 年中国家用电器技术大会. 浙江宁

波，2016.

[116] 高岩磊，刘占荣，张雪红，等. 阻燃型 HIPS 基材料的制备及阻燃机理研究[J]. 化工新型材料，2016，44(4)：167-169.

[117] 燕丰. Fina 技术公司开发出具有高光泽和高抗冲强度聚苯乙烯[J]. 橡塑技术与装备，2015，41(6)：48.

[118] 肖琳琳，赵启辉. 冰箱用 HIPS 材料耐发泡剂环境应力开裂性能评价[C]// 2015 年中国家用电器技术大会. 安徽合肥，2015.

[119] 斯维. 高抗冲聚苯乙烯耐环境应力开裂性能的研究[J]. 橡塑资源利用，2014(4)：15-19.

[120] 刘建中，叶南飚，李影，等. 溴系阻燃剂对阻燃 HIPS 耐候性能的影响[J]. 合成材料老化与应用，2014，43(4)：13-14.

[121] 金丽晓，张璐，杨喜棠. 高光泽高抗冲聚苯乙烯的结构与性能[J]. 合成树脂及塑料，2013，30(1)：72-75.

[122] 沈若冰. 无卤阻燃耐候 HIPS 树脂的研制[J]. 塑料工业，2010，38(11)：72-75.

[123] 代新英，曲敏杰，李鬼，等. 高抗冲聚苯乙烯共混改性研究新进展[J]. 塑料科技，2009，37(6)：77-81.

[124] 曹建军，郭刚，黄婉霞，等. 纳米 TiO_2/高抗冲聚苯乙烯耐候型复合材料研究[J]. 化学工程，2007(2)：60-63.

[125] 程丝，闻荻江. 高抗冲聚苯乙烯/炭黑导电复合材料 PTC 效应的研究[J]. 江苏化工，2005(4)：37-41.

[126] 李连春，李光吉，陈连清，赵建青. 抗菌型高抗冲聚苯乙烯的制备[J]. 塑料工业，2005(8)：64-67.

[127] 程丝. 两相不相容聚合物 HIPS/EVA 与 CB 复合材料导电性能的研究[D]. 苏州：苏州大学，2005.

[128] 高文彬，乔庆东. 高抗冲聚苯乙烯改性的发展趋势[J]. 辽宁化工，2004，(12)：706-708.

[129] 肖望东. 阻燃 HIPS 及其耐候性的研究[J]. 工程塑料应用，2003，(7)：5-7.

[130] 薄文海. 三(三溴新戊醇基)磷酸酯阻燃剂在阻燃 HIPS 中的应用[J]. 塑料科技，2007，35(12)：58-61.

[131] 郭福全，谢富春，余东升，李行，刘继纯. MgO-微胶囊红磷/高抗冲聚苯乙烯复合材料的阻燃性能[J]. 复合材料学报，2018，35(9)：2424-2433.

[132] 郭迎宾，李行，钟安阳，吴赛，刘继纯. 几种含磷阻燃剂对高抗冲聚苯乙烯/氢氧化镁复合材料燃烧性能的影响[J]. 塑料科技，2018，46(6)：118-122.

[133] Liu J, Li H, Chang H, He Y, Xu A, Pan B. Structure and thermal property of intumescent char produced by flame-retardant high-impact polystyrene/expandable graphite/microencapsulated red phosphorus composite[J]. Fire and Materials, 2019, 43: 971-980.

[134] 郭军红，许芬，郭永亮，等. $Al(OH)_3$-磷杂化聚合物/聚苯乙烯复合材料的协同阻燃效应[J]. 材料导报，2018，32(14)：2497-2502+2512.

[135] 栗娟，程猛，朱涛，等. 无卤阻燃 PMSQ/HIPS 复合材料的制备及性能研究[J]. 现代塑料加工应用，2018，30(4)：6-8.

[136] Ma Y, Ma P, Ma Y, Xu D, Wang P, Yang R. Synergistic effect of multiwalled carbon nanotubes and an intumescent flame retardant: Toward an ideal electromagnetic interference shielding material with excellent flame retardancy[J]. J Appl Polym Sci, 134: 45088.

[137] 郝春波，肖大君，刘全中，等. 高流动抗冲聚苯乙烯制备及性能研究[J]. 中国塑料，2023，37(2)：1-6.

[138] 居汉坤，周伟峰，曹克平. 一种高光泽度和高冲击强度聚苯乙烯树脂组合物及其制备方法：CN201210416526.9[P]. 2024-07-02.

[139] 申晓燕，仲华，王建龙，练人夫，王涛，明健，窦碗仇，黄翔. 高光泽高抗冲聚苯乙烯材料及其制备方法：CN201911142449.0[P]. 2024-07-02.

[140] 刘志维，苑会林. 抗静电高抗冲聚苯乙烯片材的研究[J]. 塑料工业，2009，37(8)：41-44.

第 4 章
发泡聚苯乙烯

4.1 概况

最早的发泡聚苯乙烯（简称 EPS）概念源自瑞典发明人 C. G. Munters 和 J. G. Tandberg，他们在 1931 年 8 月 21 日申请"发泡聚苯乙烯"的专利。在 1941 年，Dow 化学公司开始研发发泡聚苯乙烯商业化工艺。在产品开发的早期阶段，Dow 化学公司也进行了工艺方面的改进。生产发泡聚苯乙烯的第一个连续基础工艺在 20 世纪 40 年代末到 50 年代研制成功，它是现代聚苯乙烯挤出生产工艺的基础。另外一些苯乙烯聚合物泡沫在 20 世纪 50 年代中期到 60 年代早期研制，如注塑发泡聚苯乙烯、挤出聚苯乙烯泡沫片材和发泡聚苯乙烯疏松填充包装材料。

直到 20 世纪 40 年代初，发泡聚苯乙烯才开始商业化生产。1942 年，Dow 化学公司开始研究利用低沸点的含氯烃（二氯甲烷）做发泡剂生产发泡聚苯乙烯的基础工艺。产品被挤出形成大的发泡圆柱，然后被切割成板材。1943 年，这种材料被命名为 Styrofoam™，并很快作为一种浮性介质和绝缘材料被美国海岸警卫队和美国海军所使用。

BASF 公司在 20 世纪 40 年代初发明了自己的发泡聚苯乙烯生产工艺。由这种工艺生产的发泡聚苯乙烯具有出色的低密度和绝热性能。后来这种工艺被经过改进的、能生产发泡聚苯乙烯珠粒的悬浮聚合工艺所替代。发泡剂可以在苯乙烯聚合过程中加入，也可以在后面的加压和加热条件下的分离浸渍阶段加入。1953 年，美国和联邦德国开发了用戊烷浸渍 PS 珠粒制 EPS 的技术，使得制备工艺进一步提高，成为现今生产工艺的基础。我国的 EPS 制造集中在东莞新长桥塑料有限公司、无锡兴达泡塑新材料股份有限公司、江苏嘉盛新材料有限公司、江苏利士德化工有限公司、台达化工（中山）有限公司等几大公司。

EPS 泡沫由于具有优异持久的保温隔热性、独特的缓冲抗震性、抗老化性和防水性，在日常生活、农业、交通运输业、军事工业、航天工业等方面都得到了广泛的应用，特别是在建筑、包装、电子电气产品、船舶、车辆和飞机制造等领域受到了极大的青睐。如电视机、电冰箱、洗衣机、空调机、制冷系统等家用电器，电子仪表、精密仪器、玻璃器皿、陶瓷制品、美术工艺等民用轻工产品，海水养殖用鱼排、海产品冷冻、蔬菜保鲜、保温箱、冷库、冷藏车、铁路、市政建设等都离不开 EPS 泡沫板材及包装制品。EPS 泡沫还被大量用作装饰装潢材料、影视场景布置、人物造型、海洋救生衣和浮标等。特别是大型泡沫板材的市场需求量很大，作为彩钢夹芯板、钢丝（板）网架轻质复合板、墙体外贴板、屋面保温板以及地热用板等，它更广泛地被应用在房屋建筑领域，用作保温、隔热、防水和地面的防潮材料等。苯乙烯泡沫塑料板材作外墙外保温和屋面保温层，可实现建筑节能。因此 EPS 泡沫在建筑保温隔热材料方面存在着巨大的增长潜力，并拥有广阔的发展前景。

近年来，数十万吨的 EPS 用于商品包装，有些包装用后即扔，造成了很严重的 EPS 环保问题，但随着国家环境保护政策与措施的深入民心，人们的环境保护意识逐渐增强，"白色污染"源头得以根治，EPS 回收带来了巨大的经济效益、社会效益和环保效益。

4.2 制备方法

4.2.1 悬浮聚合机理

4.2.1.1 概况

悬浮聚合是单体以小液滴悬浮在水中进行聚合，是一种重要的聚合物合成方法。悬浮聚合体系一般由单体、油溶性引发剂、水、分散剂四个基本组分构成。此法是以水为分散介质或连续相，而单体液滴和聚合物颗粒为分散相，通过搅拌，单体在水中形成悬浮油珠，加入的引发剂在反应温度下分解出初级自由基从而引发聚合反应。开始生成的聚合物溶解在单体液滴中，使液滴的黏度增大，当溶解了聚合物的、黏度增大的小液滴相互碰撞时，很容易黏成大液滴，而在搅拌剪切力的作用下，大液滴又会分解成小液滴。这样就形成了大液滴和小液滴的平衡态。在适宜温度下反应数小时后便可得到产品。悬浮聚合产物的粒径为 0.01～5mm，一般为 0.05～2mm，受搅拌强度、分散剂性质和用量等工艺条件控制。悬浮聚合结束后，回收未聚合的单体，聚合物经洗涤、分离、干燥，即得粒状或粉状树脂产品。悬浮均相聚合产品可制得透明珠体，如聚苯乙烯，早期曾称作珠状聚合。悬浮沉淀聚合产品则呈不透明粉状，如聚氯乙烯，可以称为粉状悬浮聚合，但是这一名称应用得不很普遍。

悬浮聚合有下列优点。

① 体系黏度低，传热和温度容易控制，产品分子量和分子量分布比较稳定。

② 产品分子量比溶液聚合高，杂质含量比乳液聚合低。

③ 后处理工序比乳液聚合和溶液聚合简单，生产成本也低，颗粒树脂可直接成型。

悬浮聚合的主要缺点是产物中带有少量分散剂残留物，要产生透明和绝缘性能好的产品，须将残留物除净。

发泡聚苯乙烯（EPS）的悬浮聚合按照步骤主要有"一步法"和"两步法"。"一步法"是指将苯乙烯单体、油溶性引发剂、分散剂、发泡剂及其他助剂一起加入反应釜中，经过一定的聚合工艺，得到 EPS 颗粒的方法。"两步法"是指在聚合过程中不加发泡剂，得到聚苯乙烯颗粒后，将聚苯乙烯颗粒置于发泡剂戊烷中浸渍一定的时间得到发泡聚苯乙烯颗粒的方法。两步法由于一次性投入小而受到一些中小型企业的青睐，而大型企业更倾向于自动化生产能力强的一步法生产工艺。

4.2.1.2 发展过程

悬浮聚合的发展具有悠久的历史。早在 1910 年，就曾参照天然胶乳，希望在水介质中聚合。1931 年曾将丙烯酸类单体在水中搅拌，分散成液滴悬浮液，进行聚合。粒度与搅拌强度有关。但到一定阶段，部分聚合的粒子有黏结成块的倾向。因此，这一早期方法未能成功。第一个工业化成功的珠状悬浮聚合物是聚氯代乙酸乙烯，它是透明粒子，直径0.5～1.0mm，能溶于溶剂，可做涂料使用。聚合在电解质水溶液中进行，以减少单体在水中的溶解度。另加少量皂类乳化剂作为分散剂，但其用量较少，还不足以形成胶束或乳胶粒，已属悬浮聚合的范畴。这一体系已初具悬浮聚合的雏形，虽然在商业上并未广泛应用，但为悬浮聚合的发展打开了思路。

分散剂的使用，可以防止聚合过程中聚合物粒子的黏结，使悬浮聚合在技术和应用上取得了重大的进展，20 世纪 30 年代应用水溶性高分子做分散剂，20 世纪 40 年代初期开始用无机粉末，均获得成功。以后一段时期分散剂的开发和使用成为悬浮聚合中的重要课题，大量文献和专利介绍了水溶性保护胶体和不溶性无机粉末用作分散剂的情况。

4.2.1.3　悬浮成粒机理

典型的悬浮聚合体系，是在湍流搅拌与分散剂的作用下，含有油溶性引发剂的一种或多种单体，在水中形成分散与聚并动态平衡的体系。当聚合开始后，随转化率增加，分散相黏度增大，当分散相黏度达到临界值 μ_{d1} 时，液滴分散速度趋近于 0，液滴只发生聚并，粒径急剧增大；当转化率继续升高，分散相黏度达到另一临界值 μ_{d2} 时，粒子近似于固体颗粒，粒子聚并速度趋近于 0，聚并不发生，粒径不变，粒子处于恒定期。此后，粒子恒定，聚合在粒子内部进行。

在反应过程中存在两个特征转化率：苯乙烯最大聚并转化率（30％～50％），此时粒径增长速度达到最大；苯乙烯恒定转化率（60％～80％），此时粒子处在恒定期。这两个值只与单体和聚合物有关，与其他条件无关，而粒子增长速度和最终粒子大小及粒径分布则不仅与单体有关，还受到操作条件和配方的影响，与动力学无关。这种成粒过程可以分成下述具有各自特征的三个阶段。

(1) 液液分散期

这是单体于水中在搅拌作用下液液湍流稳定分散的过程。进行搅拌时，在剪切力作用下，单体液层将分散成液滴。大液滴受力还会变形，继续分散成小液滴，但单体和水两液体间存在着一定的界面张力，界面张力将使液滴力图保持球形。过小的液滴还会聚集成较大的液滴。搅拌剪切力和界面张力对成滴作用影响方向相反，在一定搅拌强度和界面张力下，大小不等的液滴通过一系列分散和合一过程，构成一定动平衡，最后达到一定的平均细度，但大小仍有一定的分布，因为反应器内部各部分受到的搅拌强度是不均一的，液滴大小不一。搅拌停止后单体聚并，与水分层，因此单靠搅拌形成液液分散是不稳定的。

(2) 粒子增长期

分散相黏度增加，导致粒子增长，直至"恒粒点"的分散-聚并动态非平衡过程。聚合到一定程度后，如有 20％的转化率，单体液滴中溶有或溶胀有一定量的聚合物，就变得发黏起来。这个阶段，两液滴碰撞时，很难弹开，往往黏结在一起，搅拌反而促进黏结，最后会结成一整块。因此体系中须加有一定量的分散剂，以便在液滴表面形成一层保护膜，防止结块。加分散剂的悬浮聚合体系，当转化率提高到 20％～70％，液滴进入发黏阶段，如果停止搅拌，仍有黏结成块的危险。

（3）粒子恒定期

聚合在粒子内部进行的固-液悬浮分散过程。当转化率较高，如 $60\% \sim 70\%$ 甚至更高时，液滴已转变为固体粒子，就没有黏结成块的危险。

4.2.1.4 影响因素

（1）水质

EPS 悬浮聚合时，水质对体系影响很大。如在水相中，由于电子转移，Fe^{3+} 对体系有明显的阻聚作用，故一般铁质含量应该小于 $2mg/kg$。

$$R\cdot + FeCl_3 \longrightarrow RCl + FeCl_2$$

同时水质过硬则影响电绝缘性和热稳定性；水中氯过高易使产品珠粒变大，影响形状。所以，工业生产中一般使用软水。另外氧能与自由基加成，形成过氧自由基：

$$-M_z\cdot + O_2 \longrightarrow -M_z-O-O\cdot$$

而过氧自由基能发生双基终止，也能与单体共聚，共聚物分子量很低，因而氧也具有阻聚作用。在聚合时，聚合体系中的空气必须用氮气排净。

（2）分散剂

随着悬浮聚合技术的发展，综合考虑到保护/隔离和降低界面张力/提高分散效果的双重作用，工业上现在多采用复合分散体系，有时还添加少量离子表面活性剂（如十二烷基硫酸钠、十二烷基苯磺酸钠等）。复合分散剂是由有机分散剂与无机分散剂搭配而成。单纯使用有机分散剂缺点是粘釜严重；单纯使用无机分散剂粘釜减轻，但用量较多，后处理困难，且可能使粒子发雾。采用复合分散体系，可以取长补短。表面活性剂的添加，一方面降低了分散体系界面张力，使单体在搅拌作用下更易分散成液滴，需更多无机粉末起保护作用；另一方面，表面活性剂吸附于粉末上改变了无机粉末界面特性，增强了粉末亲油性，从而增加了单体对粉末的吸附量，提高了粉末利用率；如果亲油性增强足以弥补界面张力下降所需粉末量，则聚合过程趋于稳定；反之失稳，因此，表面活性剂的添加不一定有利于稳定。

O'shima. Eiji 发现悬浮聚合苯乙烯的稳定性和所用的固体粉末分散剂与苯乙烯液滴之间的接触角有很大的关系。只有当接触角大于 $50°$ 时所用的分散剂才有效，如 NiO、CaCO$_3$、CoO、Al(OH)$_3$ 和 ZnS 等，而接触角小于 $50°$ 的高岭土和炭黑粉末则会使其悬浮体系不稳定。

在苯乙烯的悬浮聚合中，无机分散剂羟基磷酸钙（又称活性磷酸钙）的应用越来越多。羟基磷酸钙粒度越细活性越高，则树脂质量越好。活性磷酸钙配合之后要陈化 $6 \sim 8h$ 才可以使用。工艺上可以用半沉降周期 $t_{1/2}$ 来评价分散剂的细度或分散液的稳定性。所谓半沉降周期是将分散液倒入 $100mL$ 量筒内，静置，观察清液-混浊液界面下移情况，清液界面降到 $50mL$ 刻度的时间即为 $t_{1/2}$。半沉降周期越长，表明分散液越稳定，粒子越小。浙江大学何光伟指出活性磷酸钙 θ 角大于 $40°$ 时分散性能较好，$Ca/P > 1.6$，分散性较差。冯连芳对采用 HAP 做分散剂的悬浮聚合进行了大量研究，实验发现十二烷基苯磺酸钠（SDBS）的添加，极大地改变了苯乙烯（St）对 HAP 的吸附特性，使分散层液滴更细小、更均匀、更稳定。

分散剂浓度越低，液滴越早增长，且增长速度越高，恒粒径越大。方仕江、潘仁云研究了分批次加入分散剂对于悬浮聚合的影响，在一定分散剂用量下，分批加入将减少初始分散剂用量。因此初始分散液滴具有较高的合一频率，由单峰分布迅速演变为双峰分布。其中小液滴群因为合一而使群峰不断降低，较大液滴群随合一形成更大直径的液滴群。在合一控制段加入分散剂时，小液滴群有足够的合一机会导致小液滴群峰趋于消失。因而液滴又发展成单峰分布，并因合一进一步向更大液滴方向迁移。这种分散剂分批加入制备较窄分布的聚合物珠粒的方法，既可使反应初期较小液滴合一增长，又可抑制后期较大液滴的合一，从而制取大小合适和分布均一的聚合物珠粒。

（3）搅拌速度

一般情况下，搅拌速度增加，粒径减小；但是，搅拌速度也存在一个临界值，搅拌速度过快，会增加油珠间相互碰撞的概率，易发生破膜、并粒，使大粒子增多，小粒子减少。悬浮聚合中当搅拌速度达到一定值时，物料会产生强烈的涡流（靠轴部分形成旋涡），物料粒子会产生严重黏结，此时的速度称为"临界速度"或者"危险速度"，釜最高搅拌速度应比相应的临界速度值低。当选用的悬浮剂具有良好分散能力和保护作用时，只需保证单体均匀分散和翻动，宜用适当低速，方可减少结块，并使粒度均匀。

斜桨和平桨能产生径向流动，且有一定的剪切作用，制造也方便，常用于中小型悬浮聚合釜；与平桨相比，斜桨除能产生径向流动外，还可以制造一定轴向流动，效果更好。径向流桨叶所产生径向液流只有遇到釜壁或者挡板之后才改变方向，向上或者向下运动形成轴向循环，因此在悬浮聚合中，径向流桨叶要与挡板配合。属于径向流桨叶的除平桨外，还有圆盘透平桨和弯叶桨。当聚合釜长径比较大时，可设多层搅拌叶，否则在远离搅拌液区域，物料处于滞留态，混合和分散效果差。桨叶间距离 L 与釜内径 D 之比 L/D 可取 $0.5 \sim 1.0$。如果两层桨叶间相距太远，则会出现搅拌作用弱区，分散液滴在此易合并，但若相距太近，则相邻桨叶循环流动相互干扰，激烈冲撞，对产物树脂颗粒特性也产生影响。目前，大型悬浮釜大多用三叶后掠式桨叶，此搅拌器有三片弯曲桨叶，叶片上翘，与旋转平面呈一定夹角，这种搅拌有较好分散能力，且加强了轴向流动，由于设计合理，搅拌时不产生不必要的涡流。

（4）反应温度

在聚苯乙烯悬浮聚合时，温度控制尤为重要。悬浮剂及其助剂应该在常温下加入；引发剂在 65℃ 加入，升温至反应温度，直至 PS 珠粒出现且硬化，再加入发泡剂升温至 120℃ 反应一段时间即可冷却至 50℃ 出料。

（5）原料纯度

苯乙烯是生产 EPS 的单体。国外生产 EPS 所用的苯乙烯纯度＞99.7%；聚合物含量＜10mg/kg；阻聚剂＜15mg/kg；总的芳烃杂质＜5%。但是苯乙烯生产工艺不同，其中的杂质也不一样。如采用乙基苯脱氢法，生产的苯乙烯中就不可避免地含有苯乙炔；而采用乙基苯氧化法就不会有苯乙炔。苯乙烯生产商技术水平及质量控制水平不同也会导致杂质含量的差异。

在苯乙烯悬浮聚合中，苯乙烯中杂质甲基苯乙烯对聚苯乙烯的粒径几乎没有影响，但随着杂质苯乙炔及聚合物含量的增加，聚苯乙烯的粒径会增大。

（6）油水比

油水比增加，反应初期液滴增长快，速度峰值点向高转化率移动，平均粒径变大；油水比是指投料时单体与水的质量比。油水比大有利于单体的分散和传热，反应易于控制，但会影响釜设备的利用率；油水比小，则聚合体系的固相含量增加，油珠碰撞概率增大，严重时会引起并珠和爆聚、结块等现象。油水比一般控制在 1.4～2.0 的范围内。也可在生产过程中根据粒子的形成情况，在反应的中、后期向釜内间歇或连续地注入温水，使反应平稳，易于控制。

4.2.2 原辅材料

4.2.2.1 分散剂

在悬浮聚合中，为了避免液滴间的聚并，体系中常加有分散剂或者稳定剂。按传统习惯，分散剂可分为水溶性有机高分子和非水溶性无机粉末两大类。

非水溶性无机粉末：一般用量为单体的 0.1%～0.5%，主要采用碳酸镁、硫酸钡及磷酸钙等。无机粉末的分散作用主要是在悬浮过程中吸附在液滴表面，起机械隔离作用，形成液滴表面的保护层，无机粉末能耐较高的聚合温度，但用量较大会给后处理带来困难。

水溶性有机高分子：一般用量为单体的 0.05%～0.2%，早期主要采用明胶、淀粉等天然高分子，以后逐渐被天然高分子衍生物和合成高分子取代。目前纤维素醚类、聚乙烯醇、马来酸酐与苯乙烯或乙酸乙烯交替共聚物、丙烯酸共聚物等常用作分散剂。有机高分子化合物分散剂的特点是：可以调节悬浮体系中水溶液的黏度，从而降低水的表面张力，以此来增加苯乙烯液滴相互碰撞的阻力，此外它们还可吸附在单体液滴表面形成一层胶体保护膜。但也容易与单体在表面进行接枝聚合，产生絮状物。

非水溶性无机分散剂的作用是形成不溶于水的保护膜，以微粒形式吸附于油滴表面起机械隔离作用，但其稳定性有限，单独使用效果不佳，需与一些表面活性剂配合使用；有机分散剂的作用是在油滴外表形成强度较高的有机膜保护层以防止油滴合并，同时提高水相黏度以增加油滴运动阻力，降低发黏小油滴的碰撞次数和碰撞能量，近而降低小油滴的碰撞黏合概率，但其易与 PS 表面发生接枝反应，并导致 PS 珠粒表面起雾。如能将二者的优势结合，并避开其各自的不利之处，则会得到较好的效果。综合考虑保护胶粒、物理机械隔离、降低界面张力等能力，通常采用有机/无机多种分散剂复合分散体系。窦家林、韩冰和李杨等对 HEC/TCP 复合分散体系做了系统的研究，发现当分散剂总量占单体质量的 0.24% 且 TCP 与 HEC 的质量比为 1:1 时制备得到的 PS 粒径分布最集中。韩冰、李杨等为提高 PS 有用粒径含量，提出了 HAP/HEC/无机盐类助悬浮剂/SDBS 四元复合分散体系，粒径分布均一细腻。在此分散体系下，成功制备出粒径分布很窄的 PS 树脂珠粒，且粘釜现象也大大减轻。

4.2.2.2 引发剂

苯乙烯悬浮聚合使用的引发剂与普通自由基聚合相似，也分为低温引发剂和高温引发剂。为了得到单体残留率低的 EPS，工业上苯乙烯悬浮聚合一般采用高、低温复合引发体系。低温段引发剂仍以 BPO 为主，而高温段引发剂的使用直接影响到最终产品的残留苯乙烯含量。

一般在聚合后期，自由基链引发聚合的机会减少，可与聚合物链发生反应的大量活泼苯甲酰自由基必然会增加苯的生成，这就是在聚合的第二阶段要用不含芳基的引发剂替代 t-BuPB 的原因。比如，目前大多数 EPS 生产商都使用过氧化-2-乙基己酸叔丁酯，尤其是在欧洲和美国。

低温段采用苯甲酰类引发剂，即使达到 90℃ 后，仍必须由外界供给反应器热量。只有在达到高于 100℃ 的反应温度后，才必须由反应器移走热量，以维持预定的温度分布曲线。但是，此过程中若要求短时间内移走大量热量，在大型工业生产装置，例如 50m³ 的反应釜上难以实现。有人使用过氧化-2-乙基己酸叔丁酯代替过氧化二苯甲酰，情况则完全不同。一旦达到 90℃，就必须由反应器移走热量，因此在第二阶段释放的热量明显减少，且即使在较大批量的情况下也能够有效地移走热量。同时，低温段引发剂使用分解成烷氧基的过氧化-2-乙基己酸叔丁酯，高温段使用过氧化二异丙基。整个分解过程可避免苯甲酰基自由基的产生，进而避免了苯的生成。

还有采用补加引发剂来降低苯乙烯残留率的工艺，但要注意补加引发剂时间应该在分散于水相中的油滴发黏但未成粒的时候，加入量为第一次加入量的 5%～20%。

4.2.2.3　发泡剂

在聚合物基体中能产生泡孔结构的物质被定义为发泡剂。大多数发泡材料是在特定的聚合物体系黏度范围内通过气体发泡制备而得的。因此，发泡剂是发泡材料不可或缺的重要加工助剂。发泡剂包括当压力释放时膨胀的气体及当它们变成气体而产生泡孔的液体和在加热或催化剂的作用下分解或反应产生气体的化学物质。

发泡剂是控制泡沫塑料密度的决定性因素。除了密度外，它还影响泡沫塑料的泡孔微观结构和形态，反过来决定了制品的最终使用性能。在某些应用上如绝缘泡沫塑料，发泡剂的性能对泡沫塑料的长期使用性能起到关键作用。在这些泡沫塑料制品中，泡沫塑料是闭孔的，发泡剂就留在泡沫塑料的泡孔结构中，一直到它扩散出去为止，某些情况下这种扩散需要几十年的时间。

根据物质的状态不同，发泡剂有固体、液体和气体三类；依据在发泡过程中产生气体的方式不同，一般分为物理发泡剂和化学发泡剂两大类。近年来，各种新型发泡剂、环保型发泡剂相继研制出来，对于新型发泡材料的制备和开发具有重要意义。

（1）物理发泡剂

物理发泡剂通过物理变化为聚合物发泡提供气体，是易汽化的物质，这种变化包括液体的挥发（汽化），或者是混合有压缩气体的聚合物加高温或高压后，在大气压下释放。使用物理发泡剂生产泡沫制品，发泡工艺简单，泡沫材料成本低。

普通液体物理发泡剂是低沸点液体，包括短链脂肪族烃类和 C_1～C_4 卤代脂肪族烃类物质，如表 4-1 所示。普通气体发泡剂包括：CO_2、N_2、短链脂肪族烃类和 C_1～C_4 卤代脂肪族烃类。物理发泡剂用于生产各种类型的发泡塑料，包括各种密度的热塑性和热固性发泡塑料。当要生产密度很低（小于 50kg/m³）的发泡塑料时，物理发泡剂几乎是唯一可供使用的发泡剂。物理发泡剂成本较低，但有时候需要使用特殊的设备。

表 4-1　常用低沸点发泡剂

发泡剂	分子量	密度(25℃)/(g/cm³)	沸点/℃	蒸发热/(J/g)
戊烷	72	0.616	30～38	360
异戊烷	72	0.613	28	
己烷	86	0.685	65～70	
异己烷	86	0.655	55～62	
丙烷	44	0.531	-43	
丁烷	58	0.599	-0.5	
二氯甲烷	85	1.325	40	

在选择物理发泡剂时许多因素必须事先考虑，比如环境的可接受性。含氢氯氟烃（HCFCs）常作为聚苯乙烯发泡材料的发泡剂，但是由于 HCFCs 的臭氧消耗潜能值（ODP）和全球增温潜能值（GWP）较高，给环境和气候造成了一系列问题，许多国家和地区正在逐步淘汰 HCFCs 的使用。此外，臭氧层损耗、全球变暖、地面空气污染、对流层破坏、长时间分解的制品、卤素含量、酸化指数等都是需要考虑的因素。

毒性、易燃性、与其他结构材料的相容性以及安全又经济的加工工艺也是选择发泡剂时需要考虑的一些其他因素。工人和消费者直接接触到发泡剂和泡沫塑料中可能的分解产物，发泡剂或者其分解产物的毒性可能会影响到他们的身体健康，引发一些急性或者慢性疾病。很多发泡剂都有不同程度的易燃性，要安全地使用发泡剂，需要对发泡剂的着火、储存和运输以及泡沫塑料制品燃烧的危险性进行评估。

在使用温度范围内的沸点、分子量和蒸气压，在原料和成品泡沫塑料中的汽化热和溶解度，与建筑材料的相容性，是选择发泡剂时必须考虑的性能特征。对于热塑性塑料，物理发泡剂在熔体中具有好的溶解度，意味着需要相对较低的熔体压力以获得和保持发泡剂的溶液状态，而且通过发泡剂使熔体塑化得更好。这样允许降低熔体温度，使得冷却熔体至理想的发泡温度更加容易。相反，如果发泡剂具有低的溶解度，就需要较高的熔体压力和温度将发泡剂变成溶液状态。对于热固性泡沫塑料，在反应液体组分中较低的溶解度意味着它在树脂组分的储存期有限且具有较大的泡孔尺寸等。无论哪种情况，都可以通过添加某些助剂如表面活性剂和增容剂来解决溶解度差的相关问题。

对于 EPS 而言，其发泡原理是其内部含有蒸发型发泡剂，这种低沸点液体发泡剂在压力下溶于 PS 珠粒中，当加热到液体的沸点之上，借助产生的蒸汽压力使聚合物发泡。选择低沸点液体物理发泡剂关键在于要使所选择的低沸点发泡剂在树脂软化温度以下可蒸发成为具有一定压力的气体，从而在聚合物内部产生气体，一般要求它在常压下沸点<110℃。分子量大的发泡剂比分子量小的发泡剂扩散损失小，更有利于提高发泡倍数。另外，发泡剂的沸点越高，成型时 EPS 中剩余量也越大。EPS 常用的低沸点物理发泡剂有：正戊烷 36.8℃；异戊烷 27.9℃；正己烷 68.7℃；新己烷 49.7℃；正庚烷 98.4℃；石油醚（30 号）30～60℃；石油醚（60 号）60～90℃。大多数 EPS 生产厂家使用戊烷或者戊烷混合物作为发泡剂。最近，采用水或者将水与烃类一起作为发泡剂引起人们注意。由于水替代烃类作为发泡剂既节约能源又能减少烃类对大气的污染，更可以使 EPS 具有很高的发泡能力，所以水作为发泡剂的研究日后会成为热点。

（2）化学发泡剂

化学发泡剂（CBA）通常是指具有粉状特征的热分解型发泡剂。它们能够均匀地散布于塑料和橡胶中，在加工温度下迅速分解，产生大量气体，从而使其发泡。工业上将化学发泡剂分为无机和有机两种。

Hancock 等人于 1846 年发表了有关发泡剂的专利，采用碳酸铵和挥发性液体作为发泡剂，用于天然橡胶，制得了开孔海绵制品。后来一段时期，碳酸盐作为发泡剂被广泛使用。因此，无机发泡剂是最早使用的化学发泡剂，主要有碳酸氢盐、碳酸铵、亚硝酸铵等。无机发泡剂的优点是价廉，而且不影响热性能，缺点是分解速率受压力影响较大，发泡剂与塑料不相容，难以均匀分散；产生的气体多为容易凝结的水蒸气，有的则是扩散速度很大的 H_2，因此稳定性差，所以其应用受到一定的限制。但是随着微细化和表面处理等技术的进步，无机发泡剂的应用领域正在拓宽。特别是无机发泡剂在聚氯乙烯、聚苯乙烯等低发泡型材、片材的挤出成型工艺中具有一定的应用市场。无机发泡剂基于气泡成核剂的功能，在气泡的稳定化、微细化或泡沫中可燃性气体老化时间的缩短方面显示出十分有益的作用。

有机发泡剂的发展历史并不长，但是发展极为迅速。从 1940 年美国杜邦公司提出了第一个工业上应用的有机发泡剂二偶氮氨基苯（DAB）以来，如今已经有多种有机发泡剂得到广泛应用。有机发泡剂包括偶氮化合物、肼衍生物、脲氨基化合物、叠氮化合物、亚硝基化合物、三唑类化合物。有机发泡剂在聚合物中分散性较好，分解温度范围较窄，而且以释放氮气为主，发泡效率较高。

物理发泡剂的发泡过程为吸热，而化学发泡剂发泡过程为放热。如果将物理和化学发泡剂联合使用不但能加大发气量，有利于形成气泡，且利于发泡成型过程的温度控制。将它们联合使用可以使其内热相抵消。

4.2.2.4　阻燃剂

因为 EPS 制品具有巨大的比表面积和蜂窝状内部结构，泡孔之间以 PS 薄膜、微纤、泡壁（两珠粒间的熔结面）相连，泡孔内外均为空气，着火后火焰在扩散层中增长极为迅速，因此 EPS 制品的燃烧比非发泡 PS 制品激烈和迅速得多；另外由于可发性聚苯乙烯生产和加工过程中的一些特有限制条件，其阻燃处理过程与常用非发泡热塑性树脂相比有很大不同。一般常用于制备阻燃 PS 塑料的阻燃剂是不适合用于 EPS 的。鉴于 EPS 阻燃处理的特殊性，实际可使用的阻燃剂品种并不多，主要是有机卤化物和磷化合物，有机溴代脂肪烃类仍占绝对优势，包括十溴二苯醚、四溴双酚 A（TBBA）、六溴环十二烷（HB-CD）等含卤阻燃剂，其中又以六溴环十二烷（HBCD）最为常用；无机阻燃剂和膨胀型阻燃剂尚未见有工业化应用的报道。

聚合物的燃烧过程，一般可分为发火和火焰传播两个阶段，前者是聚合物燃烧的原因；后者是燃烧维持和发展的过程。聚合物受热后，其状态变化次序为：水分蒸发→熔融→大分子在分子链最薄弱环节解聚→链段分解成小分子产物、固体残渣（炭化物）等。发火后，燃烧是否可以持续，取决于聚合物热分解产物燃烧时发生化学反应的热效应的多少，而这个热效应的多少又取决于聚合物分解产物以多种反应途径产生高能自由基 HO· 的多少。产生的高能自由基可以立即与其他的聚合物热分解产物反应，例如，它们可以和聚苯乙烯的燃烧生成物 CO 反应：

$$HO \cdot + CO \longrightarrow CO_2 + H \cdot \tag{4-1}$$

$$H \cdot + O_2 \longrightarrow HO \cdot + O \cdot \tag{4-2}$$

可以看出，在反应式（4-1）中消耗的 HO· 转变成 H·，而 H· 在反应式（4-2）中又使 HO· 再生；由此可以认为聚合物的持续燃烧过程是一个链式反应过程；在这个过程中，由于 HO· 和 H· 不断交替循环产生，不断放出大量的热，因而使燃烧可以持续。

下面主要介绍卤系阻燃剂的阻燃机理。

含溴、氯等卤素的阻燃剂受热分解会放出溴化氢、氯化氢，它立即和聚合物燃烧生成物中的 HO· 进行下列反应：

$$HO \cdot + HBr \longrightarrow H_2O + Br \cdot \tag{4-3}$$

$$Br \cdot + RH \longrightarrow HBr + R \cdot \tag{4-4}$$

$$H \cdot + HBr \longrightarrow H_2 + Br \cdot \tag{4-5}$$

$$H \cdot + Br \cdot \longrightarrow HBr \tag{4-6}$$

可以看出，反应式（4-3）先使 HO· 变成能量较低的 Br· 自由基，而反应式（4-5）又把 H· 转变成 Br·，这两个反应把 HO· 以及使 HO· 再生的 H· 清除掉，形成能量低的 Br· 自由基。可以认为，反应式（4-4）的进行，实质上是 Br· 依次从可燃气体分子中不断提取氢，使它变成不燃的 R·，同时，使消除 HO· 和 H· 的 HBr 能够再生［反应式（4-6）也使 HBr 再生］，从而使反应式（4-3）和反应式（4-5）得以不断持续地进行，结果使 HO· 和 H· 的浓度大大降低，而 H· 的浓度减小或被消除，使 HO· 不能再生；同理，HO· 浓度减小或被消除，也杜绝了产生 H· 的机会；这样周而复始地循环下去，就达到了阻燃目的。

可发性聚苯乙烯常用的卤系阻燃剂有六溴环十二烷、三溴苯基烯丙基醚、四溴乙烷、四溴丁烷等，常以有机过氧化物作协同剂，从而可大幅度减少卤化物用量。对泡沫聚苯乙烯而言，脂环族溴和脂肪族溴要比芳香族溴阻燃效果更好。

泡沫聚苯乙烯中常用的磷系阻燃剂有三异丙基苯基磷酸酯、二甲基苯基磷酸酯、卤代磷酸三酯、卤代亚磷酸三酯等，卤素多为溴，其中最常用的是三(2,3-二溴丙基)磷酸酯，常复配以 Sb_2O_3 作协同剂。

EPS 阻燃剂选择原则：

① 对悬浮聚合影响小，不会爆聚或降低反应速率，影响分子量；

② 不损伤 EPS 泡沫制品力学性能，特别是不降低热变形温度；

③ 具有持久性；

④ 耐候性好。

按阻燃剂与被阻燃基材的关系，阻燃剂可分为添加型及反应型两大类。前者是在阻燃基材的加工过程中加入的，与基材及基材中的其他组分不发生化学反应，只是以物理方式分散于基材中而赋予基材阻燃性。后者是在被阻燃基材制造过程中加入的，或者作为聚合的单体，或者作为交联剂而参与化学反应，最后成为高聚物的结构单元而赋予高聚物阻燃性。

总之，以添加型阻燃剂阻燃高聚物的工艺简单，能满足使用要求的阻燃剂品种多，但需要解决阻燃剂的分散性、相容性、界面性等一系列问题；而采用反应型阻燃剂所获得的阻燃性则具有相对的永久性、毒性较低、对被阻燃高聚物的性能影响也较小，但工艺复杂，而且还存在成本高以及环保等方面的问题。人们在研发 EPS 阻燃工艺时，往往是采用折中的方案，即在材料的各项性能间寻求一种综合平衡。

4.2.3　发泡过程

发泡聚苯乙烯珠粒主要有两种生产工艺。

① 苯乙烯通过悬浮聚合得到含有发泡剂的球形珠粒，即悬浮聚合法。

② 在聚苯乙烯挤出过程中加入发泡剂，同聚合物料流一起用水冷却，以避免发泡，然后切割而成，即挤出造粒法。

两种方法得到的珠粒或者颗粒状粗品称为发泡聚苯乙烯（EPS），EPS 珠粒或者颗粒通常在一个地方制备，然后运到另一个地方进行发泡和/或注塑成型。这个工艺减少了大容积泡沫的运输费，复杂的形状不需要后处理就可以直接注塑得到。用悬浮聚合法生产的发泡聚苯乙烯颗粒经过三步转化为泡沫聚苯乙烯：预发泡、熟化和最后发泡。基于悬浮聚合得到 EPS 颗粒泡沫主要用作保温材料和填充材料。挤出造粒法生产的 EPS 直接加工为疏松填料用于填充。

对于 EPS 而言，无论使用物理发泡剂还是化学发泡剂，其发泡过程都包括如下几个阶段。

① 溶解过程：气体或低沸点液体溶入塑料的过程；

② 成核过程：气体或低沸点液体与塑料溶液分离的初始过程，此时气体或低沸点液体在塑料溶液中开始形成分散相；这些初始的分散气相被称为气泡核；

③ 膨胀过程：以气泡核为基础，塑料中的气体分子扩散进入气泡核，气泡开始长大；

④ 固化定型过程：塑料降温固化形成发泡塑料。

在塑料发泡过程中成核过程至关重要，在珠粒中若能同时出现大量均匀分布的气泡核，则有利于获得泡孔细密、均匀分布的优质泡沫。若气泡核不同时出现，而是逐步出现，延续时间比较长，则后出现的气泡核形成的气泡比较早形成的要小，当两个尺寸大小不同的气泡靠近时，气体从小泡中扩散到大泡中而使气泡增大，结果得到泡孔疏而大、泡体密度大的劣质泡沫。气泡核形成机理主要有：

① 以高聚物分子中的自由空间为成核点形成气泡核；

② 以高聚物熔体中的低势能点为发泡成核点；

③ 气液相混合直接形成气泡核。

对于不添加成核剂的 EPS 发泡过程，就是以 EPS 分子中的自由空间为成核点形成气泡核来发泡的，这样不能很好地控制气泡核的均匀性。由于 EPS 自由空间差异较大，使 EPS 珠粒内部发泡剂分布不均匀，发泡剂含量高的地方较早形成气泡核，含量低的地方较迟形成气泡核，由于气泡核不同时出现，使得泡孔大而不均匀。添加成核剂不仅可以提高发泡倍率，而且可使泡孔均匀。加入成核剂可以更好地吸收发泡剂，但过多则会改变混合物性能，增大混合物黏度即增大成核阻力，使成核点减少，添加量宜在 5％左右。成核剂种类包括碳酸钙、滑石粉、铁粉、铝镁水滑石、PDMS 等。

添加成核剂的 EPS 发泡机理：首先要使发泡剂均匀分布在成核剂周围，然后成核剂能与EPS分子间形成势能较低的界面，使发泡剂气体容易从此处析出聚集成气泡核。成核剂在EPS合成前先均匀分散于苯乙烯单体中。在EPS合成后期，由于反应温度高于成核剂的熔点而使其熔融。当反应完成降温过程中，由于成核剂的凝固点高于EPS的软化点，分布在EPS珠粒中的成核剂先凝固而体积缩小，发泡剂则趋向于腾出的空间从而包围成核剂。如果成核剂均匀分布于珠粒中，那么发泡剂也可以均匀分布。当珠粒受热时，就能同时形成大量的气泡核。同时，气泡核的大小由成核剂所决定。只要成核剂的分子量分布狭窄，在EPS中分布均匀，就可形成细密均匀的气泡核。

4.2.4　生产工艺

可发性聚苯乙烯一般先通过悬浮聚合法合成聚苯乙烯珠粒，但其浸渍方法分为一步法浸渍工艺和二步法浸渍工艺。

4.2.4.1　一步法工艺

一步法是将苯乙烯单体、引发剂、分散剂、水、发泡剂和其他助剂一起加入反应釜内。先由苯乙烯悬浮聚合得到圆珠状的PS，再用低沸点烃类化合物或者卤代烃化合物作为发泡剂，对PS珠粒在加温加压条件下进行浸渍，使其渗透到PS珠粒中，冷却后发泡剂留存在珠粒中，成为EPS珠粒。聚合后得到含发泡剂的树脂颗粒，经洗涤、离心分离和干燥，制得可发性聚苯乙烯珠粒产品。在一步法生产中选择较好的工艺，不仅能很好地控制粒径分布，还有助于产品性能的提高。例如，用种子悬浮聚合进行一步法EPS生产，不仅能使颗粒分布均匀，分布范围窄，还能使其具有各种不同性能，增加产品牌号。

4.2.4.2　二步法工艺

二步法是将苯乙烯单体先聚合成一定粒度的聚苯乙烯珠粒，经分级过筛，再重新加水、乳化剂、发泡剂和其他助剂于反应釜内，加热、加压浸渍，制得可发性聚苯乙烯珠粒产品，此法也称为后浸渍法。此工艺分成聚合和浸渍两个单独的步骤。二步法由于聚合后即对聚合物珠粒进行分级，故可根据不同的粒径采取不同的浸渍工艺，如用于制备包装和薄壁制品的细小珠粒可以采取相当短的浸渍时间。

一步法工艺的特点是工艺简单、流程短、投资低、运转能耗优于二步法。但一步法由于聚合中加入了戊烷起到增塑剂作用，产品的分子量略低于二步法，且由于聚合与浸渍在同一过程中进行，难免有部分含发泡剂的粉状物产生，而对它们的处理又不是一件易事。二步法工艺由于聚合后对PS珠粒进行分级，再根据粒径大小按不同工艺浸渍，故所得EPS的质量较佳，同时，又避免了含发泡剂的粉状物的产生，省去了进一步处理的麻烦；但二步法流程长、投资较高、能耗大、成本高也是显而易见的。具体比较见表4-2。

表4-2　一步法、二步法生产EPS的比较

项目	一步法	二步法
EPS成品质量	粒径分布较宽，不均匀	粒径分布较窄，粒子均匀
工艺条件	工艺要求严格，能耗少，流程短	能耗较大，流程长，工艺要求相对较低，易操作

项目	一步法	二步法
技术经济	一次性投资较高,生产自动化程度高,易集中控制,人工操作少	一次性投入较低,自动化程度低,人工操作较多
生产灵活性	因发泡剂易挥发,故仓储时间短,市场适应性差,设备利用率低	中间产品 PS 可作为产品出售,也可生产其他品种,市场适应性强

4.2.5 生产装置

悬浮聚合过程一般是在水介质中分散单体液滴,并以油溶性引发剂引发聚合。悬浮聚合与本体聚合相比,由于分散液的黏度较低,并含有大量的分散介质,因此去除聚合反应热较为容易。反应器的大型化是悬浮聚合的工程特点之一。20 世纪 70 年代,世界各国在开发大型悬浮聚合反应器方面的工作非常活跃,并成功开发了 $200m^3$ 大型反应器。1977 年国产 $80m^3$ 悬浮聚合反应器问世,标志着我国反应器大型化的开发工作已经达到一定的水平。

由于目前悬浮聚合多采用分批聚合法,采用大型悬浮聚合反应器具有很多优点:设备的生产效率高,产品均匀性好,基建费、设备维修费用低等。在各类聚合反应器中以生产 PVC 的悬浮聚合反应器为最大。

4.2.5.1 聚合反应釜

(1) 国外反应装置

国外可发性聚苯乙烯用反应釜,其结构主要是罐体,在罐体上设置有温度计和压力表,除此,罐体的上端还设置有机架,机架上设置有电动机和减速机,减速机的转轴通过联轴器与设置在机架上的搅拌轴相连接,搅拌轴穿过罐体上端的开口伸入罐体的内部,罐体上端的开口通过机械密封密闭,在罐体的上端设置有进料口,在罐体的底部设置有排料口,在罐体内的搅拌轴上设置有若干搅拌器,在罐体内对称设置有若干固定的阻挡器,现有的阻挡器一般为挡板,在罐体的外面还设置有一层夹套层,用于对罐体内部的物料进行升温或冷却。进口的可发性聚苯乙烯用反应釜,不但价格昂贵而且存在着如下缺点:可发性聚苯乙烯用反应釜中的阻挡器被固定设置在罐体的内部,罐体内的原料在反应过程中经常出现粘釜现象,特别是粘釜体附着在罐体内壁上,清理和检修都十分困难,给企业造成巨大的经济损失,另外,设置在罐体外壁用于冷却的夹套,不能够满足快速升、降温的工艺要求,不能有效地控制反应过程中罐体内的温度,会使反应釜的生产效率降低。

(2) 国内反应装置

由张家港市科华化工装备制造有限公司设计研发的反应釜如图 4-1~图 4-3 所示。

可发性聚苯乙烯用反应釜,主要结构是罐体,在罐体内的搅拌轴上设置有若干搅拌器(可拆卸的三叶后掠式搅拌器)。其特征在于:罐体内对称设置有至少两个可以拆卸的阻挡器,在罐体的外壁上螺旋缠绕有用于调节罐体内温度的螺旋半盘圆管。

阻挡器由一根圆管和设置在圆管下半段的拱形管组成,圆管的上端密封固定在罐体上的阻挡器安装孔中,在罐体的下端对应位置上设置有定位柱,圆管的下端活动套设在定位柱上。

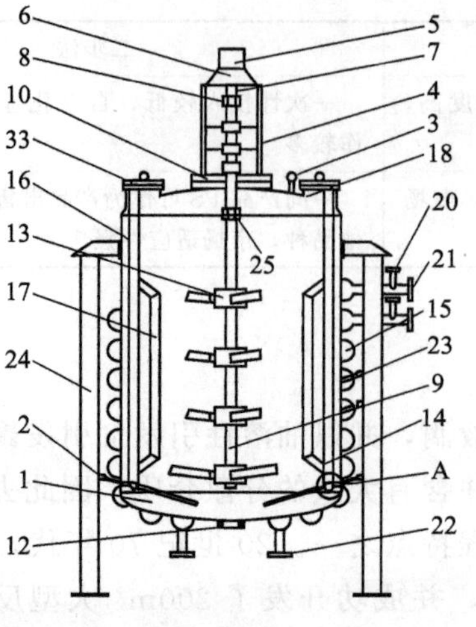

图 4-1 立式釜体结构原理示意图
图注见图 4-3 下

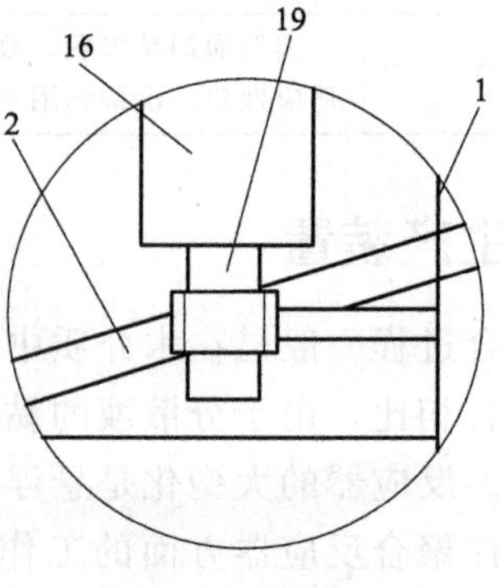

图 4-2 A 部分放大图
图注见图 4-3 下

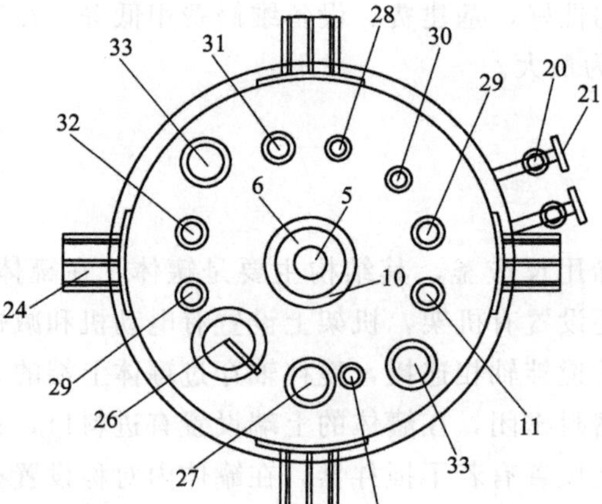

图 4-3 釜顶俯视图

1—罐体；2，23—温度计；3—压力表；4—机架；5—电动机；6—减速机；7—转轴；8—联轴器；9—搅拌轴；10—机械密封；11—进料口；12—排料口；13—搅拌器；14—阻挡器；15—螺旋半盘圆管；16—圆管；17—拱形管；18—阻挡器安装孔；19—定位柱；20—蒸汽进口；21—热水进口；22—排水口；24—支架；25—联轴器；26—人孔；27—手孔；28—空气进口；29—视镜；30—温度计口；31—安全阀口；32—排空口；33—密封盖

  罐体的外壁上设置有两根螺旋半盘圆管，构成双螺旋结构。螺旋半盘圆管的具体结构包括：在每个螺旋半盘圆管的一端设置有蒸汽进口和热水进口，在每个螺旋半盘圆管（巧）的另一端设置有排水口。同时，螺旋半盘圆管上还设置有温度计。结构示意如图 4-1～图 4-3 所示。

  几种典型的大型悬浮聚合反应器的结构参数见表 4-3。

表 4-3 大型悬浮聚合反应器的结构参数

	容积/m³	80	127	200	70	75
	制造者	中国	信越化学工业公司	Hüls 公司	Goodrich 公司	神钢泛技术公司
釜体	D/m	4.0	4.2	5.5	3.81	
	总高度/m	7.0	10.05	10.0	6.834	
	直筒部 L/D	1.25	1.88	1.32	1.293	
搅拌桨	形式	底伸式单层	顶伸式三层	底伸式单层	底伸式双层	底伸式双层
	桨径/m	三叶后掠式	双叶平桨	三叶后掠式	三叶后掠式	二叶后掠式
	叶宽/m	2.0	2.07		上:1.772 下:1.905 上:0.195 下:0.267	
	桨间距/m	0.430	0.205		3.8	
	转速/(r/min)	80	91		97	
	电机容量/kW	160	310		150	
挡板	形式	D 型	平板,56°	平板,靠近液面	圆管,下部	D 型
	支数	4	1	4	4	2
夹套	形式	螺旋折流板	螺旋折流板	半圆管	筒体半圆管,底部带喷嘴夹套	内部夹套
	传热系数/[W/(m²·K)]	744(水-水)		260(操作状态)		1450(水-水)
	釜顶冷凝器	有	有	有	无	无
	防粘釜技术		连续聚合200釜		连续聚合500釜	
	生产强度/[t/(m³·月)]	11.46	16.4~19.7	16.7	最大25.2	30.0

4.2.5.2 搅拌桨

搅拌过程是通过搅拌桨的旋转向反应釜内的流体输入机械能,使流体获得合适的流场,在流场内进行传质或同时进行化学反应的过程。搅拌桨是搅拌设备的核心部件。一般情况下,搅拌轴安装在釜中心时,搅拌产生三种基本流型,即轴向流、径向流和切向流。其中轴向流和径向流对混合起主要作用,切向流应加以抑制。

剪切较大的搅拌桨具有较强的分散作用,但搅拌槽内的能量分布是不均匀的,搅拌总能量的约70%耗散于搅拌桨及其附近仅占总体积约1/10的区域,因此在桨叶附近的区域液滴易于分散,而在远离桨叶的区域由于液滴停滞时间较长容易产生聚并,适当提高反应器内循环速度可以缩短停滞时间而减少聚并,分散相的粒径分布也将更窄,同时也可以使反应器内的温度分布更均匀，因此在选择搅拌桨形式的同时应该考虑其剪切和循环特性。由于后掠式搅拌桨具有比较合适的剪切循环比（N_p/N_{qd}）而被目前大多数的悬浮聚合反应器所采用。近年来国内一些引进的 EPS 悬浮聚合反应器也几乎都是用双层三叶后掠式桨。

三叶后掠式桨是一种径流桨，它的桨叶与桨叶的旋转平面垂直，物料从轴向吸入桨叶，在离心力的作用下沿桨叶的半径方向排出。三叶后掠式桨适合中低黏度流体的混合、传热、溶解、循环、反应等，它的叶片与旋转平面呈 15°上翘角，具有良好的循环流性能，配合挡板使用时，又兼有一定的剪切作用，可提供较合适的剪切循环比，因此为目前大多数的悬浮聚合反应釜所采用。

三叶后掠式桨的主要优点如下：

① 可根据反应物料对剪切、循环要求的不同，提供适合于该反应的剪切循环比；

② 搅拌使得物料流动呈整体循环，不分层，有利于传质、传热，确保产品质量稳定；

③ 生产强度高、能耗低，可降低生产成本；

④ 对黏性物料的适应性好；

⑤ 由于其排出量大，釜内液相循环充分，能使釜内反应均匀一致，目前多在大型聚合釜中采用；

⑥ 需配合挡板使用，以提高其剪切能力，更好地发挥作用。

4.2.5.3　温控装置

目前国内大型 EPS 生产厂家已基本采用 DCS 智能控制系统。它确保工艺参数稳定，质量指标平稳，该系统采用了尖端的电子技术、仪表控制技术、现代控制理论，吸取迄今为止的各种控制系统的长处，是具有智能仪表、多功能回路控制器、顺序控制器、可编程控制器功能的小型集散控制系统 Micro DCS。

4.2.5.4　其他设备

除了聚合釜外，还需要一些后续处理设备，如洗涤干燥设备、空气压缩机、鼓风机、旋风分离机、振筛机、混合涂层机、自动称量包装机等。

4.3　结构、性能及改性

4.3.1　结构

聚合物泡沫由骨架和气孔组成，其气孔结构分为闭孔和开孔两种形式。闭孔结构是内部气孔相互独立，由母体材料分离，每个气孔都是封闭的。开孔结构为内部气孔相互连接在一起，单个气孔不是封闭的。在许多泡沫塑料中，内部同时存在闭式气孔和开式气孔。

对泡沫塑料泡体结构的认识主要基于扫描电镜（SEM）分析或其他的显微观察。泡沫塑料本体的支架结构（如图 4-4）可分为：①孔壁-气孔和气孔交界的地方；②筋-壁和孔壁交界的地方；③节-筋和筋交界的地方。对于开孔结构来说，气孔和气孔之间是没有完整的孔壁隔离的，而闭孔结构正相反。当孔壁与筋相比显得非常薄时，孔壁对材料整体的力学性能的影响就非常小，这样在分析材料力学性能时，闭孔结构就可以作为准开孔结构来处理，即把孔壁的作用忽略掉或折算到筋上。

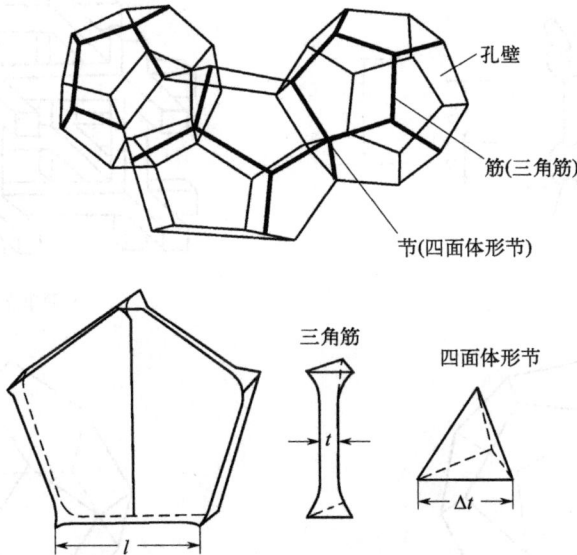

图 4-4　泡沫塑料的支架结构
（泡元由 12 个五边形构成）

　　目前研究泡沫材料性能的主要方法是从其微观结构出发，提出各种泡体结构的代表单元模型来模拟泡沫材料的力学性能。Gent 和 Thomas 在 1959 年首先提出描述开孔泡沫材料的弹性杆支柱网络模型及简单立方体支柱模型［如图 4-5 （a）、（b）］。Jone 和 Fesman 通过一系列观察得到了五边十二面体结构［如图 4-5 （c）］；Smith 则证明，满足局部几何条件的相同泡体每一多面体都具有 13.394 个面，每个面都需要有 5.1043 个边，因此，可以近似对应于五边十二面体。按照 Kelvin 的证明，满足相容条件的唯一构型是如图 4-5 （d）所示的最小面积的四-六边十四面体（tetrakaidecahedron）。Gibson 和 Ashby 提出用反映弯曲变形机制的立方体结构模型（如图 4-6）来模拟开孔和闭孔泡沫材料的力学行为，较为系统地研究了泡沫材料的弹性性质。韩冰、李杨等人采用扫描电镜表征了 EPS 复合珠粒泡体内部的微观形貌，研究了无机粒子对泡孔结构的影响规律，并探讨了无机粒子的成核作用。研究发现当引入改性后的无机粒子时，聚合物的泡孔尺寸明显变小且大小均匀一致，闭孔结构较多，见图 4-7。

4.3.2　性能

4.3.2.1　密度

　　EPS 的密度由成型阶段聚苯乙烯颗粒的膨胀倍数决定，介于 $10\sim40\mathrm{kg/m^3}$ 之间，工程中常用密度在 $15\sim30\mathrm{kg/m^3}$ 之间的 EPS 材料，目前许多土木工程中用作轻质填料的 EPS，其密度常为 $20\mathrm{kg/m^3}$。密度是 EPS 的一个重要指标，其各项力学性能与之有着密切的关系。

(a) 支柱网络模型

(b) 简单立方体支柱模型

(c) 五边十二面体模型

(d) 四-六边十四面体模型

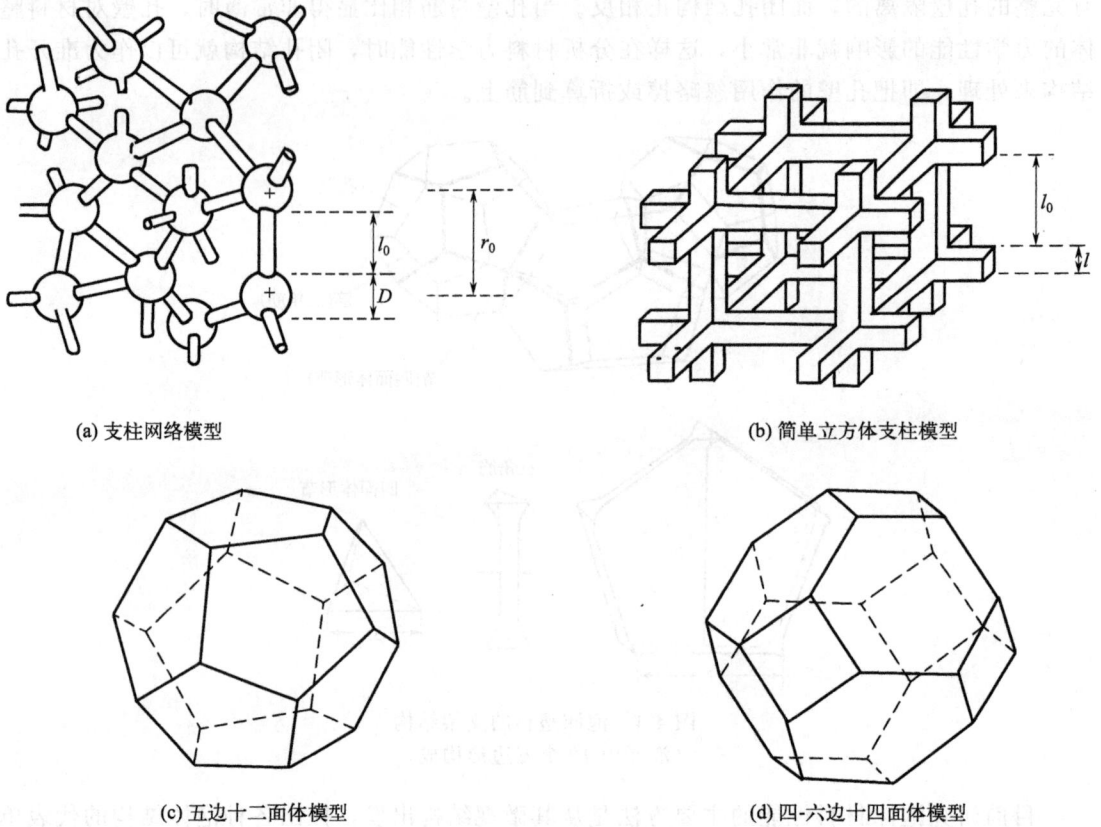

图 4-5　泡体结构的单元模型

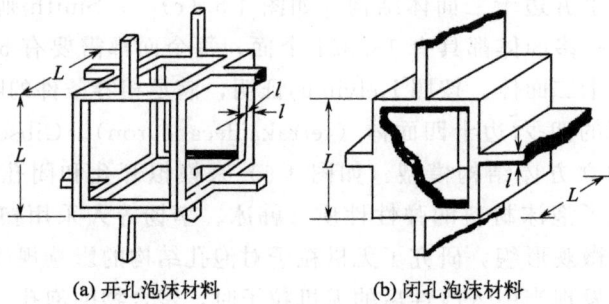

(a) 开孔泡沫材料

(b) 闭孔泡沫材料

图 4-6　Gibson 和 Ashby 模型

4.3.2.2　吸水性

EPS 材料的吸水性与材料的密度、水头高度及制造工艺有关，型内发泡法生产的 EPS 吸水量大于挤压发泡法生产的 EPS 吸水量，而且型内发泡法生产的 EPS 内部分布的气泡是相互独立的，不与外界贯通，仅仅是表面层部分吸水。挪威国立公路研究所得出以下结论：在地下水位以下埋置 9h 的 EPS，最大吸水量仅为体积的 10%，而在发生周期性干湿变化的状态中，EPS 最大吸水量仅为体积的 4%。

(a) 未添加无机粒子　　　　　(b) 添加未改性无机粒子

(c) 添加改性无机粒子

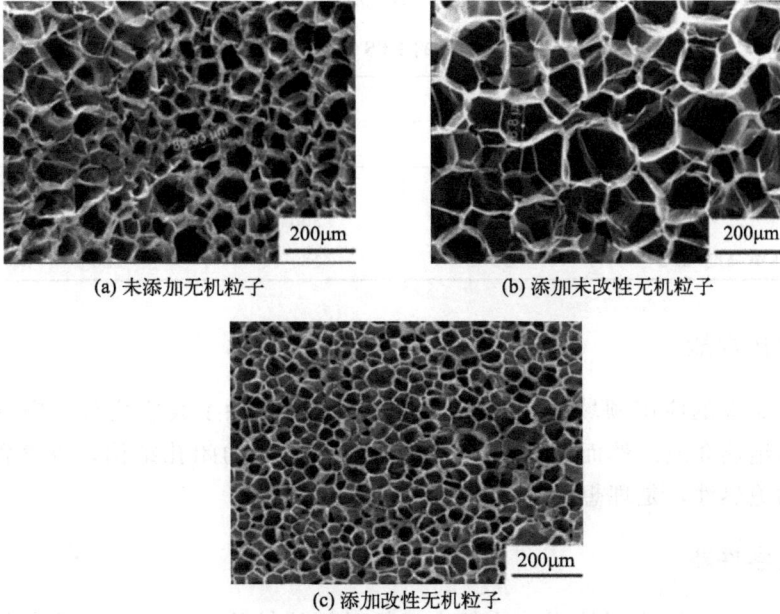

图 4-7　发泡聚苯乙烯泡孔结构的 SEM 照片

4.3.2.3　热稳定性

在 75～80℃下使用 EPS 一般没有问题，当温度接近 150℃时，聚苯乙烯将熔化，如果附近有火源，EPS 也可燃烧。但含有阻燃剂的 EPS 泡沫制品燃烧后，3s 内可自熄，且阻燃剂对 EPS 的性能没有不利的影响。M. Duskov 研究指出，EPS 体积吸水率小于 1% 时，其热传导系数可增大 5%；体积吸水率达到 3%～5% 时，热传导系数可增大 15%～25%。

4.3.2.4　耐久性

受长时间的紫外线照射后，表面会发黄，但材料本身的物理性质不会有太多的降低。多数国家对此还是建议采取保护措施，比如在日照较强的夏天施工时应尽可能地缩短施工时间并且在储存 EPS 时应放在避光的库房内。

EPS 是很好的隔热材料，白蚁会利用这一点筑巢取暖，可能会对 EPS 造成一定的破坏。但从 1972 年挪威首次采用 EPS 路堤至今未发现有关 EPS 块体被白蚁侵蚀破坏的情况。

4.3.2.5　力学性能

EPS 泡沫塑料闭孔结构内含 98% 的气体，可以使其通过改变和恢复形状来缓冲冲击。这一过程可以有效吸收瞬间冲击带来的能量，提供极好的防护。通过力学性能试验可以获得材料在各种加载情况下的应力-应变曲线，从而精确地反映了材料力学行为的特点，是研究材料力学性能特点的重要手段。

表 4-4 为不同密度的 EPS 泡沫塑料物理性能。

表 4-4 不同密度的 EPS 泡沫塑料物理性能

性能	密度/（g/cm³）			
	15	25	40	50
拉伸强度/kPa	200	350	600	750
弯曲强度/kPa	200	400	700	900
压缩10%的压缩强度/kPa	90	180	320	400

4.3.2.6 绝热性能

EPS 一个重要的应用领域是在建筑工程中的隔热。除了真空之外，空气是最为简单和成本最低的绝热介质。然而 EPS 因具有大量细微气泡的闭孔结构，空气含量极高，所以具有优良的绝热性，是理想的绝热材料。

4.3.2.7 化学性能

EPS 的性能受化学药剂的影响比较大。长时间接触盐水、皂液、漂白剂和大多数稀酸溶液不会影响其性能，但多数有机溶剂会明显影响其性能。

EPS 泡沫塑料和其他聚合物一样，长时间暴露在紫外线下，性能会有很大的变化。但是考虑到作为包装材料使用时，使用期限较短，这一影响并不重要；作为建筑材料使用时，使用寿命虽然较长，但暴露在紫外线下的可能性较小，故这一影响也不太重要。

EPS 对动物没有任何营养价值，不会受霉菌侵蚀，也不会分解出任何污染地下水的水溶物。

4.3.3 改性

4.3.3.1 加工性能

EPS 珠粒在发泡过程中，颗粒会累计静电，同时还会团聚。带电荷的颗粒容易黏附在输送装置壁上，结果输送变得困难或难以进行。由于团聚破坏了注模时的均匀性，结果使制品密度不匀，使用时容易变形和开裂。EPS 加工时的重要工艺参数之一是模塑制品在塑模中的滞留时间，即模塑制品在塑模中达到制品脱模不变形和不收缩的最少冷却时间，在塑模中的滞留时间过长，会降低生产效率，并增加产品的成本。

为了防止静电和团聚并缩短塑模中的滞留时间，最方便的方法是用化学物质对 EPS 珠粒进行处理。这就是 EPS 生产工艺中的涂层处理。许多表面活性物质，诸如脂肪酸酯、脂肪酸盐、脂肪酸酰胺等都可作为抗团聚剂。有人使用了一种乙烯氧-丙烯氧（EO-PO）嵌段类共聚物作为抗团聚剂，这种嵌段聚合物的数均分子量为 4000～15000，亲水亲油平衡值（HLB 值）为 16～29，降低了 EPS 预发泡时的团聚作用，可以达到无团聚，缩短成型周期。当 EPS 发泡至低密度时，这种抗团聚剂可显著减少 EPS 团聚力。

在选择上述添加剂时，不仅要注意它的防结团性能和在塑模中的滞留时间效用，还要考虑到它对 EPS 的发泡是否产生有害的影响。这样才能制得具有低表观密度和高弯曲强度的发泡制品。

4.3.3.2　阻燃性能

目前，阻燃 EPS 生产工艺主要包括：添加型阻燃工艺和共聚型阻燃工艺。

阻燃剂的添加方式是影响阻燃剂在聚苯乙烯基体中阻燃效果以及材料综合使用性能的重要因素，现阶段阻燃 EPS 的生产普遍采用添加型生产工艺；目前较成熟的、已工业化的添加方式主要有：浸渍阶段添加——用于二步法工艺；聚合阶段添加——用于一步法工艺；EPS 珠粒涂覆工艺。近期，由于对 EPS 产品高阻燃等级的要求，复合阻燃体系已成为了趋势。

（1）浸渍阶段添加

该种添加方式主要用于两步法生产工艺。在这种添加方式中，阻燃剂在浸渍阶段随发泡剂加入聚苯乙烯的水悬浮液中，以发泡剂为载体在加温加压下一同渗入聚苯乙烯基体中。早期的 EPS 阻燃体系深受 EPS 泡沫制品收缩和塌陷问题之困扰，究其原因，主要是所采用的有机溴化物分子量较低，对聚苯乙烯基体有明显的内增塑作用，但若采用较高分子量的有机溴化物，又存在渗透困难和影响发泡倍率等问题。Arco 公司率先研究了阻燃剂粒径和阻燃效果之间的内在联系。研究发现在浸渍工艺中使用微米级 HBCD，至少有70%能被 PS 基体吸收，远高于通用级的吸收量，因而其用量较之通用级可大幅减少，从而减轻了它对泡沫制品物理性能的不良影响，并降低了生产成本。

（2）聚合阶段添加

在这种添加方式中，阻燃剂在聚合反应开始阶段就被溶解在苯乙烯单体中，然后悬浮在含有分散剂的水溶液中进行自由基聚合。这种工艺由德国 BASF 公司率先开发，主要用于一步法合成工艺，所用阻燃剂为具有反应相容性的有机溴化物，以 HBCD 为主。其优点是工艺流程简单，所需阻燃剂用量少于两步法工艺；但由于卤素的链转移和链终止活性较高，这种添加方式往往导致聚合产物的分子量降低，从而使制品的物理机械性能下降。在这种添加方式中，由于有机溴化物对聚苯乙烯基体的内增塑作用，EPS 泡沫制品收缩和塌陷问题依然存在。近年由于卤素对于大气的污染，研究开发无卤阻燃体系得到了迅速发展，但是要达到与卤素阻燃剂同等阻燃效果所需昂贵的无卤阻燃剂量要很大，过多的阻燃剂又会影响到悬浮聚合稳定性。BASF 公司首先使用了膨胀石墨和磷化物作为无卤阻燃剂，膨胀石墨的使用不仅降低了磷化物的使用量，而且使 EPS 具有更好的耐热性能；随后又采用一些无机填料来进一步降低昂贵的有机磷化物使用量。李玉玲等采用油溶性液体阻燃剂磷酸三(β-氯乙基)酯（TCEP）与苯乙烯单体进行悬浮聚合反应，实现了在聚合过程中的原位包覆，阻燃剂在聚苯乙烯树脂中分散均匀，阻燃效果持久，从而克服了液体添加型阻燃剂易迁移、腐蚀加工设备及对人体有害等缺点。由于油溶性阻燃剂 TCEP 是通过悬浮聚合负载到聚苯乙烯珠粒中的，随着 TCEP 的质量分数增加，聚合温度降低，聚合时间也有所延长。TCEP 对聚合产物的分子量及其分布、产率等影响较小。当 TCEP 的质量分数为 4% 时，聚苯乙烯的极限氧指数达 25%，残炭量达 10%，且具有较好的阻燃效果。

（3）EPS 珠粒涂覆工艺

为了克服上述阻燃剂和 PS 基体相结合所导致的泡沫制品物理机械性能下降，涂覆方式应运而生，即通过黏结剂把阻燃剂和协同剂微粒负载到 EPS 珠粒表面上去，黏结剂的作用是使阻燃剂和协同剂微粒能够牢固地吸附在 EPS 珠粒的表面上。该种工艺主要由 Monsanto 公司和 Shell 公司所开发。涂覆工艺的最大缺陷在于阻燃剂在粒子表面不易分布均匀、易脱落以及成型熔结性较差等问题，此外还存在仅适用于两步法工艺、物料中引入了除发泡剂和阻燃剂之外的其他物质等问题，所以并未成为业内的主流方法。

（4）共聚型阻燃工艺

这种工艺阻燃效果更佳，主要是苯乙烯单体和带有乙烯基官能团的阻燃剂进行共聚反应，如何在阻燃剂分子上引入乙烯基是非常重要的。这种添加方式工艺简单，阻燃元素在大分子链上均匀分布，从而提高了阻燃效果。这种方法在国外已成功付诸实施，但出于技术保密的原因，有关这方面的报道较少。

（5）复合阻燃体系

近年火灾频发，提高 EPS 阻燃性势在必行，按规定外墙保温材料的阻燃性应达到 B_1 级以上，单纯依靠传统含卤有机阻燃剂较难达到要求，需与一些无机阻燃粒子协同配合来制备高阻燃级别的 EPS 产品。此类材料应用性较强，多见专利报道。BASF 公司在 EPS 悬浮聚合制备过程中引入了膨胀石墨和含磷化合物作为阻燃剂。制得的泡沫材料满足 B_1、B_2 的防火等级。同样 BASF 公司在生产挤出聚苯乙烯 XPS 时也引入了膨胀石墨和含磷化合物，制备出不含卤素且能达到 B_2 防火等级的 XPS 泡沫板。英尼奥斯诺瓦公司采用涂覆工艺对 EPS 珠粒或膨胀后的珠粒涂覆膨胀石墨、蜜胺、磷酸酯等，所用的黏合剂为硅酸钠。金在千等人同样采用涂覆工艺制备防火 EPS 珠粒，涂覆的阻燃粒子包括金属、非金属氧化物及其氢氧化物以及硅酸盐、碳酸盐、硼酸盐，所用黏合剂包括 EPS 溶液、丙烯酸树脂或硅酸钠溶液。得到的泡沫材料具有隔热性和防火性。于友江将苯乙烯、膨胀石墨等阻燃剂首先进行本体预聚合，随后转成悬浮聚合制备得到阻燃复合珠粒。林玉芳将研磨好的无机阻燃分散浆引入苯乙烯悬浮聚合体系，在溴系阻燃剂的配合下制备得到了具有隔热阻燃性的 EPS 珠粒，分散浆中包含的无机阻燃剂有三氧化二锑、硼酸锌、二氧化钛以及抑烟剂氧化钼。为提高 EPS 的阻燃性，韩冰和李杨等人将传统有机阻燃剂 HBCD 与无机阻燃粒子 C/ZnB/Mg（OH）$_2$/RP 结合使用，构成了有机-无机复合阻燃体系，彼此间达到了协同增效的作用，并采用原位悬浮聚合工艺制得了高阻燃性 EPS 复合珠粒。

4.3.3.3　发泡性能

所谓高发泡能力是指：可以实现更低堆积密度；在相同发泡剂用量情况下发泡速度更快；达到相同堆积密度时所用的发泡剂用量更少。传统的提高发泡性能的方法是使用调节剂如 DMS（二聚 α-甲基苯乙烯），但这样会使分子量降低，苯乙烯量残留变大，增加熔体黏度，造成预发泡时珠粒的团聚。可以采用链转移剂如硫醇来减少发泡剂的用量，但链转移剂会降低聚苯乙烯的分子量，低分子量 EPS 珠粒在发泡过程中倾向于黏结和收缩。也可以使用低分子量的增塑剂来提高发泡能力，但这会影响成型尺寸的稳定性。

在工业生产中，发泡剂用量是基于单体的 6%～7% 来使用，由于环境保护方面的原因，要尽量降低戊烷使用量。因此对于 EPS 来说，发泡能力的好坏不仅直接决定产品的等级，而且还关联到环境污染的大小。已经发现在较高分子量聚苯乙烯中使用较少发泡剂，聚苯乙烯的可发泡性，即泡沫珠粒的膨胀程度变得太低。因此，既要减少戊烷使用量又要兼顾 EPS 发泡性能，目前采用的方法如下。

① 添加少量高沸点的饱和烃（如正辛烷、矿物油或白油）作为膨胀辅助剂，使发泡剂的使用量降低到 1%～5%，而且不使用链转移剂，这样可以保证 EPS 既具有很好的发泡性能，又不影响 EPS 分子量，使珠粒可以转化为低黏性和低收缩性泡沫珠粒。值得注意的是，使用的膨胀辅助剂沸点非常低时，则发泡助剂会太快地从可发泡聚苯乙烯珠粒中扩散出来，并同样对环境产生污染。

② 加入一定量液态低聚脂肪烃（其中大部分端基含有双键），得到具有高发泡性能的 EPS。其发泡速度和最终发泡能力都比同发泡剂用量下使用 DMS 调聚的 EPS 高。

③ 具有特殊分子量分布形式的 EPS 也可以提高发泡能力。具有窄分子量分布（MPD= 1～2.5）的 EPS 和使用特殊链转移剂得到的 PS 分子量在 13 万～18 万，分子量分布为高分子量一侧较窄的 EPS 都可以减少发泡剂用量；将两种不同 M_w 和分子量分布的 PS 与发泡剂采用挤出法一起挤出得到具有双重分子量分布的 EPS，也可以提高发泡效果。

采用水或者将水与烃类一起作为发泡剂的 WEPS 引起人们注意。美国化学品公司 Nova 和德国塑料制品公司 Teubert Maschineubau 共同研发了世界上第一种水基发泡聚苯乙烯生产新工艺。由于水替代烃类作为发泡剂既节约能源又能减少烃类对大气的污染，更可以使 EPS 具有很高的发泡能力，所以水作为发泡剂的研究在日后会成为热点。

4.3.3.4　力学性能

聚苯乙烯泡沫表现出极佳的绝热性和易模塑性，并被广泛地用作包装材料和绝热材料。然而，由于耐冲击性或软度不够，它易于部分断裂，因而不适宜精密零件的包装。尽管发泡聚烯烃树脂具有极佳的耐冲击性和软度，但它们需要大规模的生产设施，实际上必须将它们以发泡珠粒的形式从制造厂运输到模塑厂，这便引起产品成本的增加。为了改善这种缺陷，积水化学提出使用 HIPS 和戊烷通过挤出机水下造粒得到发泡性橡胶改性聚苯乙烯树脂珠粒，随后三菱化学、BASF 和旭化成工业也对这种工艺进行了改进，这种挤出造粒的工艺形成的珠粒发泡后橡胶粒子从球状转变为细长条状，使得耐冲击性能得到很好的提高，但是橡胶粒子粗大，而且由于多了一道工序生产成本有所增加。BASF 将弹性体如乙丙橡胶、聚异丁烯橡胶、S-B/S-(S)$_n$ 嵌段物添加到悬浮聚合体系中提高了珠粒的抗冲击性能。积水化成品通过苯乙烯类单体与共轭二烯单体的混合单体浸渗聚苯乙烯类树脂粒子并使其聚合，从而在聚苯乙烯类树脂粒子的表面部分获得一种由生成的共聚物橡胶粒子紧密聚集而形成的粒子，然后利用发泡剂来浸渗上述的树脂粒子即可获得具有耐冲击性能的发泡聚苯乙烯类树脂粒子，但这种工艺使得表层橡胶含量过高，影响了预发泡粒子的熔接率。钟渊化学在其基础上通过两次浸渗聚合的工艺，降低了表层部分橡胶的含量，不仅抗冲击性能改善，而且具有优良的熔接率。

4.3.3.5　绝热性能

EPS 一个重要的应用领域是在建筑工程中的隔热。用作隔热的膨化聚苯乙烯泡沫板，通常具有大约 30g/L 的密度，因为膨化聚苯乙烯泡沫的热导率在此密度附近具有最小值。为节约物料和空间，希望使用具有更低密度的泡沫板作隔热体，特别是＜15g/L。制备这种泡沫在技术上不是问题，但是，如此低密度的泡沫板其隔热性能大打折扣，无法满足隔热等级 035（DIN 18164）的要求。泡沫的热导率可以通过引入绝热物质如炭黑、金属氧化物、金属粉末或颜料而得到降低。将石墨或者炭黑涂覆在预发泡苯乙烯的珠粒表面上或镶嵌于尚未发泡的聚苯乙烯珠粒中，但是表面上的这种分布不利于预发泡珠粒的熔合，进而导致低质量的泡沫，而且表面的炭黑和石墨极容易从表面擦掉。BASF 改进了含有石墨（粒径<50μm）的可膨化苯乙烯聚合物，它可以加工成膨化聚苯乙烯泡沫，其具有低的密度、特别低的热导率以及好的加工性能和好的物理性能。随后又采用膨胀石墨代替石墨粒子，由于膨胀石墨的强吸油性，使得膨胀石墨可以很好地溶解在苯乙烯中进行聚合。随后 BASF 发现如果添加石墨粒子的尺寸>50μm，则不仅会使 EPS 具有很好的绝热性能，而且可以提供很好的隔声性能，同时含有此石墨的苯乙烯泡沫收缩性明显小于含有粒径<50μm 石墨得到的苯乙烯泡沫。BASF 随后开发了新牌号 Neopor，它可实现较小的成本达到较高的保温质量，其主要贡献是节能。Neopor 加工成的 032 类别绝热材料特别适合于采用外部绝热复合体系的正面绝热：绝热板贴在建筑墙面上，并覆盖一种特殊的石膏和玻璃纤维以防开裂。Neopor 在其他新领域的应用还包括热导率为 0.031 W/(m·K)（031 类型）的面板。它们可供应的产品起始密度约为 25kg/m³，因而能承受住该类材料所要求的更高的压力，例如绝热地板或者平面屋顶。

4.3.3.6 着色性能

为了丰富 EPS 的色彩，应用于一些需要颜色的建筑材料、包装材料、工艺品、模塑件等领域，彩色 EPS 珠粒逐渐问世。目前主流的 EPS 着色工艺是采用外涂的方式，在 EPS 涂层工艺中加入着色剂，使 EPS 表面着色，内部无着色。发泡后制品颜色变浅，且内部白色。在聚合时添加染料制备内外都着色的 EPS 珠粒也有报道，如韩国 LG 化学专利，是在聚合过程中加入了染料，并添加纳米碳酸钙补强粒子配合遮盖，来提高染料的发色能力，制备得到彩色 EPS 珠粒。李杨、韩冰等人选用有机颜料作为着色剂，制备出了高色强度、高耐晒牢度、可发性聚苯乙烯树脂珠粒，并申请了发明专利。

4.4 品种、牌号及应用

目前国内 EPS 原料生产厂家较多，各企业所生产的产品种类大致相同，根据产品的使用性能及珠粒尺寸大小大致分成了各自不同的牌号。在新品种的开发上，相比于国外化工巨头，国内企业较薄弱。但近年来，国内各大企业都纷纷加大了科研的投入，一些高性能新产品也逐渐问世，这既提高了产品的质量，又开拓了新的市场，同时也增强了国内 EPS 原料企业的国际竞争力。

4.4.1 标准普通级发泡聚苯乙烯

此类 EPS 产品的品质稳定，发泡性能较好，泡粒干松且流动性佳。在加工生产时能表现出较好的脱模性，泡粒之间的结合性也较好，冷却时间短，成型范围很宽。适用于自动真空成型机和传统升降式液压机，此类产品制得的泡沫制品具有很好的硬度及韧性，且强度好，表观平滑亮丽，不易收缩变形。特别适合生产包装缓冲材料及渔箱等，除此之外还可用于土木建筑用保温隔热材料、渔业用浮球筒、工艺品、装潢建材、铸件消失模、耐火砖及轻质耐冲击器具等。

4.4.2 高倍率通用级发泡聚苯乙烯

通用级 EPS 最主要的特点就是发泡倍率高，它的发泡性能非常好，可多次发泡，最高可发 6 次，而且泡粒饱满且富有弹性。适合于各种预发泡机/成型机。泡粒间结合性佳，加工时所需的加热时间也较短。特别适合于做 $12kg/m^3$ 以下的轻质板材、大厚件和轻包装。

4.4.3 快速成型级发泡聚苯乙烯

此类 EPS 树脂的成型周期短，能够提高生产效率，节约能源，加工时它的预发速度快，泡粒也很干松，加热时间与冷却时间都很短，真空冷却效果好，脱模性也好，而且圆熟时间也短。快速料制品的硬度与强度较普通级略差，适合于生产倍率较低的包装材料，如陶瓷、电器的包装。

4.4.4 阻燃级发泡聚苯乙烯

由于 EPS 材料本身极易燃烧，为保证阻燃的要求，生产中常加入阻燃剂六溴环十二烷（HBCD），并与一些阻燃增效剂配合实现。窦家林等人用一步法制备阻燃可发性聚苯乙烯珠粒。结果表明：聚苯乙烯珠粒的粒径随着复合分散剂总含量的增加而变小；随着搅拌转速的增加先减小后增大；分散剂的种类和配比也会影响珠粒的粒径。可发性聚苯乙烯板材的阻燃性能随着阻燃剂六溴环十二烷的质量分数增加而提高，当 HBCD 的质量分数超过 4.3% 时，自熄时间可低于 2.0s；Sb_2O_3 的加入可以减少阻燃剂的用量，降低其对可发性聚苯乙烯材料的内增塑作用，当 m（HBCD）：m（Sb_2O_3）为 3.5：1.0 时，自熄时间最短，为 1.5s。传统的阻燃料制得的板材和成型品具有自熄防火性能，当做氧指数测试时极限氧指数必须≥30%。常应用于建筑材料，保温、保冷的绝热材料以及精密仪器的包装。

近年来，传统阻燃级 EPS 树脂已经不能满足要求，高阻燃级 EPS 牌号相继问世，如嘉昌牌 CF 料，其具有高阻燃级别，能够达到 B₁ 级难燃材料标准。此类产品多是采用有机/无机复合阻燃体系来实现高阻燃标准。产品中常加入黑色或红色等彩色识别粒子以示区分，高阻燃级 EPS 的发泡剂含量适中，尤其适合生产密度 $18kg/m^3$ 的重板材材料。

4.4.5 彩色发泡聚苯乙烯

传统的彩色 EPS 多是采用珠粒外着色和发泡制品外着色生产。可以实施的方案包括：涂层粉加入颜色，预发泡后成型前引入颜色以及制品成型后表面喷涂颜色或溶液浸泡。上述工艺简单且较容易实现，但制品的颜色不均，而且只是外部表面具有颜色，内部无着色，一旦刮伤后会露白。新型彩色 EPS 树脂是在合成端便引入着色剂来制备，得到的树脂色彩鲜艳，且内外颜色一致，主要有黑色、灰色、蓝色、红色、绿色、黄色及各种复合色。彩色 EPS 常用于工艺品及包装等领域。

4.4.6 食品级发泡聚苯乙烯

此类产品符合美国食品和药品管理局相关法规的规定。可用于食品药品的包装及杯料薄件成型品。食品级 EPS 树脂的颗粒较小，因此对预发泡机有较高的要求，预发泡机必须有压缩空气接入，以利于预发时降低蒸汽温度使小颗粒受热均匀。而且宜采用低温、低压预发。

4.4.7 耐冲击发泡聚苯乙烯

此类树脂的耐冲击性能非常好，回复性好，成型容易，结合性优，常用于重机电、精密仪器的包装及特殊板材。为提高 EPS 的抗冲击性能，日本积水化成品采用粒子复合技术开发出了 PIOCELAN 牌号产品，它是聚苯乙烯-聚烯烃的合成树脂发泡体，具备卓越的耐冲击性、高刚性、耐药性，且尺寸高度稳定，可制备 5～50 倍的发泡体，其成型品可用聚苯乙烯 6 号表示，这种紧凑型缓冲材料常用于电气化产品的包装以及保险杠填充材料、汽车加高材料、重物打包材料、床垫芯材料等领域。

4.4.8 高绝热发泡聚苯乙烯

为进一步提高 EPS 材料的绝热性，BASF 公司开发出了 Neopor 牌号产品，它是在生产过程中引入了特殊的红外吸收和反射粒子，据报道可引入碳粒子或一些金属粉末。这种产品的特点是可以降低产品的吸水率和热导率，从而改变聚苯乙烯颗粒之间辐射、对流和传导之间的性能，并减少制品的静电。绝热 EPS 具有非常低的热导率，当面板密度为 $17kg/m^3$ 时，可低至 $0.032 W/(m \cdot K)$。因其具有高的绝热性，使用时若达到同等级的绝热标准，它的用料会减少，板材的厚度也会变薄，即节省了空间，此类新材料更节能，更环保。日本 Kaneka 公司开发出挤出发泡聚苯乙烯板材新牌号——Kanelite 泡沫 FX 产品。它是在 Kanelite 泡沫超级 EX 产品的基础上，利用辐照传热控制技术，把高浓度的高隔热性发泡剂分散到材料上制备而成的，其热导率达到 $0.22 W/(m \cdot K)$，是一种高性能隔热材料，比 Kanelite 泡沫超级 EX 产品的隔热性能提高了 10%，而且还实现了非卤发泡剂和污染物零排放的安全性和环保性。

4.4.9 应用

4.4.9.1 道路工程

（1）用作软土地基路堤填料

在软土地基上修筑路堤经常会产生路基不均匀沉降和沉降量过大的问题。EPS 自身密度小的超轻质特性和其特有的力学性能，决定了 EPS 能够有效地减轻路堤、基础自重荷载，从而达到减小地基变形、有效控制路堤沉降、保证路面使用质量的目的。

（2）用于路桥过渡段填筑

由于路桥过渡段的特殊性，施工质量难以控制，并且基于桥台与路堤结构的差异，使得在过渡段容易产生沉降差，从而影响行车的安全与舒适。利用 EPS 质轻、竖向受压后产生侧向压力小的特点，把 EPS 用于桥台、挡墙的填料，既能减轻自重，有效防止基础下沉，避免桥台与路基连接处的沉降差异，消除桥头跳车现象，同时又可大幅减小路堤对桥台的侧向压力。

（3）修建直立挡墙

由于 EPS 具有直立性好、侧向变形小的特点，在山区陡坡和城市道路建设中可以利用 EPS 修建占地面积小、外表美观的直立挡墙。

（4）用于减轻地下结构物顶部的土压力

路堤下埋设的刚性结构物往往会由于结构物上部土体与两侧土体不均匀沉陷而产生过大的附加压力，垂直土压力系数可达 1.2，当填土较高时甚至可达 2.0，即在结构物顶部存在应力集中现象。把 EPS 这种良好的可压缩性材料铺设在结构顶部，形成一个"人工沟槽"，可大大减小结构物所受的土壤压力。这种人为调整位移场分布、改善结构物上应力分布的方法，可用于改善深埋涵洞、管道和高坝防渗芯墙的应力分布，以防止其开裂。

（5）用于防止路基冻害

在寒冷地区，道路路基每到冬季都会发生冻害，使道路不平顺，严重时将危及行车安全。传统的整治方法如注盐、换土、铺炉渣等效果都不佳。由于 EPS 具有良好的保温隔热性能，在路基顶面铺设 EPS 作防冻层，可减少因填筑路基引起地表下冰冻层溶解而产生的沉降及防护边坡的冻胀破坏，并减小路基的冻结深度，从而消除路基冻害，保持线路结构的稳定和减小变形。

4.4.9.2　水利工程

采用 EPS 板作为涵闸基础保温层，可明显地减小或消除基础板下地基土的冻胀力，实现基础浅埋，节省基础开挖量和施工排水费用，尤其是对水饱和地基更具有实用价值。目前北方地区仅用 10cm 厚的 EPS 板作基础隔热保温层，可相应减少冻深 100cm 以上，使冻结深度减小 80% 以上，降低基础工程造价 30%～40%。另外，近年来山东、山西、宁夏等省和自治区在渠道河流衬砌的工程中也大量使用 EPS 板作防渗透、防冻融材料以解决渠道的渗透和冻融问题，均取得了很好的效果。

4.4.9.3　建筑工程

（1）用于建筑外墙保温

近年来，我国一些建筑部门仿照国外的做法，在建筑物外墙面直接粘贴 EPS 板，再在 EPS 板外粘贴加固用的玻璃纤维网格布，最后涂刷装饰和保护用的面层。使用后证明保温效果好，直接粘贴能形成完整的隔热层，避免了冷桥（或热桥）的泄漏，而且施工简便、造价低，同时还可以制作建筑外装饰的造型。

（2）用于屋顶保温

传统的屋顶保温结构是在屋顶的结构层上做好找平层后，先铺保温隔热层（加气混凝土、膨胀珍珠岩、矿棉等），再制作防水层。由于防水层暴露在外面，受日光和高低温的作用，防水层极易老化开裂，加之传统的保温材料都容易吸水，而且吸水后就失去了保温隔热性。与传统做法相反，在屋顶结构层上做好找平层后，先铺防水层，后铺 EPS 保温层，上面铺一层无纺布后再压上一层覆盖层（如卵石），这种做法被称为"屋顶保温倒置法"，其优点就是利用了 EPS 的耐久性和低吸水性，改变了防水层的工作环境，使其防水功能长期有效。从北京地区的试验工程结果来看，在冬季比较干燥的北方地区，使用 $20kg/m^3$ 的 EPS 板，8 年后并无明显变化，且经测试吸水性基本没变，确实起到了延长防水材料使用年限的作用。

（3）用于地板辐射采暖

地板辐射采暖是通过在地板中敷设热水循环管道将热量向地面上的空间辐射散热。该技术从 20 世纪 30 年代起在一些发达国家使用。我国在 20 世纪 50 年代曾将该技术用于人民大会堂等工程中。原来的循环水管主要采用钢管和铜管，存在着施工难度大、维修费用高、使用寿命短等缺点。新型塑料管和保温材料的应用，尤其是地下层绝热材料——EPS板的使用，为该项技术的发展提供了基础，使用寿命可达 50 年以上。目前我国正在逐步推广独立采暖、单户计量收费的措施，使地板辐射采暖和地板绝热保温成为今后的发展趋势。

4.4.9.4 包装

在现代工业领域，EPS 因为具有耐冲击、成本低以及环境污染小的特点，成为全世界范围内电子产品行业、电器行业、园艺产品和渔业运输的重要包装材料。其突出的吸震性可以确保被包装产品的安全，而它的抗压性使其成为能叠起堆放制品的理想包装材料。

EPS 的绝热性可以保持食品的新鲜，并且在销售过程中防止冷凝，所以广泛用于包装水果和蔬菜。

园艺产业中也经常使用 EPS 容器来盛放较小的植物和花卉，具有良好绝热性能的 EPS 可以保护植物在早期生长阶段免受霜冻伤害。

4.4.9.5 其他应用

EPS 泡沫质轻，可以用来做各种浮材，例如救生圈、救生筏等。聚苯乙烯泡沫塑料救生圈的模压成型工艺为：其芯部是 EPS 泡沫体，外面包覆玻璃布和衬布，再涂以酚醛树脂并进行后处理。

模具一般采用铝合金，加工方便，导热性能好。模压成型前应注意排除蒸汽管内的积水，以免制品中含积水而增加密度。

以植物纤维素混入聚苯乙烯淀粉树脂中，促使多组分交联，使分子链从原来的线型或者轻度支链型结构转化为三维网络结构，形成纤维增强淀粉泡沫塑料，可以有效提高快餐具制品的降解性能、力学性能、加工性能，而且降低成本。

制品中添加具有良好生物降解性的纤维素，可以使制品的生物降解性能明显提高。配方中添加光敏剂和强氧化剂，使制品在生物降解基础上还获得较好的光降解性和环境化学氧化性。这种应用多种降解机理的方法，势必使降解塑料在各种环境中的降解适应性、降解彻底性和降解速度提高到一个新高度。

4.5 发展趋势

市场需求导向下，EPS 产品将向着更环保、高性能化以及多功能化的方向发展，应用领域也将更加广泛。

（1）环保化

随着环保意识的不断提高，EPS 材料的环保性越来越受到重视。未来，EPS 材料将会更加环保化、绿色化，例如开发可降解的 EPS 材料，以减少对环境的污染。

（2）高性能化

对现有产品质量的提升是大势所趋，研发出高阻燃级别的 EPS 显得尤为迫切。对于阻燃性能的提高可能会从如下几个方面实现：其一，在使用有机含卤阻燃剂的前提下，优化复配无机阻燃粒子，起到协同增效的作用，或开发出适用于 EPS 产品且不含卤素的无机复合阻燃体系；其二，有机含卤阻燃剂可能会面临被限用、禁用的处境，因此开发出新型、适用于 EPS 的高效且不含卤素的有机阻燃剂会成为新的研究方向；其三，开发能够与苯乙烯单体共聚的反应型阻燃剂。同时也可从苯乙烯单体出发，研发卤化苯乙烯技术，使单体本身具备阻燃性能。

加大 EPS 产品的研发会使其具有更好的发展前景和经济效益。与一些特定功能的无机粒子结合制备 EPS 复合材料已经成为研究的热点及方向。以市场需求为前提，综合考虑节能环保的要求，为提高产品的绝热性，在达到相同保温隔热效果时，EPS 用料更少，可开发低热导率 EPS 产品。为提高 EPS 的耐水性，应用于防水领域，如屋顶用 EPS 建材，可开发防水性能好的产品。为降低 VOC 含量，研发低戊烷牌号产品或开发可替代戊烷使用的新型环保发泡剂也会成为热点。此外，为了提高 EPS 产品的力学性能，包括压缩强度、抗冲击性等，可选择与第二单体共聚开发新型 EPS 产品。

（3）多功能化

未来，EPS 材料将会向多功能化发展，例如研发既能保温又能隔声的 EPS 材料，或者开发既能隔热又能防火的 EPS 材料。

参考文献

[1] Munters C G, Tandberg J G. Heat insulation：US 2023204[P]. 1935.
[2] McIntyre O R. Method of making and storing compositions comprising thermoplastic resins and normally gaseous solvents：US 2515250[P]. 1947.
[3] 董满祥, 张传贤. EPS 生产技术及发展前景[J]. 兰化科技, 1983, 3：46-50.
[4] 张迎新, 王方铭. EPS 生产技术及应用[J]. 河南化工, 1999, 10(10)：6-7.
[5] 章于川, 马建明, 钱家盛. 可发性聚苯乙烯(EPS)珠粒树脂生产技术研究[J]. 安徽大学学报(自然科学版), 1993, 1：69-75.
[6] 窦家林, 李杨, 韩冰. 复合分散体系苯乙烯悬浮聚合的研究[J]. 合成树脂及塑料, 2011, 28 (6)：17-21.
[7] 韩冰, 李杨. 复合分散体系下悬浮聚合制备窄分布 PS 树脂[C]. 大连：2011 年全国高分子学术论文报告会, 2011. 922.
[8] 吴建夫, 陈萍芬. 复合引发剂提高可发性聚苯乙烯质量[J]. 兰化科技, 1991, 9(4)：253-255.
[9] 周建, 罗学刚. 可发性聚苯乙烯(EPS)悬浮聚合研究进展[J]. 广东化工, 2004(9)：34-36.
[10] 居寿祥. 苯乙烯悬浮聚合补加引发剂工艺介绍[J]. 塑料工业, 1984(4)：17-18.
[11] 何继敏. 聚合物发泡材料及技术[M]. 北京：化学工业出版社, 2008.
[12] 何小兵, 王庭慰. 可发性聚苯乙烯阻燃技术研究[J]. 中国塑料, 2002, 16(1)：15-18.
[13] 葛世成. 塑料阻燃实用技术[M]. 北京：化学工业出版社, 2004.
[14] 谭智勇. 新型难燃可发性聚苯乙烯的研制[J]. 广东化工, 2001(1)：27-29.
[15] 李建军, 黄险波, 蔡彤旻. 阻燃苯乙烯系塑料[M]. 北京：中国科学出版社, 2003.

[16] 雷自强，王伟，张哲，等. 阻燃聚苯乙烯研究进展[J]. 塑料科技，2009，37(4)：92-97.

[17] Scheirs，J.，Priddy，D. B.，现代苯乙烯系聚合物[M]. 北京：化学工业出版社，2004.

[18] 潘祖仁. 高分子化学[M]. 3 版. 北京：化学工业出版社，2007.

[19] 计其达. 可发性聚苯乙烯粒度控制[J]. 合成树脂及塑料，1984(1)：47-50.

[20] O'shima Eiji，Tanaka Masato. Effect of solid powder on stability of suspension polymerization of Styrene[J]. Kagaku Kogaku Ronbunshu. 1982，8(2)：188-193.

[21] 何光伟. 悬浮聚合用无机分散剂——磷酸钙的表征[J]. 合成树脂及塑料，1992(9)：16-19.

[22] 冯连芳，高彦芳. 悬浮聚合用 HAP/SDBS 无机分散体系的作用机理[J]. 化学反应工程与工艺，1993，9(4)：432-436.

[23] 方仕江，潘仁云，周其云，等. TCP 为分散剂时苯乙烯悬浮聚合分散特性因素对瞬间液滴的影响[J]. 化学反应工程与工艺，1992，8(1)：38-43.

[24] 靳艳巧，李曦，张超灿，等. 微悬浮聚合法制备聚苯乙烯磁性微球的研究[J]. 高分子材料与工程，2006，22(6)：87-89.

[25] 张建丽，迟长龙. 苯乙烯悬浮聚合粒度的控制[J]. 河南工程学院学报，2008，20(1)：50-66.

[26] 顾国兴. 可发性聚苯乙烯用反应釜：CN101333268A[P]. 2008-12-31.

[27] 龚峻松. 三叶式后掠桨用于悬浮聚合时的搅拌特性和设计原则[J]. 舰船科学技术，2006，28(2)：64-66.

[28] 徐红岩. 苯乙烯中杂质对悬浮法聚苯乙烯粒径的影响[J]. 精细石油化工进展，2000，1(7)：25-26.

[29] 张京珍. 泡沫塑料成型加工[M]. 北京：化学工业出版社，2005.

[30] 张玉龙，李常德. 泡沫塑料入门[M]. 杭州：浙江科学技术出版社，2000.

[31] 昊舜英，徐敬. 泡沫塑料成型[M]. 北京：化学工业出版社，1999.

[32] 谭智勇. 添加成核剂提高可发性聚苯乙烯的发泡质量[J]. 广东化工，2001(3)：39-41.

[33] 张庆江，李卫宏. EPS 生产技术及现状[J]. 化学工程师，2005，116(5)：52-53.

[34] 王俏，张玉琪，刘勇. 苯乙烯悬浮聚合工艺条件优化[J]. 化学与生物工程，2010，27(4)：71-73.

[35] 张玮. 一步法生产发泡聚苯乙烯[J]. 现代塑料加工应用，2000，11(4)：14-16.

[36] 李正康. 可发性聚苯乙烯的一步法生产技术：CN94113014[P]. 1995.

[37] 徐红岩. 一步法可发性聚苯乙烯工艺技术开发——无机分散体系[J]. 金陵石油化工，1994，1：8-12.

[38] 巴洛瓦，鲁佩舍夫. 聚苯乙烯塑料的制备方法：RU92105451[P]. 1994.

[39] Davis，Gahmig，Schmolka. Method of making expandable polystyrene beads：US4174427A[P]. 1978.

[40] Lozachmeur，Didier. Aqueous suspension polymerization process of compositions containing styrene in the presence of rosin acid derivatives and their salts and expandable or non expandable polystyrene obtained：US295540[P]. 1989.

[41] Carlier，Christophe. Expandable polystyrene composition，expandable beads and moulded parts：US338584[P]. 1999.

[42] Neustadt D E，Kirchheim D E，Hightstown N J. Process for the preparation of expandable polystyrene：US514643[P]. 1995.

[43] 积水化成品工业株式会社. 生产聚苯乙烯型珠粒和可发泡聚苯乙烯型珠粒：JP96104499[P]. 1996.

[44] 时运铭，周建国. 二步法可发性聚苯乙烯的生产[J]. 河北化工，1995(3)：15-16.

[45] Crevecoeur，Nelissen，Lemstra. Water expandable polystyrene(WEPS)Part 1. Strategy and procedures[J]. Polymer，1999，40(13)：3685-3689.

[46] 韩冰，李杨. 苯乙烯-纳米无机粒子原位悬浮聚合制备 EPS 纳米复合材料[J]. 中国塑料，2012，26(6)：36-41.

[47] 程曾越. 通用树脂实用技术手册[M]. 北京：中国石化出版社，1999.

[48] Gabbard R，Schmied B，Weisenbach E R，et al. Anti-lumping compounds for use with expandable polystyrene beads：US2003073752A1[P]. 2003.

[49] Sonnenberg，Hajnik Dennis M. Process for the preparation of expandable vinyl aromatic polymer particles containing hexabromocyclododecane：US4980382[P]. 1990-12-15.

[50] BASF. 发泡性聚苯乙烯粒子的制备工艺：CN1135251C[P]. 2004.

[51] BASF. 阻燃性聚苯乙烯泡沫材料：CN1143877C[P]. 2004.

[52] W. D. 布劳韦，E. H. E. 拉斯. 阻燃聚苯乙烯：CN101835827A[P]. 2010.

[53] 金在千. 具有优异的绝热和防火效果的可发性聚苯乙烯珠粒及其生产方法：CN101796114A[P]. 2010.

[54] 于友江. 聚苯乙烯/膨胀石墨复合发泡材料的制备：CN101891852A[P]. 2010.

[55] 林玉芳. 一种可发性聚苯乙烯颗粒的制备方法及其应用：CN102140182A[P]. 2011.

[56] 韩冰. 原位悬浮聚合制备 EPS 纳米复合材料[D]. 大连：大连理工大学，2012.

[57] BASF Corporation，Parsippany N J. Polystyrene having high degree of expandability，and formulation having a highly-expandable polymer therein. US5，112，875[P/OL]. 1992-5-12.

[58] 巴斯夫股份公司. 制备可膨胀聚苯乙烯的方法：CN1148049A[P]. 1997-4-23.

[59] 巴斯夫股份公司. 制备可发泡聚苯乙烯的方法：CN1553930A[P]. 2004-12-8.

[60] BASF Aktiengesellschaft，Ludwigshafen. Expandable styrene polymers：US5783612[P/OL]. 1998-7-12.

[61] BASF Aktiengesellschaft，Fed Rep of Germany. Particulate polystyrene containing blowing agent and having improved expandability：US4525484[P/OL]. 1985-6-25.

[62] 巴斯夫股份公司. 具有多重或多重模态分子量分布的可发泡性聚苯乙烯珠粒：CN1890308A[P]. 2007-1-3.

[63] BASF Aktiengesellschaft，Ludwigshafen（DE）. Method for producing water expandable styrene polymers：US6342540[P/OL]. 2002-1-29.

[64] BASF Aktiengesellschaft，Ludwigshafen. Expanda styrene polymers：US5880166[P/OL]. 1999-3-9.

[65] Morioka Ikuo，Yamagata Hiroyuki，Shimada Mutsuhiko. Expandable styrene type resin particles and foamed articles from said particles：US5580649[P]. 1996.

[66] 原口 K，铃木 T，古市 M，等. 可发性橡胶改性苯乙烯树脂珠粒、其发泡珠粒以及由它制得的发泡模塑制品：CN1145923A[P]. 1997.

[67] 原口健二. 可膨胀橡胶改性苯乙烯树脂组合物：CN1213673A[P]. 1999.

[68] 金子正道，木叶勋. 生产发泡模塑聚苯乙烯制品的方法：CN1193567[P]. 1998.

[69] Wittenberg D，Hahn K，Guhr U，et al. Expandable styrene polymers：CA2016587[P]. 1990.

[70] Glück G，Hahn K，Henn R，et al. Expandable styrene polymers：US5880166A1[P]. 1999.

[71] Morioka Ikuo，Shimada Mutsuhiko. Expandable bead of high-impact styrene resin and its production：JP6049263[P]. 1994.

[72] 大原英一，山口英宏，中村京一. 发泡性聚苯乙烯类树脂粒子、其制造方法以及使用该粒子的发泡体：CN1242027A[P]. 2000.

[73] 丸桥正太郎，上田有一，大原英一，等. 可发泡的聚苯乙烯树脂粒子和由其生产的泡沫制品：CN1402757A[P]. 2003.

[74] Algostat G. Polystyrene hard foam molded articles：EP0620246[P]. 1994.

[75] 格鲁克 G，哈恩 K，巴茨彻迪尔 K-H，等. 含有石墨粒子的可膨化苯乙烯聚合物的制备：CN1254356A[P]. 2000.

[76] 格鲁克 G. 含膨胀性石墨粒子的发泡性苯乙烯聚合物的制备工艺：CN1310740A[P]. 2001.

[77] Glück G. Expandable styrene polymers containing graphite particles：US6414041B1[P]. 2002.

[78] 李杨，申凯华，韩冰. 高色强度高耐晒牢度彩色可发性聚苯乙烯树脂珠粒及其制备方法：CN2012101894318[P]. 2012.

[79] 奇莲馨. EPS 的特性及其在道路工程中的应用研究[J]. 科技风，2009(10)：29.

[80] 李玉玲，谷晓昱，刘喜山，等. 树脂包覆法阻燃 EPS 泡沫塑料的制备及其燃烧性能的表征[J]. 中国塑料，2013(1)：7.

[81] 窦家林. 阻燃级发泡聚苯乙烯树脂的研究[D]. 大连：大连理工大学，2011.

[82] 燕丰. 日本 Kanekag 公司开发出发泡聚苯乙烯板材新牌号[J]. 合成树脂及塑料，2016，33(04)：87.

[83] 刘行. 包覆法无卤阻燃发泡聚苯乙烯制备及性能研究[D]. 上海：华东理工大学，2011.

[84] 李连伟. 环境友好型水基发泡聚苯乙烯树脂的制备及性能研究[D]. 北京：北京化工大学，2012.

[85] 汪文昭，矫阳，陆永俊. 超临界 CO_2 发泡聚苯乙烯工艺研究[J]. 工程塑料应用，2016，44(03)：60-64.

[86] 黄娟. 水发泡聚苯乙烯微球的制备及其吸附性能[D]. 天津：天津大学，2020.

第 5 章
苯乙烯共聚物树脂

5.1 ABS 树脂

5.1.1 概况

丙烯腈-丁二烯-苯乙烯（ABS）树脂是在聚苯乙烯改性基础上发展起来的，由 50% 以上的苯乙烯和少量的丁二烯及丙烯腈组成。由于 ABS 具有韧、刚、硬的独特优点，其应用范围已远远超过 PS，因此成为一种独立于 PS 的塑料品种。其三种主要组分呈两相体系，离散聚丁二烯（PB）橡胶颗粒为分散相，聚苯乙烯-丙烯腈（SAN）基体为连续相，每种成分对 ABS 性能都有其特殊贡献。高断裂韧性归因于丁二烯（Bd）组分，苯乙烯（St）赋予其良好的加工能力、光泽和高强度，耐化学性、刚性和表面硬度在很大程度上取决于丙烯腈（AN）组分。ABS 分子链中的苯基、不饱和双键和氰基使得 ABS 材料具有不稳定性，容易与其他共聚单体反应而改性。

ABS 树脂最早于 1947 年由美国 USR 公司采用共混法开发成功并实现工业化生产。该法工艺简单，但产品耐老化性、低温抗冲性能、加工性能均较差。1954 年，美国 Borg-Warner 公司制成乳液接枝型 ABS 并实现工业化，但该工艺复杂，对环境污染严重。20世纪 80 年代中期日本三井东压首次使用连续本体 ABS 聚合工艺建成工业生产装置，形成以 GE、Dow 化学、Monsanto、BASF、三井东压为代表的几家公司的特色工艺[1]。

我国 ABS 树脂的研制始于 1963 年。1975 年我国第一套乳液接枝法 ABS 树脂装置在兰州化学工业公司合成橡胶厂投产，装置规模 2000t/a，由此拉开了我国 ABS 树脂工业化的帷幕。1974 年上海高桥石化公司采用悬浮法建成了一套 3000t/a 的 ABS 树脂装置。上海高桥石化公司采用自主开发的乳液接枝-乳液 SAN 掺合工艺改建成一套 1000t/a 的装置，并于 1978 年底开车成功。1982 年，兰州化学工业公司合成橡胶厂引进日本三菱人造丝公司的乳液接枝-悬浮 AS 掺合 ABS 树脂生产装置，装置规模 1×10^4t/a。1983 年，上海高桥化工厂从美国钢铁公司（USS）购进一套闲置的乳液接枝-乳液 AS 掺合工艺的 ABS 树脂旧装置，生产能力 2.25×10^4t/a。1986 年底，吉林化学工业公司有机合成厂与日本 TEC-MTC 签约引进一套 1×10^4t/a 连续本体法 ABS 树脂装置[2]。2004 年宁波甬兴 LG 化学有限公司的 ABS 树脂生产能力达到 300kt/a；镇江奇美有限公司生产能力达到 250kt/a；吉林石化经过扩能，生产能力达到 18×10^4t/a[3]。2005 年我国 ABS 树脂生产企业已有 9 家，生产能力达到 1360kt/a，产量为 1080kt。2020 年产能 427×10^4t/a[4]。据统计，未来国内在建和规划的 ABS 产能还有 510 万吨/年，国内 ABS 装置投产预期如表 5-1 所示。

表 5-1　中国 ABS 树脂在建和规划产能统计表

企业名称	区域	工艺路线	产能/（万吨/年）	预计投产时间
烟台万华（一期）	山东烟台	乳液法	40	计划 2025 年末投产
大庆石化	黑龙江大庆	乳液法	20	2025 年 3 月
中国石化上海高桥	上海	本体法	10	2024 年末（扩能）
山东海科	山东东营	本体法	20	2025 年投产
中国石化天津分公司	天津	乳液法	30	2025 年 3 月
吉林石化	吉林吉林	乳液法	40	2025 年 9 月
		本体法	20	2025 年 5 月
荣盛石化	浙江舟山	乳液＋本体	120	2026 年投产
中国石化茂名石化	广东茂名	乳液法	50	2026 年投产
烟台万华（二期）	山东烟台	乳液法	40	规划，尚未动工
宁波科元	浙江嵊州	本体法	60	规划，尚未动工
东华能源	广东茂名	乳液法	60	规划，尚未动工
合计			510	

　　ABS 产能主要分布区域为亚洲、北美及欧洲地区，其中亚洲产能明显高于其他地区。全球 ABS 树脂新增产能主要集中在亚太地区，而美国、日本等国家产能增长趋于停滞，欧洲有小幅下降。主要原因是亚太地区发展迅速，特别是中国的经济高速增长促使需求扩大；另一方面，一些发达国家从自身利益出发，调整环保、能源和生产销售策略，欧洲 ABS 树脂生产企业频繁重组合并，也导致了 ABS 生产格局的变化[5]。过去几年中，由于行业产能整合和新建投资项目滞后使 ABS 供需关系基本平衡。2020 年，全球 ABS 产能达到了 1162.5×10^4 t/a，产量为 887×10^4 t，开工率为 76.3%，消费量为 887×10^4 t，供需基本平衡[6]。

　　ABS 树脂可按加工工艺和用途进行分类。ABS 树脂按加工工艺可分为注塑级、挤出级、压延级、吹塑级等。ABS 树脂按用途可分为通用级、耐热级、耐候级、耐化学级、阻燃级、透明级、抗静电级、电镀级、医用级与食品级等。

　　目前国内外 ABS 树脂的主要牌号有中国石油吉林石化公司生产的 0215-A、0215-F、0215-H1、0215-P、0505-A，中国石油大庆石化公司研发的 740-A、750-A、HFA-75，浙江宁波 LG 甬兴化工有限公司的 GR-2001、TE-10、TE-20、TE-30、TH-21、TP-801，中国石化高桥石化公司的 3453、8391、8434，江苏镇江奇美化工有限公司开发的 PA-707K、PA-749SK、PA-757K，Bayer 公司研发了牌号为 530 的 ABS，美国 LG 公司拥有 AF-312、HF-380、HI-121、TR-557、XR-401 等牌号，Dow 化学公司开发了 9010、7490、PG-960 等牌号，锦湖公司拥有牌号为 750 的 ABS，日本电气化学公司开发了 GR-2001、TE-10、TE-20、TE-30、TH-21、TP-801 等牌号[7]。其中中国石油天然气股份有限公司吉林石化分公司部分牌号如表 5-2 所示。

表 5-2　中国石油天然气股份有限公司吉林石化分公司

牌号	熔体流动速率/ （g/10min）	拉伸强度/ MPa	维卡软化 温度/℃	弯曲强度/ MPa	简支梁缺口冲击 强度/（kJ/m²）
0215-A	18.0～24.0	≥43.0	≥92.0	≥71.0	≥16.0
GE-150	18.0～24.0	≥43.0	≥91.0	≥69.0	≥15.0
0215-ASQ	18.0～24.0	≥41.0	≥90.0	≥68.0	≥15.0
0215-H	18.0～24.0	≥41.0	≥90.0	≥68.0	≥18.0
PT-151	18.0～24.0	≥41.0	≥90.0	≥68.0	≥18.0
0215-E	20.0～25.0	≥45.0	≥95.0	≥72.0	≥10.0
HF-681	33.0～50.0	≥35.0	≥89.0	≥58.0	≥16.0
EP-161	16.0～24.0	≥37.0	≥90.0	≥60.0	≥15.0

5.1.2　制备方法

ABS 树脂是橡胶增韧 SAN 树脂制备的聚合物共混物。制备 ABS 树脂需先合成橡胶，橡胶的合成可以采用乳液聚合或溶液聚合。SAN 的合成可以采用乳液聚合、悬浮聚合或连续本体聚合。ABS 树脂的生产工艺可分为乳液接枝法、乳液接枝掺混法、连续本体法。乳液接枝掺混法又可分为乳液 SAN 掺混法、悬浮 SAN 掺混法和本体 SAN 掺混法。其中，乳液接枝法和乳液 SAN 掺混法生产落后、效益差。目前悬浮 SAN 掺混法应用较为广泛，其反应容易控制，热交换容易，品种变化较为灵活，但是其投资要求较高，后处理复杂，环保性差，产品含有一定杂质。目前本体 SAN 掺混法和连续本体法的技术水平较高，但是相较之下连续本体法具有投资低、后处理简单、产品纯净、符合环保要求等优势，具有广阔的应用前景。

本节将以中试实验装置为例介绍本体法 ABS 的生产流程[8]。本体 ABS 中试实验装置由原料区、反应区和后处理区组成。原料区主要包括单体及溶剂储罐、配液罐和胶液储罐，主要是将单体和增韧橡胶配制成反应所需胶液。反应区是整套装置的核心部分，由 4 台平推流反应器串联组合而成，每台反应器分为上、中、下三个反应区，各个反应区都有独立的温控系统，同时在各反应器进料前端还配有助剂加入系统，胶液在此区域经过本体聚合生成 ABS 树脂。后处理区主要是将未反应的单体和溶剂经过脱挥回收，同时将产品挤出造粒。整套中试装置的工艺流程如图 5-1 所示。

首先根据配方，将反应单体和溶剂通过泵输送至配液罐。同时将橡胶切成小块一并加入配液罐，在一定搅拌速率下溶胶 24h，待橡胶全部溶解后，将胶液输送至储罐中待用。此时配液罐可进行下一罐胶液的配制，以保证整个装置的连续运行。然后将 4 台反应器各反应区温度和搅拌转速调整至规定值，开启胶液进料泵，将反应胶液输送至反应器内。同时开启助剂 1 和助剂 2 进料泵，分别向反应器内加入引发剂和链转移剂。待反应物料开始进入第 2 反应器时，开启助剂 3 进料泵，以此类推，直至物料充满全部 4 个反应器。此时开启反应器后出料输送泵将物料输送至挤出机，通过调整泵的频率保证进料和出料量的相对平衡。物料在挤出机经过脱挥挤出后进入切粒机造粒，未反应的单体回收至循环液储罐进行重复利用。

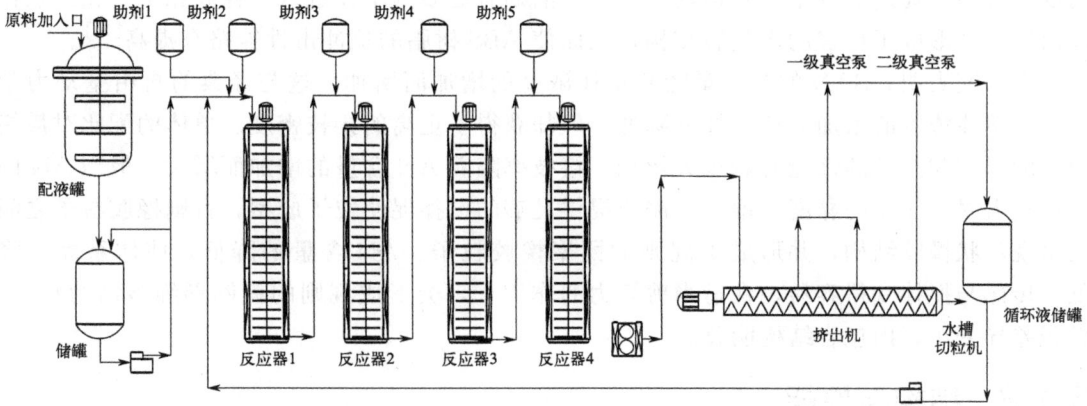

图 5-1　连续本体法 ABS 中试实验装置工艺流程图[9]

链转移剂也叫分子量调节剂，其主要功能是终止橡胶链上的 SAN 支链与游离的 SAN 树脂链的生长，活性链转移剂使 SAN 链自由基向链转移剂转移，降低树脂分子量，使分子量分布变窄。可以通过合理控制链转移剂的加入量控制产品的微观结构，进而改善产品的性能。链转移剂的加入会使体系黏度减小，降低 SAN 树脂分子量与接枝率，同时使橡胶粒子显著增大，分散性变好，且内包容结构明显。根据聚合反应动力学，在聚合反应初期加入适量的链转移剂利于活性种与单体在体系中的有效扩散，促进了内包容结构的形成，链转移剂的活性较高，易与自由基反应，从而降低了自由基向橡胶链的转移概率，降低了橡胶链的活性中心，影响其支链的发展，使接枝链长度减短，游离 SAN 链增多，降低了接枝率。

本体聚合制备 ABS 树脂中，由于单体对橡胶溶解度存在上限，所以需要加入一定溶剂来加速橡胶溶解，降低体系黏度，提高本体聚合的用胶上限。适当溶剂的加入有利于体系的传质、传热，对于反应过程的稳定控制有明显效果。在相同条件下，不同的溶剂及配比对橡胶粒子的结构具有一定影响。一般溶剂较少时，反应时黏度较大，传热不均，散热不易，温度控制困难，容易发生爆聚和粘釜，制备的橡胶粒子尺寸不大，形状不规则，分散性不好。随着溶剂的增加，一般在 20%～30% 之间，稀释体系黏度适中，搅拌充分，利于活性种与单体在体系中的有效扩散，增大了它们的碰撞概率，也使得部分单体进入了橡胶粒子内部聚合，所制备的橡胶粒子分散均匀，形态结构为规则的椭圆形，内包容结构清晰可见，这时的 ABS 树脂力学性能较优。当溶剂过量时，体系单体的浓度过低，聚合反应速率变慢，会使体系相转变过程延后，抑制反应的进行，导致相反转不完全，大多数橡胶粒子会没有规则的形态。

温度对聚合过程的影响同样不可忽视。升高温度会降低引发剂半衰期，加速引发剂的分解，使单位时间内体系的自由基浓度增大，促使单体共聚和反应速率加快，使单位时间内生成的 SAN 共聚物增加，导致体系黏度的增长。升温的同时也加快了接枝反应，但单体共聚的速度更快导致了体系接枝率的降低，接枝率的降低会增加两相的界面张力，不利于相容性，连续相黏度的增加也会抑制橡胶粒子的活动，影响橡胶粒子的大小及其在基体树脂中的分散。理论上过高的温度会在宏观上对 ABS 树脂的性能产生一些不良影响，但温度的升高也促进了分子的热运动，在聚合前期有更多的单体进入了橡胶相中，在接枝橡胶内部聚合形成了更多的内包容结构，反而使 ABS 树脂的抗冲击性能略有提高[10]。

有研究表明，SAN 的分子量随着单体浓度的增加而增加，这与经典的自由基动力学一致。单体浓度的增加会使接枝率降低，但却获得了更高的接枝密度。单体的配比对最终粒子的形态和产品的性能有着很大影响，接枝率随着 AN 含量的增加而增大。但当 AN 的占比过大时，体系的黏度会增大，需要提供足够的搅拌促使粒子成型，否则橡胶粒子之间会出现丝状橡胶结构，并形成不规则的团聚橡胶粒子。AN 含量的降低，使体系黏度降低，传热与搅拌变得容易，在适当剪切力的作用下，会形成规则的椭圆形细胞结构粒子，粒径差异变小，内包容结构明显。

5.1.3 结构与性能

ABS 树脂是由丙烯腈、苯乙烯、丁二烯以及其他改性单体聚合而成的。其中，丙烯腈与苯乙烯反应生成 SAN 树脂构成连续相，聚丁二烯橡胶构成分散相，图 5-2 为 ABS 的扫描电镜图。

本体聚合中所形成的橡胶粒子的大小及其分布、粒子形态、内包容结构的多少对 ABS 树脂的性能起着根本性的作用。一切的外界条件、工艺参数的改变都主要体现在橡胶粒子身上，所以如何调控本体聚合中的橡胶粒子是解决本体 ABS 树脂牌号单一的根本途径。而影

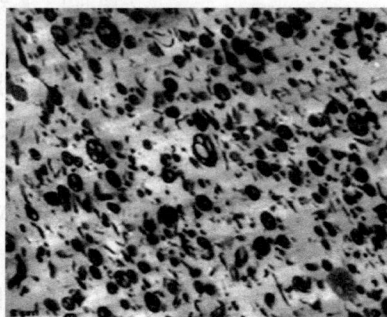

图 5-2　ABS 的扫描电镜图[11]

响橡胶粒子结构的因素有三种，分别是剪切力、黏度和接枝，这三种因素又相互关联共同作用。对于这种复杂的联系，科研学者对每一种因素都进行了分析[11]。

一般来说，搅拌可降低橡胶粒子尺寸，但搅拌在减小橡胶颗粒尺寸方面并不总是有效的，因为黏度会对其产生影响并且扭矩上限也会限制橡胶粒子的尺寸。但剪切力的继续提高可以降低体系的接枝率，接枝率随着单体受到传递的剪切力的增大而逐渐降低，会影响两相的界面张力，产生更多的游离物质，从另一方面降低了树脂的冲击强度，但橡胶粒子的变小和体系黏度的降低使 ABS 树脂的加工流动性得到了改善。

黏度对橡胶粒子的影响可分为两类，分别是两相黏度以及两相黏度之比。分散相的黏度主要由橡胶种类（结构）和橡胶含量决定，此外，分散相的黏度还受到反应过程中交联的影响。连续相的黏度主要由分子量和 SAN 分子链的长短决定。两相黏度之比在 0.2～1 之间时粒子最容易破裂，同时也是调节粒子形态的最佳区间，如果采用本体聚合制备 ABS 树脂，两相黏度之比调到在此区间内最佳。通常情况下，两相黏度比越接近于 1，理论上两相之间存在的能量转移越大，越容易获得小颗粒粒子。

接枝是控制橡胶粒子形态和本体 ABS 树脂性能最根本的手段，其涉及的机制和动力学非常复杂。ABS 树脂的橡胶相存在最佳接枝水平，需要能产生最小储能剪切模量的接枝率，如果接枝太少，粒子会通过范德华力吸引其他粒子团聚，但是接枝过多又会使接枝链之间的吸引力排斥基质，由于橡胶的有效接枝会降低分散相与连续相之间的界面张力，增强界面黏合力，这同样有助于获得稳定的橡胶颗粒，使其在基质中良好分散。

ABS 树脂的增韧核心就是引入橡胶粒子，所以橡胶本身的结构不同和其用量的多少，

必然导致所制备的 ABS 树脂相转变后的接枝橡胶粒子尺寸不一，内包容结构不同，从而导致其力学性能上的差异。增韧橡胶用量对 ABS 树脂的增韧性能有较大影响，橡胶含量高时，ABS 的冲击性能、断裂伸长率提高，而弯曲强度、弯曲弹性模量、拉伸强度、熔体流动速率和洛氏硬度有所降低，其中冲击强度变化尤为明显。橡胶含量的提高必然需要更多的 SAN 共聚物，这就需要提高单体转化率或延长反应时间。橡胶含量的增加必然会产生更多的接枝橡胶粒子，橡胶粒子作为应力的集中点，其含量的增加自然会表现出抗冲击性能的提高。随着橡胶含量的提高，大橡胶颗粒数量增加，内包容结构更多。在透射电子显微镜下可以清晰地观察到随着橡胶含量的提升，橡胶粒子被染色的颜色更重，容易推测橡胶骨架是明显增加的，这也会使橡胶粒子的增韧效果更好。但由于橡胶在单体和溶剂中溶解度的限制，且橡胶的过量添加会使体系的黏度大幅上升，搅拌困难，不利于传质传热，影响工业生产，所以通常本体 ABS 树脂的橡胶含量不会高于 20%，不过可以通过增大橡胶粒子内包容结构来提高橡胶利用率。

　　ABS 的力学性能优异但其耐紫外线能力差、易燃烧、热氧条件下易老化、耐热性能较差，因此需向 ABS 中加入第四单体来提高性能。比如通过添加马来酰亚胺、马来酸酐、α-甲基苯乙烯等耐热性好的单体可提高 ABS 树脂的耐热性，添加乙烯-醋酸乙烯酯共聚物来提高 ABS 树脂的耐化学性，与丙烯酸酯共聚来生产透明性好的 ABS，添加磷系阻燃剂、硅系阻燃剂等来提高其阻燃性能等。为得到性能更好的改性 ABS 树脂，科技工作者们做了大量的实验，并取得了各种研究成果。

　　San-E Zhu[12] 等制备了硼二吡咯亚甲基（BODIPY）改性 MXene（$Ti_3C_2T_x$）纳米片作为 ABS 的阻燃剂，加入该阻燃剂的 ABS 的拉伸强度、杨氏模量、断裂伸长率、力学性能以及极限氧指数（LOI）都有提高。与纯 ABS 相比，其热释放率峰值、产烟率峰值、HCN 浓度峰值、NO 浓度峰值、N_2O 浓度峰值、NH_3 浓度峰值和 CO 浓度峰值均有所降低。该结果表明 BODIPY-MXene 纳米片作为高效阻燃剂、有毒烟尘抑制剂和聚合物染色剂的潜在应用。

　　G. Schinazi 等[13] 采用 DoE 技术设计了一个系统的两阶段研究，评估了 8 种添加型非卤化阻燃剂（4 种天然衍生添加剂和 4 种低毒合成添加剂）及其组合在降低 ABS 可燃性方面的性能。研究表明，使用生物基阻燃剂可以显著降低 ABS 的可燃性，达到了与商业溴化 ABS 产品（Br-ABS）相当的效果，同时保持可接受的力学性能，这表明生物基阻燃剂替代溴化 FRs 用于 ABS 的商业用途具有真正的潜力。

　　D. J. Zhao 等[14] 重点研究了原位反应挤压法制备核壳共混体系和接枝 ABS 共混体系的形态和性能。ABS/PA6 增容共混物的相容性和形貌受 ABS 类型和共混物组成的影响。形貌结果表明，亚微米级 ABS 液滴均匀分布在 ABS/PA6 核壳共混体系中，冲击强度显著提高。

　　J. H. H. Rossato 等[15] 以 SBS 含量不同的 ABS 为原料，通过挤压法制备 ABS 与 SBS 共混物。结果表明，ABS/SBS 共混物的形貌和力学行为很大程度上取决于 ABS 基体的组成和特性。随着 SBS 含量的增加，断裂伸长率增加，模量略有下降。橡胶颗粒粒径在 $0.1 \sim 0.8\mu m$ 范围内分散的 ABS/SBS 共混物具有较好的抗冲击性能，而粒径较大的 ABS/SBS 共混物的力学性能较差。说明 ABS 基质的黏度和组成对混合过程中分散相的分散和聚结起着重要作用。

任少东[9]参考 Dow 化学 ABS 树脂配方，以实验室小试研究结果为基础提出了本体法高流动 ABS 树脂的制备工艺，对比嵌段丁苯胶 1322 和星型顺丁胶 565T 复合胶以及四种胶样的复合胶，制备了各种高抗冲、高流动的 ABS 树脂样品，并分析了各自性能差异。

李炜[16]对本体法工艺合成的 ABS 树脂进行了化学结构与力学性能、光泽度的关系研究。其次还研究了减小 ABS 气味和 VOC 数值的工艺改进方法。李炜从工艺控制的角度对连续本体法中影响 ABS 气味和 VOC 的关键因素，如助剂使用量、反应转化率、挤出模头温度以及脱挥系统条件的控制进行了研究，找到了既能满足环保要求，又可以满足 ABS 力学性能要求的工艺条件。

李欣月[17]将 APP 阻燃体系引入 ABS 中进行阻燃改性，APP 阻燃体系作为膨胀型阻燃剂的碳源，改性木质素的效率最高，其次是木质素，季戊四醇的成炭能力和热稳定性最差。此外，她还将 XDP 阻燃体系引入 ABS 中进行阻燃改性，结果表明，PN-XDP 相比于 XDP 提高了复合材料的热稳定性。ABS/20％PN-XDP 的阻燃性能最好，且力学性能降低不明显。

南婷婷[18]将甲基丙烯酸甲酯（MMA）作为第三接枝单体，结合 PMMA 优异的耐候性，制得了具有良好表面光洁度、优异加工性、优异耐候性的 ABS 树脂，并考察了 MMA 含量对 ABS 树脂耐候性、力学性能的影响。研究发现，在 ABS 树脂中添加 MMA 对提高 ABS 树脂的耐候性、延长制品户外使用时间有一定的作用，在 MMA 的含量为 30％（质量分数）左右时，ABS 树脂的耐候性能最佳，同时添加 MMA 可以提高试样拉伸强度和冲击强度的保持率。

5.1.4 应用与展望

ABS 树脂作为全球五大通用塑料品种之一，早已被广泛应用于日常生活的方方面面。因其优异的力学性能、高热稳定性、高耐化学性和良好的加工性能被广泛应用于电子、家电、交通运输、轻工业等领域。ABS 树脂有通用级、耐热级、耐候级、阻燃级和电镀级等。通用级 ABS 树脂综合性能均衡，性价比高，力学性能、加工性能和制品表面质量之间取得一定的平衡，可以满足众多领域需求。通用级 ABS 常用于家用电器、电子产品、OA 设备及配件等。耐热级 ABS 树脂的热变形温度一般为 90～105℃，除了拥有良好的耐热性能，其韧性和流动性也同样优异。提高 ABS 耐热性的方法有很多，可通过添加耐热单体 α-甲基苯乙烯、马来酸酐、马来酰亚胺等来提高耐热性，此外降低橡胶含量、增加 SAN 分子量和提高丙烯腈含量也可以达到相似的效果。耐热级 ABS 可用于汽车车灯底座、热熔机、后轮罩内板以及耐热家电等领域。耐候级 ABS 主要是因为 ABS 中聚丁二烯橡胶（BR）的不饱和双键不耐紫外线和氧化，选取耐候性好的弹性体取代 BR 就可以获得耐候的 ABS。用丙烯酸酯类弹性体改性 SAN 得到的耐候级 ABS 叫作 ASA，由乙丙橡胶改性而来的耐候级 ABS 叫作 AES。其可应用于冰箱、空调外挂机等产品构件。ABS 中含有大量的氰基，这使得 ABS 拥有良好的耐化学性，可以通过提高 ABS 中的氰基含量或者使用含高耐化学性聚合物的阻隔层来进一步提高 ABS 的耐化学性。普通的 ABS 属于 HB 级别，是阻燃性能中最低的级别，需要加入阻燃剂以获得更高级别的阻燃性能，最常用的就是含卤化合物与三氧化二锑配合使用。阻燃 ABS 可用于电子元器件等阻燃要求高的产品。电镀级 ABS 电镀之前需要表面刻蚀，氧化接枝橡胶使其优先受到攻击，以增加电镀层和 ABS 之间的黏结。电镀后的 ABS 树脂具有耐候性、耐摩擦以及金属装饰效果，广泛应用于汽车、电子电气等领域[19]。

随着科技的进步，电子电气、汽车、轻工业产品等行业对材料的要求越来越高，ABS 树脂需向多功能、高性能方面发展。就国内生产厂家和研究单位而言，目前国内产品种类开发不足且技术多为引进，因此要加大 ABS 树脂自主技术研发，加强新产品产业转化力度，淘汰落后产能，使 ABS 树脂产业健康可持续发展。对于 ABS 树脂通用料，应提高其综合性能（尤其是色度、光泽度、应用性能和使用性能），并提高产品稳定性。在 ABS 树脂通用产品质量升级过程中，需要对 ABS 接枝粉料、SAN 共聚物、PBL 等制备工艺与技术深入研究和日臻完善，开发综合性能优异的 ABS 树脂，增加产品附加值。另外，随着 ABS 树脂下游用户差异化需求的加大，还应注重用户定制化产品的开发，根据用户需求开发高附加值的专用料，具有增韧、耐热、低挥发性、高流动性、高光泽度、高抗静电等特殊功能的 ABS 树脂将逐步占领市场，以满足市场不断升级的需求[7]。

5.2　丁苯透明抗冲树脂

5.2.1　概述

丁苯透明抗冲树脂的化学名为丁二烯-苯乙烯共聚物，又称为 K-树脂，通常是不同分子量的线型以及星型丁苯共聚物的混合物。它是以苯乙烯、丁二烯为单体，以烷基锂为引发剂，采用阴离子溶液聚合技术合成的一种嵌段共聚物。丁苯透明抗冲树脂的结构如下：

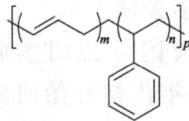

嵌段共聚物的聚集态是微相分离的聚丁二烯以球状形式分散在连续的聚苯乙烯相中，起增韧作用。同时，由于聚丁二烯的微相尺寸很小，直径为 40nm 左右，因此材料是透明的。而且由于聚丁二烯的微相尺寸在 1～100nm 之间，因此从纳米材料的定义来说它是一种纳米材料[20-21]。其主要特性是兼有高透明性和良好的抗冲击性、密度小、着色力强、加工性能优异、无毒性，广泛应用于冰箱制造、制鞋、玩具制造、食品容器及包装、医疗器械、日常高档制品、电器仪表盘等领域，也用于和其它材料（如 GPPS、SAN、SMA、PP、HIPS 等）掺混改性等。丁苯透明抗冲树脂可采用一系列的传统加工技术对其进行开发应用。

由于合成条件及方法差异，各企业以及同一企业生产的不同牌号丁苯透明抗冲树脂具有各异的两相微观结构及相形态结构[22-24]，从而决定了它们不同的使用性能。丁二烯和苯乙烯的共聚物结构有线型和星型的嵌段、含渐变段、无规、接枝、交替等类型。微观结构上的差异（如分子量及其分布、丁苯组成比例、序列结构、丁苯无规化程度、偶联剂种类、相对臂数等）也将影响分散相的形态、大小、均匀度以及相界面之间的相互作用，进而影响材料的力学性能、光学性能、熔体流变性能和热性能等。

5.2.2　丁苯透明抗冲树脂的发展与现状

丁苯透明抗冲树脂最早由美国 Phillips 石油公司开发，1965 年首次开发成功[25-26]。1972 年 10 月在得克萨斯州的 Borger 工厂投入工业化生产，产品名定为 K-resin®，当时装置生产能力低，仅有 0.45 万吨/年。1979 年 4 月又在得克萨斯州的 Adams-Tenninal 联合化工厂建成了产能为 8 万吨/年的装置。2003 年，该厂的丁苯透明抗冲树脂的年产能已经增加到了 1000 多万吨，并在韩国建成了年产 5 万吨的生产线。

随着人们对健康的要求越来越高，高透明抗冲击丁苯树脂被成功研发后，无论是生产过程还是产品应用均符合如今社会对产品"绿色化"的要求。由于丁苯透明抗冲树脂独特的性能及巨大的市场需求[27-28]，英国、法国、德国、日本等也纷纷开展研究工作。1983 年开始出现了其他丁苯透明抗冲树脂制造商，如德国的 BASF 公司、比利时的 Petrofina 公司、日本的住友和旭化成公司等，生产企业主要集中在美国、比利时、德国、日本和韩国。尽管如此，美国 Phillips 石油公司依然是世界上最大的丁苯透明抗冲树脂生产商，其产能占全世界总产能的 40%～45%。

随着社会经济的不断发展，如今市场需求也在朝着多元化、个性化方向发展。在此背景下，为了满足市场需求，国外各丁苯透明抗冲树脂生产公司大多构建了丁二烯-苯乙烯聚合装置有形化生产体系，可以根据市场需求对产品生产进行动态化调整。据不完全统计，2018 年，全球丁苯透明抗冲树脂生产装置的实际生产能力约为 70 万吨/年，年产量超过 60 万吨，其中丁苯透明抗冲树脂的生产量约为 45 万吨，主要生产国家和地区多为美国、日本、韩国、法国等经济较为发达的国家，而丁苯透明抗冲树脂的主要消费则集中在中国、日本、西欧、美国等工业发达国家和地区，主要用于饮料瓶、食品保障、医药品保障、医疗用具制造以及玩具制造等诸多领域[29]。

长久以来，丁苯透明抗冲树脂被国外公司实施技术和市场垄断。国内对丁苯树脂[30-31]的研究起步较晚，我国从 80 年代初开始研究丁苯透明抗冲树脂，中国石油兰州化工研究中心从 1983 年开始对 K-树脂进行探索性合成研究。2002 年 10 月 8 日，国内首套丁苯透明抗冲树脂工业化试验装置实现了一次投料开车成功生产出产品。但由于产品质量问题，该装置未能稳定生产，处于停产状态。为满足市场对于丁苯透明抗冲树脂需要持续增加的需求，在 2007 年我国首套年产能 2 万吨的丁苯透明抗冲树脂生产装置通过生产技术鉴定，其不仅打破了国外长期在多嵌段多模态和微观相分离复杂产品领域的技术垄断，而且把我国锂系聚合物工业技术提升到一个新的水平。然而由于丁苯透明抗冲树脂研发与生产技术难度较大，相关产业技术要求较高，在 2018 年，我国丁苯透明抗冲树脂的年产量也仅有 6.64 万吨，但国内市场需求规模却超过 8.85 万吨。这意味着我国仍然需要进口丁苯透明抗冲树脂，也说明现有技术亟待更新和发展，促使丁苯透明抗冲树脂产量得到有效提升。

5.2.3　丁苯透明抗冲树脂的制备

丁苯透明抗冲树脂是以苯乙烯、丁二烯为单体，以烷基锂为引发剂，环己烷或环己烷/正己烷混合溶剂为溶剂，采用阴离子溶液聚合技术合成的一种嵌段共聚物。丁苯透明抗冲树脂牌号众多，不同的聚合工艺可得到分子结构不同的聚合物，引发剂加入量可以为一次或多次，单体加入次数一般至少两次，合成星型丁苯透明抗冲树脂时需加入合适的偶联剂，丁苯透明抗冲树脂合成相对于 SBS、溶聚丁苯等聚合工艺更为复杂[32]。

5.2.3.1　苯乙烯和丁二烯的共聚合体系

在苯乙烯和丁二烯共聚合的均相有机锂体系中最特殊的性质就是极性溶剂效应。在非极性介质中，尽管苯乙烯自聚的速度比这两种二烯类的自聚速度都要快，但两者共聚时二烯烃共聚的速度却占据优势，苯乙烯几乎不参与共聚。一旦加入极性溶剂，这种特性会明显逆转，共聚物中苯乙烯单元占据绝大部分。可理解为在非极性溶剂中，链的 C—Li 键主要是共价性的，并且这种共价的链端强烈地成对缔合。所以可以假设，单体的加成包含一个二烯烃和缔合的链段之间的四中心协同反应，而苯乙烯很难这样反应。添加极性溶剂使 C—Li 键离域化，打断了链端的缔合，更有利于离子化反应[33]。随着极性添加剂 THF 用量的增加，丁二烯竞聚率下降，而苯乙烯竞聚率却增加，表明随着 THF 用量的增加，苯乙烯的共聚活性增加，进入共聚物的速率增加，在共聚物中将趋于无规分布，即当 THF/n-BuLi（摩尔比）超过一定值时，共聚物的组成分布是无规的。同时，THF 对共聚物中丁二烯单元 1,2-结构和 1,4-结构含量也有影响，随着 THF 用量的增加，丁二烯单元 1,2-结构含量显著增加，1,4-结构含量显著下降[34-35]。THF 一方面可以有效地破坏缔合现象，促使不活泼的缔合体活性种解缔，增加聚合物活性种反应活性；另一方面可以作为无规剂调节丁苯共聚物的组成分布，作为结构调节剂调节丁苯共聚物中丁二烯单元的微观结构；同时又可以缩短引发剂正丁基锂的诱导期，并且提高最终聚合物产品的透明度。

5.2.3.2　偶联剂

丁苯透明抗冲树脂合成分为偶联法和非偶联法，按照嵌段共聚物的分子链结构，有星型丁苯透明抗冲树脂和线型丁苯透明抗冲树脂两类。星型丁苯透明抗冲树脂在制备过程中比线型丁苯透明抗冲树脂增加了偶联反应，同时极大地丰富了丁苯透明抗冲树脂的产品牌号。

偶联反应[36-39]是目前溶聚丁苯橡胶工业生产中使用较为普遍的技术，它对改性聚合物性能有重要作用。通过偶联可以增加聚合物的分子量，加宽分子量分布或提高聚合物的支化度，使产品的加工性能和冷流性能得到改善。丁苯共聚合反应结束之后生成的共聚物含有活性链末端，制备星型丁苯透明抗冲树脂时需在聚合反应结束之后向反应体系中加入偶联剂与该活性链末端进行偶联反应，即在体系中加入含有多个与活性中心反应的基团分子，它与聚合物分子链活性中心进行偶联反应，达到加宽分子量分布的目的。采用偶联法合成丁苯嵌段共聚物，具有工艺过程简单、生产易于控制以及产品种类易于转换等优点。

偶联剂是一种在无机材料和高分子材料的复合体系中，能通过物理或化学作用把二者结合，亦或能通过物理或化学反应，使二者的亲和性得到改善，从而提高复合材料综合性能的一种物质。表 5-3 列出目前生产丁苯共聚物的一些常用偶联剂。

表 5-3 常用的偶联剂种类

种类	偶联剂名称
多环氧化合物	环氧大豆油、环氧化亚麻籽油、1,2,4,5,9,10-三环氧癸烷等
多烷氧基硅烷	甲基三甲氧基硅烷、四乙氧基硅烷、四甲氧基硅烷等
多卤化物	四氯硅烷、四溴化硅、二氯乙基硅烷等
多酯	亚磷酸酯、二羧酸酯等
多酐	1,2,4,5-苯四酸酐等
多异氰酸酯	1,2,4-三异氰酸苯酯等
多胺	三(1-氮杂环丙烯基)氧化膦等
多醛	1,4,7-苯三羧酸醛等
多酮	1,4,9,10-蒽四酮、1,3,6-己三酮等
多乙烯基芳香烃	二乙烯基苯等
锡有机化合物	四氯化锡等

5.2.3.3 脱挥工艺

丁苯透明抗冲树脂聚合结束后，采用双螺杆直接干燥工艺脱除胶液中的环己烷等溶剂。通过对聚合胶液进行预闪蒸、扩散脱挥等过程，使得物料中的溶剂含量低于 0.5%，然后采用热切方法得到圆形粒料。丁苯透明抗冲树脂一般采用阴离子聚合技术，单体转化率基本达到 100%，所以后处理工段主要是脱除胶液中的溶剂。后处理工段首先采用闪蒸方式，脱除超过 60% 的溶剂，然后依靠气泡挥发、加大真空度等方法，脱除剩余的溶剂以达到挥发分要求。后处理工段对产品的力学性能和光学性能具有很大影响，若溶剂脱除不够，挥发分太高，则雾度高；若物料在后处理工段停留时间太长或处理温度过高，则会引起物料降解或交联以及颜色发生变化，很难得到合格产品。

5.2.4 丁苯透明抗冲树脂的结构与性能

典型的丁苯透明抗冲树脂是由 75% 的苯乙烯和 25% 的丁二烯组成，可根据不同的物性需要来轻微改变两种组分的比例[40-41]。丁苯透明抗冲树脂呈多相结构，基本相结构是由橡胶相（分散相）、树脂相（连续相）以及构成其相界面的嵌段层或无规层或过渡层组成，这三种相结构决定着树脂的透明性、抗冲性和加工性。丁苯透明抗冲树脂的耐化学品性能与 PS 相似，它溶于大部分有机溶剂或在溶剂中溶胀，但不受甲醇、乙醇及其水溶液的影响。丁苯透明抗冲树脂抗环境应力开裂的性能较 PS 好。另外，丁苯透明抗冲树脂像玻璃一样高透明，有极高的韧性和良好的抗冲击性。其密度小、着色力强，加工性能优异、无毒性，高生理安全性，符合欧盟和美国食品与药品管理局有关食品包装的规定，而且具有生物相容性（ISO10993，USPV1-50）。丁苯透明抗冲树脂具有优异的重复利用性，生产废料可多次回收使用，对成品质量无显著影响，减少浪费和污染。成型加工性较好，可注塑、挤塑、热成型和中空成型、印刷与装饰、黏合、焊接等。

除了可以单独制造各种制品外，丁苯透明抗冲树脂还可与其他塑料掺混制造不同用途的制品。与 PE、PP、GPPS、HIPS、PC、PA6 及 AS 掺混后，物理和力学性能都有改进，如表面光泽提高、产生珠光效果、增加冲击强度等[42-45]。尤其是丁苯透明抗冲树脂增韧 PS，可以大大增强 PS 抗冲性能，而透明度和可塑性得到保持，光泽度随丁苯透明抗冲树脂的掺混比例而提高，刚性则随之下降。

5.2.5　丁苯透明抗冲树脂的研究进展

丁苯透明抗冲树脂是一种具有较好市场前景的新型树脂，其良好的抗冲击性能和较好的光学性能使其在各个领域得到广泛的应用。国内外对丁苯透明抗冲树脂的研究取得了较多的成果。N. Sharma 等人[46] 将丁苯透明抗冲树脂应用于模式过滤器，采用玻璃/ K-树脂/SAN/空气组成的薄膜结构作为模式过滤器，从理论上和实验上证明了一种新型的四层聚合物波导结构可以作为模式滤波器。丁苯透明抗冲树脂具有良好的抗冲击性和光学性能，可以与其他材料掺杂以提升材料透明度和刚度。Y. Zeng 等人[47] 将苯乙烯-丁二烯嵌段共聚物引入聚苯乙烯（PS）基体中，然后退火拉伸，获得了具有高刚度、长期延展性和优异透明性的 PS 基薄膜，微观形态下聚丁二烯（PB）相在 PS 基体的包围下形成纳米纤维状结构，大幅度提升了断裂伸长率与屈服强度。王艳色等人[48] 将环氧化丁苯透明抗冲树脂用作聚乳酸（PLA）的增韧剂，首先将丁苯透明抗冲树脂进行环氧化，制备了不同环氧度的环氧化丁苯透明抗冲树脂（ESBC），通过原位反应性增容制备了一系列 PLA/ESBC 共混材料。ESBC 的含量在 30％（质量分数）时可显著改善共混材料的拉伸断裂韧性，断裂伸长率高达 305.0％。沈禾雨等人[49-50] 将伯胺 DPE 衍生物/St/Bd 三元共聚，通过序列分布研究方法，监测聚合物组成分布，成功合成了无规结构丁苯树脂、嵌段结构 SBC 和两嵌段梯度分布丁苯树脂。

5.2.6　丁苯透明抗冲树脂的牌号及应用

丁苯透明抗冲树脂具有高性价比、透明、高抗冲击强度和优异的尺寸稳定性，被广泛应用于各种包装、玩具、医疗设备、办公用品等。各种包装制品如水杯、一次性可降解包装、收缩包装、生产包装、泡罩包装、防损害包装和带百折铰链的包装盒等，不仅外观醒目而且坚固耐用。高透明、高强度和可降解性使得丁苯透明抗冲树脂成为医疗设备和设备包装的理想产品，它的优点在于：防碎特性使其应用于管通单元、试管、培养皿、血浆容器和其他对耐用性要求很高的器材；和玻璃及其他透明材料相比，丁苯透明抗冲树脂具有良好的性价比。丁苯透明抗冲树脂在处理过程中良好的流动性和经济性使它成为很多玩具产品的选择。首先，足够高的硬度满足了儿童玩耍的耐用及安全要求；很好的流动性使它易于制成各种复杂的外形，其中包括百折部分；易于着色以满足不同市场的产品需求。

自美国 Phillips 石油公司开发出丁苯透明抗冲树脂产品以来，德国、日本以及中国一些公司相继开发出自己的产品，并形成各自的专有技术，极大地丰富了丁苯透明抗冲树脂的牌号。下面列举几个丁苯透明抗冲树脂的主要生产厂家及其产品用途。

（1）美国 Phillips 石油公司

美国 Phillips 石油公司是世界上第一个开发丁苯透明抗冲树脂，也是第一个实现工业化的企业。直到目前为止，仍旧是世界上最大的丁苯透明抗冲树脂生产商。1971 年 Phillips 石油公司生产的世界上第一个丁苯透明抗冲树脂商品是 KR01 级，它是采用甲苯、环己烷为溶剂，使苯乙烯在阴离子型引化剂正丁基锂存在下搅拌，再加入苯乙烯和丁二烯继续反应，最后加入四氯化硅偶合，室温下在间歇式反应釜内共聚制得，生产出具有 A-B-A 结构的最终聚合物。KR03 级也是阴离子溶液聚合的嵌段聚合物，以环己烷为溶剂、正丁基锂为引发剂。该嵌段聚合物含有 25%（质量分数）的丁二烯和 75%（质量分数）的苯乙烯链段，具有星型分子结构，平均带有四臂，每臂是苯乙烯和丁二烯的二嵌段聚合物[51-52]。KR01 是通用级，适用于挤出和注射成型，KR03 是高抗冲型品级，适用于挤出、吹塑、注塑和注射吹塑成型，KR01 和 KR03 系列是十分类似的聚合物，它们的主要差异是伸长率和冲击强度，KR03 系列的韧性明显高于 KR01。美国 Phillips 石油公司目前牌号及产品性能、用途如下[53-55]：

KR01，通用级，适用于挤出和注射成型，KR01 分子链中不含有苯乙烯的无规结构，其聚合工艺决定 KR01 的硬度较高，耐冲击和断裂伸长率低，因此一般单独作为基材使用。

KR03，高抗冲型品级，适用于挤出、吹塑、注塑及注射吹塑成型，KR03 的分子结构中也不含有苯乙烯无规结构，但其特殊的分子序列结构设计，使得 KR03 具有很好的耐冲击性能和较高的断裂伸长率，硬度低于 KR01，可单独制作高抗冲制品或作为硬质塑料的增韧剂。

KR05，高抗冲品级，其力学性能与 KR03 相当。

KR10，薄膜品级，适用于吹塑薄膜制品。

BK10、BK15，具有高流动性、着色性、良好的刚性、表面光泽、韧性和像玻璃一样的透明性，由乙烯和苯乙烯共聚得到，在相同的加工温度和压力下比以往牌号的注塑流动长度增加 20%，制成的医疗制品耐 γ 射线或电子束辐照，可以与环氧乙烷接触，已经通过美国 FDA21 CFR 177 1640 法规要求，符合美国药典 Ⅵ-50 级对材料的质量要求，这对医疗器械厂是十分重要的。

Phillips 石油公司在 2003 年推出了一种丁苯透明抗冲树脂牌号[56]，包括热成型和挤出薄膜级、片材级和注塑级共聚物，适用于许多加工厂和下游市场。这种苯乙烯类嵌段共聚物的优点为：加工温度范围宽，热稳定性好，制备的薄膜的气体透过率高，不需穿孔。例如用于蔬菜包装，可防止包装内的气体积聚而使得蔬菜变质损坏。为了降低成本和提高丁苯树脂的综合性能，DK11 可与茂金属聚乙烯或其他的聚乙烯制成三层结构的薄膜，聚乙烯外层主要提供良好的热封性及高光泽；DK13 与 DK11 是同一时期推出的牌号，主要特点为良好的弹性、抗穿刺性以及高断裂伸长率，主要用作收缩标签，因其适应于几乎所有瓶外形的应用要求，还能用于化工生产中袋子所贴标签。XK40 和 XK41，用于挤出片材和热成型加工，制作韧性透明片材，深加工为中空或深撑压制品，可以用来制造多孔包装、各种盖、杯子、一般制品包装及一次性容器等。这两个牌号都具有高耐震破坏，热稳定性和良好的透明性、加工性，且都可用通用聚苯乙烯共混，降低原料成本。

Phillips 石油公司还推出 2 个高流动性注塑级丁苯透明抗冲树脂，牌号为 KR25、KR31，拥有更好的物理性能和加工性能，如低模温，低料筒温度和低预干燥温度。新牌号面向的应用领域为：展示用品、玩具；透明盖板、CD 盒、梳子、笔帽；办公用品，如传真机、复印机的盖板等；电器产品，如吸尘器、洗衣机等的透明盖板；娱乐用品、家庭用品等[57-59]。

美国 Phillips 石油公司生产的 K-树脂牌号和用途如表 5-4 所示。

表 5-4　K-树脂牌号和用途

项目	牌号	用途
吹塑成型	CK02	食品容器，医疗，玩具
	KR05	仪表，消费品，POP 展示，医疗
注塑成型	KR01	仪表，消费品，POP 展示，医疗，玩具
	KR03	消费品，衣架，医疗，玩具
	BK10	展示，医疗，玩具
	BK11	展示，医疗，玩具
	BK12	仪表，展示
	BK13	仪表，展示，玩具
	BK15	展示，医疗，玩具
	BK18	玩具，消费品和工业品
	SKR13	多用途
薄膜	DK11	食品包装，显窃启包装，医疗包装
	DK13	食品包装，热收缩膜，工业膜，苯乙烯类黏合剂
	KR10	柔性包装
	SKR17	多用途
片材	KR03	医疗，刚性包装，食品消费类
	KR05	文档盒，热成型，容器，未掺混片材
	KK38	泡罩型包装，杯型和盖型，分割型包装
	XK40	消费品，展示，食品服务类，刚性包装
	XK41	食品服务类，刚性包装，泡罩型包装，分割型包装
	SKR14	多用途
	SKR15	多用途
	SKR40	多用途

（2）德国巴斯夫公司

德国巴斯夫公司的丁苯透明抗冲树脂产品 Styrolux® 由于具备优秀的透明度、光泽、抗冲击强度，符合美国 FDA、美国药典Ⅵ标准（USP CLASS Ⅵ）与欧洲非油脂类药物、食品接触条例，故广泛应用于医药和食物包装材料、儿童玩具、办公用品以及日常用品（如衣架、牙刷）等领域。主要牌号如下：

① 656C：透明、抗冲击性优良，适用于制作厚度大于 300μm 的 PS 片材、膜，与 3G55/GPPS 混合注塑用于生产低成本透明鞋底料。

② 684D/693D：非常透明、抗冲击性良好，适用于制作厚度小于 300μm 的 PS 片材、膜。

③ 3G33/3G55：与 656C/684D/GPPS 混合使用，可在保持透明度的同时降低成本，增加冲击性、韧性。

④ GH62：透明、抗冲击性优良。

（3）广东众和化塑股份公司

广东众和化塑股份公司拥有国内第一套丁苯透明抗冲树脂生产装置，开发生产SL803G、SL805、SL838、8132等多种牌号产品，打破了该产品全部依赖进口的格局，大大降低了下游生产成本[60-61]。

众和化塑的丁苯透明抗冲树脂分5个系列：

SLS01G、SL821G，高模量高硬度注塑专用料，挠曲性、刚性和表面硬度优于其他级别产品，类似于美国Phillips石油公司的KR01。

SL803G、SL833G，通用中抗冲注塑级，性能类似于美国Phillips石油公司的KR03。

SL805G、SL815G，挤出和压延板材专用料。

SLS10X，薄膜专用料，在所有牌号中，SLS10X的晶点数最低。

SL818G、SL828G、SL838G，高抗冲改性剂，用于PS等塑料改性。

（4）其他厂家

台湾奇美：PB5903、PB5910、PB5925。

日本旭化成：810、825、815、845、940、825S、885S。

比利时Fina公司：clear530。

5.3 SAN树脂

5.3.1 概况

SAN树脂是苯乙烯与丙烯腈的共聚物，又称AS树脂，是苯乙烯系树脂中产量最大的共聚物。由于丙烯腈的引入，SAN树脂的耐化学品性能比其他苯乙烯系树脂都好。SAN树脂具有丙烯腈和苯乙烯两种组分的协同性能，如高模量、耐老化性、耐热性、耐冲击性、良好的硬度及制品尺寸稳定性好等诸多优点。因此，SAN树脂是一种综合性能优良、廉价的工程兼民用塑料。SAN树脂广泛用于制作耐油、耐热、耐化学药品的工业制品，以及电气、日用商品、家庭用品，如仪表板、食品刀具、厨房器械、接线盒、多种开关等。目前主要采用连续本体法聚合工艺生产，遵从自由基共聚反应机理。

德国Bayer公司为改进苯乙烯-丁二烯共聚物耐油性差等缺点，于1942年成功开发了SAN树脂。1942年日本三井东压化学公司首先实现了SAN树脂工业化生产，美国孟山都公司也相继实现了SAN树脂的工业化。1977年全世界SAN树脂的产量约20万吨，到1991年为止SAN树脂产量已增至37.9万吨。近年来日本的SAN树脂产量已远超美国。预计今后全世界SAN树脂的供需将缓慢增长[62]。我国最早生产SAN树脂的厂家是南京永红化工厂，但由于种种原因已经停产。直至1991年兰化公司从日本东洋工程公司和三井东压化学公司引进了年产15000t的工业装置，并取得了很大的成功。兰化公司新增的SAN装置系统采用的是80年代先进的热引发连续聚合工艺，生产了六种牌号的SAN树脂（NF、HF、HH、HC、高耐热高流动型、高耐热高强度型）和三个牌号的通用聚苯乙烯（GPPS）树脂[63]。

目前，TRINSEO公司拥有SAN 100、SAN 124、SAN 210、TYRIL™790、TYRIL™795L、TYRIL™867 E UV 38784、TYRIL™867 E、TYRIL™875、TYRIL™905 等

SAN 树脂型号。其他公司 SAN 树脂部分产品牌号及其性能如表 5-5～表 5-7 所示。

表 5-5　镇江奇美化工有限公司

牌号	类型	熔体流动速率(200℃,5kg)/(g/10min)	拉伸强度(1/8″,6mm/min)/MPa	热变形温度(1/4″,120℃/h)/℃	弯曲强度(1/4″,2.8mm/min)/MPa	Izod 冲击强度(1/4″,23℃)/(9.8J/m)
PN-128	一般级	3.0	73	101	103	1.8
PN-118	高透明级	3.0	71	100	100	1.7
D-178	一般级	3.0	73	101	103	1.8
D-178HF	高流动级	17.0	55	100	78	1.7
D-168	高强度高耐化级	1.0	82	104	120	1.9
PN-108	高透明级	5.0	60	100(退火)	90	1.8

表 5-6　中国石油天然气股份有限公司吉林石化分公司

牌号	熔体流动速率/(g/10min)	拉伸强度/MPa	维卡软化温度/℃	弯曲/MPa	弯曲模量/MPa
SAN-1825	12.0～25.0	≥80	≥98	≥125	≥3200
SAN-2437	24.5～37.5	≥68	≥95	≥100	≥3000
SAN-6070	60.0～75.0	≥58	≥88	≥85	≥2800

表 5-7　中国石油天然气股份有限公司兰州石化分公司

牌号	熔体流动速率/(g/10min)	拉伸强度/MPa	维卡软化温度/℃	简支梁缺口冲击强度/(kJ/m²)	透光率/%
C-01	19～25	≥60.0	≥98.0	≥1.3	≥89
C-02	13～23	≥65.0	≥101.0	≥1.5	≥89
D-01	19～25	≥60.0	≥98.0	≥1.3	—
D-03	—	≥50.0	≥85.0	≥1.0	—

5.3.2　制备方法

SAN 树脂的制备方法很多，按合成工艺可分为本体聚合法、乳液聚合法、悬浮聚合法、溶液聚合法等。

本体聚合法[64]体系仅由单体和少量引发剂组成，产物纯净，后处理简单，但是也存在一定的缺陷，如聚合热的排除较困难，反应难以控制。本体聚合法是把 St、AN 及调节剂按一定的比例连续地加入反应器，同时连续地从反应器中排除反应液，在脱挥发分过程中未反应单体和聚合物分离开，聚合物送到挤出工序造粒成成品，未反应单体在回收工序中进行回收，全部返回到原料工序再循环使用。

悬浮聚合法生产 SAN 树脂与本体聚合、乳液聚合、溶液聚合相比，其有以水作为反应介质，聚合热容易去除，温度易于控制，所得树脂的纯度高于乳液法生产的产品，颗粒大小可控制在较小的范围内，产物后处理简单等独特优势。

溶液聚合法[62]制备产品也有许多优点：整个反应体系黏度较低，比较容易控温，整个流程传热也比较方便，并且还减弱了一定程度的凝胶效应。但该聚合方法也有很多缺点：单体浓度比较低，聚合速率缓慢，生产能力低，溶剂分离较麻烦，不但费用高，而且溶剂残留在聚合物中很难去除干净。所以，该聚合方法大多用于聚合物溶液的制备。

乳液聚合法[62]是单体在水中分散成乳液状态的聚合，它的优势在于以水为介质，生产工艺环保，污染少且安全。水作为介质还有便于传热、方便运输和易于连续生产等特点，但是也会导致洗涤、脱水、干燥等工艺的成本高，产物不纯净、含有乳化剂等问题。与悬浮法制得的 SAN 树脂相比，乳液聚合得到的 SAN 树脂通常具有更高的分子量。大部分情况下，乳液聚合的 SAN 树脂，主要用于 PVC 改性或一些比较特殊的用途上。

5.3.3　结构与性能

SAN 树脂是一种无色透明的坚硬颗粒，其分子结构如图 5-3 所示。

SAN 树脂由苯乙烯和丙烯腈单元组成，因此它能表现出两组分各自的性能。丙烯腈使共聚物具有化学稳定性和加工流动性，并有一定的表面硬度，聚苯乙烯赋予了共聚物刚性和透明度。SAN 树脂的软化点比聚苯乙烯高，化学稳定性更好，耐应力开裂

图 5-3　SAN 树脂结构示意图

性能更强，尤其是耐光性和耐高温性，相对于聚苯乙烯均有较大的改善[65]。SAN 树脂的最高使用温度范围为 75～90℃，添加玻璃纤维可有效提高 SAN 树脂的热变形温度。从结构看，SAN 树脂侧链有大量苯环存在，苯环有较大的体积，导致空间位阻较大，使整个分子链运动困难，苯环的存在及数量增强了分子链的刚性[16]。SAN 树脂具有较好的机械强度、耐候性、化学稳定性和耐油性，但是它存在脆性大、韧性差的缺点，极大地限制了它的应用，因此需要加入不同种类抗冲改性剂来提高 SAN 树脂的韧性[66]。

SAN 树脂是制备 ABS 树脂的一个重要组分，作为 ABS 树脂中的连续相，对 ABS 树脂的力学性能、耐热性能和加工性能都起到主要作用。制备 ABS 树脂所用的 SAN 树脂的分子量及其分布和共聚物组成及其序列分布都有特殊的要求，主要是为了满足 SAN 树脂与 ABS 接枝粉料有一定的相容性，进而提高整个材料的相容性。近年来我国对 SAN 树脂及其改性的研究逐渐发展了起来。

田洪源[67]分析了 SAN 工艺装置开发需要解决的一些技术问题，提出了釜体及其关键部件的整体技术解决方案。为了优化 SAN 装置的结构设计参数，他对设备的强度和内部的流场进行了有限元分析，为结构优化设计打下了一定基础。为了使设备能够安全、稳定运行，还设计开发了液位、压力、温度和流量控制系统。

魏雪峰[65]利用氯丁橡胶（CR）耐天候老化性好、阻燃性能好的优势，将 CR 加入 SAN 中，CR 既可以作为增韧剂使用，同时也兼具阻燃剂的效果。并以 SAN/CR 共混体系为基础，研究了多种阻燃体系对 SAN 的阻燃作用，同时研究了 SAN/CR 共混体系反应型增容的特点和规律。

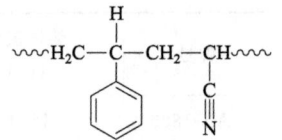

张海荣[68] 制备了系列高腈 SAN 树脂，研究发现，控制聚合釜气相中丙烯腈比例是关键因素，气相中过高的丙烯腈含量会使分子量分布变宽，树脂性能恶化。他提出了在体系中引入少量低沸点的第二溶剂，与乙苯一起形成混合溶剂的新工艺，可以有效降低聚合釜气相中丙烯腈的比例，所制得高腈 SAN 树脂分子量分布窄，力学性能优异。利用该工艺可以在通用装置上生产高腈 SAN，不仅可以在高固含量下进行，而且不会降低装置的产能。

吴家红[66] 等人采用 NaH/i-Bu$_3$Al 阻滞阴离子聚合引发体系实现了苯乙烯和丙烯腈在廉价引发体系、高温、本体条件下进行活性阴离子聚合，使其可与工业自由基聚合生产工艺相媲美。

桂强[69] 等人利用含不饱和碳碳双键的有机硅单体乙烯基三乙氧基硅烷与苯乙烯、丙烯腈进行三元悬浮聚合制备了具有优良的耐热性能和冲击性能的有机硅改性 SAN 树脂。

朱从山[70] 等人通过悬浮聚合实验，研究了交联剂种类、链转移剂质量分数、分散剂复配体系对合成交联聚苯乙烯-丙烯腈的悬浮聚合体系的稳定性的影响。结果表明：丙烯酸酯类比二乙烯基苯交联剂更适合提高交联苯乙烯-丙烯腈合成的悬浮聚合稳定性，随着链转移剂质量分数的增加聚合稳定性上升。

沈钦珍[71] 等人通过弹性体氯化聚乙烯、丙烯酸酯类和 ABS 高胶粉对 SAN 树脂分别进行增韧，研究了增韧 SAN 树脂的力学性能、耐热性能、流动性能和加工流变性能。结果表明：ABS 高胶粉增韧效果最好，随着 ABS 高胶粉用量的增加，增韧 SAN 树脂熔体流动速率和热变形温度均呈下降趋势，断裂伸长率和冲击强度呈升高趋势。研究表明，添加 ABS 高胶粉 25 份时增韧效果最好。

SAN 树脂的透明性直接影响其制品的外观及用途，周丽娜[72] 等人从原料及工艺方面分析了影响 SAN 透明性的因素。减少丙烯腈均聚链段的产生，控制多亚胺共轭链段的形成，可有效改变 SAN 及其制品发黄问题。不同丙烯腈含量 SAN 共混易发生浑浊现象，生产中保证反应系统良好的传质、传热效果，建立生产过程的动态平衡，可制得稳定丙烯腈含量的透明 SAN 产品。

5.3.4 应用与展望

无论从环保的层面考虑还是出于对成本的顾及，SAN 树脂的合成方法基本趋向于本体法。作为 ABS 树脂改性的一个重要手段，SAN 树脂的改性一直是研究开发工作的重点，如提高 SAN 树脂的耐热性以制备耐热 ABS 树脂，改进 SAN 树脂的 AN 含量及化学组成的均一性以改善 ABS 树脂的加工性、抗冲击性、表面光滑性和强度等。SAN 树脂的透光性已明显超过 GPPS，其向超高透明方向的开发颇有前途，在光学方面的应用前景十分看好[64]。

5.4 ASA 树脂

5.4.1 概况

ASA 树脂又称 AAS 树脂，是丙烯酸丁酯-苯乙烯-丙烯腈接枝共聚物与苯乙烯-丙烯腈共聚物（SAN 树脂）的熔融共混物。ASA 共聚物的核部分为丙烯酸丁酯橡胶（PBA），外层为接枝聚苯乙烯-丙烯腈共聚物（与 SAN 接枝）（如图 5-4 所示）。与 ABS 相比，ASA 接枝共聚物的丙烯酸丁酯橡胶为饱和结构，不含双键且此橡胶中的氢解离能为 90kcal/mol（1kcal/mol＝4.184kJ/mol），不易被光分解。而 ABS 增韧剂的橡胶层聚丁二烯中残余的 α-氢解离能为 163kJ/mol，易被 700nm 以下波长的低能源光或被空气中的氧气、臭氧分解，物性急剧下降，并发生变色。ASA 树脂的耐候性比 ABS 树脂高 10 倍以上[73]，长时间搁置在户外，其树脂特性及成品外观变化与 ABS 相比变化较小，是塑料中耐候性最好的品种之一。此外，ASA 在耐化学性和着色性等方面也有更加优异的表现[74]。

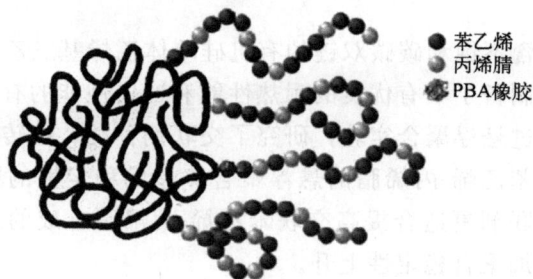

图 5-4　丙烯酸丁酯-苯乙烯-丙烯腈接枝共聚物

20 世纪 60 年代，人们最早开始尝试使用丙烯酸酯橡胶来改性 SAN 树脂。1960 年，Monsanto 公司的 Herbig 和 Salyer 等人首次把丙烯酸丁酯和丙烯腈的共聚物作为抗冲改性剂来改性 SAN 树脂，提高它的各项性能[75]。1962 年，BASF 公司使用溶液聚合方法，首先将丙烯酸丁酯和交联剂二丙烯酸丁二醇酯进行共聚，然后与苯乙烯和丙烯腈进一步聚合来作为 SAN 树脂的冲击改性剂[76]。之后 BASF 公司的 Siebel 使用丙烯酸丁酯、丁二烯和乙烯基甲基醚乳液共聚，然后接枝苯乙烯和丙烯腈，再与 SAN 树脂共混制备 ASA 树脂[77]。

现在世界上生产 ASA 树脂的厂家主要有：苯领 Styrolution（Luran® S）、沙特基础工业 SABIC（Geloy™）、日本 UMGABS 株式会社（DiaLac®）、韩国锦湖（KUMHO）、韩国 LG 公司和台湾奇美等[78]。我国 ASA 树脂研究开发工作相对较晚，相关的研究工作开展较少，从 20 纪 90 年代初到现在，北京化工大学、浙江大学等单位先后进行过相关的理论研究工作，但均未实现工业化生产。2001 年，上海锦湖日丽塑料有限公司在韩国锦湖石化的支持下生产出性能优异的 ASA 树脂，主要应用于电子电气等领域，为 ASA 树脂的进一步发展奠定了基础[79]。

随着 ASA 树脂生产技术和研究水平的不断提高，产量不断增加，ASA 树脂的牌号也在不断增加，不同牌号性能不同。日本日立化成株式会社的 ASA 产品见表 5-8。

表 5-8　日本日立化成株式会社 ASA 树脂产品性能

性能	测试方法	通用型号			耐热型号		
		V6700	V6701	V6700	V6701	V6700	V6701
		普通	中冲击	普通	中冲击	普通	中冲击
弯曲强度/MPa	ASTMD790	64	57	64	57	64	57
冲击强度/(J/m)	ASTMD256	98	196	98	196	98	196

性能	测试方法	通用型号			耐热型号		
		V6700	V6701	V6700	V6701	V6700	V6701
		普通	中冲击	普通	中冲击	普通	中冲击
热变形温度/℃	ASTMD648	92	88	92	88	92	88
绝缘强度/(kV/mm)	JISK6911	17	17	17	17	17	17

　　ASA 树脂的性能在 PVC、PC、PP、PET 等工程材料中居中，加之其卓越的耐老化性，在许多应用领域中可取代 ABS、PVC、PC、丙烯酸树脂、纤维增强塑料、铁、铜、铝等材料。ASA 树脂以其耐候性为商品特点，主要应用于汽车的外部装饰品、家用电器的外壳、农用机具的罩具、工业制品、休闲用品、建筑材料等方面。

5.4.2　制备方法

　　ASA 树脂的合成方法主要有树脂掺混法、接枝法和乳液接枝树脂掺混法等[80]。树脂掺混法是将聚丙烯酸丁酯（PBA）橡胶与 SAN 树脂高温掺混制得，但因其掺混效果受很多因素的限制，制备的 ASA 性能低下，加工困难，至今未见工业化。接枝法可分为多种。随着近年来 ASA 树脂合成技术的发展，乳液接枝树脂掺混法已成为主要方法之一。

5.4.2.1　乳液掺混法

　　乳液掺混法有两种工艺：一种是将丙烯腈-苯乙烯共聚物树脂（AS）与聚丙烯酸丁酯橡胶以乳液状混合，共凝聚、洗涤、干燥，并进行混炼；另一种是将 AS 乳液和橡胶胶乳各自凝聚，洗涤、干燥后混炼。聚丙烯酸丁酯橡胶一般以下列形式出现：聚丙烯酸丁酯（BA）均聚物、BA 与少量丙烯腈的共聚物、BA 与甲基乙烯基醚的共聚物及 BA 与丙烯酸酯（EA）的共聚物，也有其他形式的聚丙烯酸酯橡胶，如 PEA 或聚丙烯酸异丁酯，还有报道 BA 聚合时加离子型单体，如丙烯酸、甲基丙烯酸。AS 树脂中 St 与 AN 比值一般在75：25 左右。掺混时，树脂与橡胶的比例一般为75：25，由于乳液掺混法制备的 ASA 树脂性能较差，迄今未工业化。

5.4.2.2　接枝法

　　早在20世纪60年代末，国外就对 ASA 树脂的合成进行过多种接枝方法的研究，纵观专利文献可以发现，ASA 树脂的接枝合成方法有：本体聚合法、悬浮聚合法、本体悬浮法、乳液悬浮法、乳液接枝胶乳共混法等。各种合成方法简单流程见表 5-9，各种合成方法制得 ASA 树脂的比较见表 5-10。

表 5-9　接枝法制备 ASA 树脂简单流程

合成方法	流程
本体聚合法	PBA 胶乳→溶解→本体聚合→单体回收→造粒→ASA 树脂
悬浮聚合法	PBA 胶乳→悬浮聚合→洗涤→干燥→造粒→ASA 树脂

合成方法	流程
本体悬浮法	PBA胶乳→溶解→本体聚合→悬浮聚合→洗涤→干燥→造粒→ASA树脂
乳液悬浮法	PBA胶乳→乳液接枝→悬浮聚合→过滤→干燥→造粒→ASA树脂
乳液接枝胶乳共混法	PBA胶乳→乳液接枝聚合→胶乳共混→凝聚→干燥→造粒→ASA树脂

表5-10 ASA树脂接枝合成方法比较

合成方法	本体聚合法	悬浮聚合法	本体悬浮法	乳液悬浮法	乳液接枝乳胶共混法
橡胶含量/%	5~15	10~35	5~15	10~35	10~35
橡胶粒径	不易控制	较大	不易控制	可调节	可调节
接枝率	高	较高	高	可调节	可调节
接枝形态	不易控制	易控制	不易控制	易控制	易控制
杂质水平	无	少	少	较多	多
产品品种	少	可调	少	可调	灵活

（1）本体聚合法

本体法生产ASA的工艺与高抗冲聚苯乙烯（HIPS）及本体法ABS工艺相似。本体法制备HIPS及ABS时，聚丁二烯中有残留双键，在其残留双键上接枝其他化合物很容易，但饱和的聚丙烯酸丁酯中无残留双键，不易接枝，可以通过以下途径将苯乙烯、丙烯腈接枝到PBA胶乳上：首先，丙烯酸丁酯单体与含有两个或两个以上双键的单体共聚，会有一部分双键作为下一步的接枝点[81]；然后，丙烯酸丁酯单体与有过氧基团的单体共聚，共聚时过氧基团不反应，在下一步接枝时，温度升高，过氧基团降解，与苯乙烯、丙烯腈发生接枝反应，也可使用氧化还原催化体系使过氧基团在低温下降解[82]。

本体聚合法在接枝反应初期没有预先形成橡胶粒子，其在SAN中分布也不同。乳液聚合中产物粒径取决于橡胶粒子的大小，而本体聚合中它既与橡胶基料有关，又与预聚合反应条件、相转变和交联度有关。处于分散相的橡胶粒子的粒径主要取决于搅拌速率、分散相与连续相的黏度比和两相间的界面张力。

本体聚合法制得的ASA橡胶相颗粒较大，但橡胶含量低、无凝胶、粒子大小分布不均且不易控制，以及用量受到限制，难以得到高质量的产品。

（2）悬浮聚合法

悬浮聚合法制备ASA树脂[83]是以丙烯酸丁酯、苯乙烯和丙烯腈为主要原料，以偶氮二异丁腈或过氧化苯甲酰为引发剂，以羟丙基纤维素为分散剂，在一定的水油比下反应制得。主要的工艺流程为：在反应釜中加入分散剂、引发剂和一定量的水，搅拌至完全溶解，然后加入丙烯酸丁酯、苯乙烯和丙烯腈等单体和水，升温至设定温度，反应约3h后快速加入一定量的丙烯酸丁酯，再反应数小时，对所得产物进行凝聚、过滤、洗涤、干燥。整个过程约10h。

悬浮聚合法具有工艺简单、产品后处理简单的优势。但是悬浮聚合法只能制备PBA含量为5%~35%的ASA树脂，且橡胶粒径较大，不能有效地利用橡胶，反而影响产品性能的发挥，产品机械强度也不太理想。

（3）本体悬浮法

本体悬浮法在前期同本体法相近，当聚合进行到相转变发生时，再将体系由本体转为悬浮聚合，该方法创造了单体与橡胶进行接枝的最佳条件，且产品比较单一纯净，但同本体法一样，橡胶含量受到限制，难以制备出高抗冲的产品。

（4）乳液悬浮法

乳液悬浮法是先采用乳液聚合法合成丙烯酸丁酯胶乳，再乳液接枝苯乙烯和丙烯腈，在乳液聚合的中期将体系破乳转为悬浮态，再次接枝苯乙烯、丙烯腈，最后进行产品后处理[84]。该方法吸收了乳液接枝法和悬浮聚合法的优点，又避免了二者的缺点，不仅可以获得适当的橡胶粒径，而且简化了后处理的工序，不足之处就是其工艺较为复杂。

5.4.2.3　乳液接枝树脂掺混法

乳液接枝树脂掺混法制备 ASA 的工艺与 ABS 生产工艺相似。其工艺过程是：交联丙烯酸丁酯（PBA）胶乳合成→乳液接枝共聚合→凝聚→洗涤→干燥→SAN 掺混→造粒→ASA 树脂。

为了得到冲击性能优良的 ASA 树脂，丙烯酸酯橡胶相的关键技术核心是粒径的控制技术和适度交联。合成方法主要有以下 5 种途径：①一步法：在反应器中一次加入去离子水、乳化剂、丙烯酸酯单体、交联剂，在氮气保护下加入引发剂，反应一定时间，制得用于接枝的 PBA 胶乳；②种子放大法[85]：以小粒径胶乳为种子，加入乳化剂、引发剂、交联剂，在氮气保护下再加入丙烯酸酯单体，放大胶乳粒径，获得粒径较大的用于接枝的 PBA 胶乳；③大粒径与小粒径胶乳掺混法：把小粒径的 PBA 胶乳与大粒径的 PBA 胶乳按一定的比例进行混合后[86]，获得粒径分布宽、用于接枝的 PBA 胶乳；④共聚 PBA 胶乳合成法：在反应器中加入去离子水、乳化剂、交联剂、引发剂、丙烯酸丁酯单体和少量的第二单体（一般小于 10%），在氮气保护下反应数小时，获得用于接枝的共聚 PBA 胶乳；⑤含有交联苯乙烯的 PBA 胶乳合成法[87]：在反应器中加入去离子水、乳化剂、苯乙烯单体，在氮气保护下加入引发剂反应，得到交联苯乙烯胶乳。在交联的苯乙烯中加入去离子水、乳化剂、交联剂、丙烯酸酯单体，在氮气保护下加入引发剂反应，获得用于接枝的含有交联聚苯乙烯的 PBA 胶乳。考虑到通用 ASA 树脂的性能及工业实施的可行性，第二种方法比较切实可行，其他方法也可作为特殊牌号产品的开发路线。

（1）接枝丙烯酸酯聚合物的合成

在橡胶相上接枝树脂相，形成核-壳结构[88]，是制备 ASA 树脂的关键。相关报道的方法主要有以下 3 种：①将丙烯酸酯胶乳与苯乙烯/丙烯腈混合物直接滴加到含乳化剂、交联剂、引发剂的反应体系中[89]；②将苯乙烯/丙烯腈混合物滴加至含乳化剂、交联剂、引发剂的丙烯酸酯种子胶乳体系中[90]；③先向丙烯酸酯种子胶乳中加入少量苯乙烯/丙烯腈混合单体，在接枝反应前将单体增容至橡胶核中，有利于形成内接枝。然后将苯乙烯/丙烯腈混合物滴加至含乳化剂、交联剂、引发剂的丙烯酸酯种子胶乳体系中[91]。三种方法工艺过程不同，生成的胶乳相的结构也将产生差异。在第一种方法体系中，单体浓度较低，难以向内部扩散，发生接枝反应的概率减少，相应接枝率低，并多生成表面接枝物；而后两种方法则相反，吸附在种子颗粒表面上的苯乙烯和丙烯腈浓度相对较高，相应的接枝率也高[92]。

（2）接枝胶乳的凝聚

接枝反应后胶乳经凝聚破乳、洗涤、干燥，得到接枝物料，此接枝物料可作为树脂改性剂或直接使用。据专利介绍[93]，此类胶乳多用无机盐来凝聚，如 KCl、Mg_2SO_4、$AlCl_3$ 等，将无机盐配成一定浓度的水溶液，以此为凝聚剂，在一定凝聚工艺条件（温度、搅拌速度、搅拌时间、固含量）下以适量的凝聚剂进行凝聚处理。胶乳粒子的凝聚过程分为 3 个阶段：粒子形成期、聚集增长期、粒子破碎期。在粒子形成期，凝聚剂的分散是整个凝聚过程的关键；在聚集增长期，团聚粒子逐渐变得致密，凝聚粒子基本形成。在前两个阶段粒径逐渐增大，凝聚率不断上升；在粒子破碎期，凝聚作用小于搅拌剪切作用，凝聚率趋向稳定，凝聚粒子的粒径减小。

（3）树脂掺混

ASA 接枝物与 SAN 树脂的掺混一般有两种方法：乳液掺混和树脂掺混。其中，乳液掺混法是指将 ASA 接枝胶乳与 SAN 胶乳进行胶乳混合，然后对混合胶乳进行共凝聚，得到共混树脂。这种方法的优点是乳液混合较均匀，但要求两种胶乳性质应相符，而且混合共凝聚过程不便于加入助剂，如抗氧剂、着色剂等。树脂掺混法是将 ASA 接枝物与 SAN 树脂在 220～300℃的双螺杆挤出机中共混挤出造粒，制备各种牌号与性能的 ASA 制品，在共混的过程中可以根据产品的性能需求加入增塑剂、抗氧剂、染色剂等。目前，世界各大公司大多采用树脂掺混法制备 ASA 树脂，其优越性已逐渐显示出来。

5.4.3 结构与性能

在 ASA 树脂中三种组分各显其能，苯乙烯赋予 ASA 光泽与加工性，丙烯腈赋予 ASA 刚性与耐老化性，丙烯酸酯橡胶赋予 ASA 抗冲击性与耐老化性，使 ASA 树脂具备优良性能。但 ASA 树脂的力学性能主要取决于构成 ASA 树脂的三种组分的含量、相形态结构及两相之间的界面结合力等。ASA 树脂的耐候性是 ABS 树脂的 10 倍左右，此缘于 ASA 树脂橡胶相是以聚丙烯酸酯取代 ABS 树脂中的聚丁二烯部分，这种主链的饱和结构大大改善了其耐候性，克服了 ABS 树脂长期露置室外机械强度显著下降、受日光作用颜色逐渐变黄等缺点。ASA 树脂所具有的优异综合性能，使得它可以用来代替增强聚酯和其它热塑性树脂如聚碳酸酯、聚丙烯酸酯和聚烯类树脂。与金属相比，ASA 树脂具有的耐腐蚀性、绝热性和抗冲强度及耐应力开裂，使得它在某些领域可代替金属材料。ASA 树脂除可单独作为热塑性塑料使用，还可用来改性聚氯乙烯、聚碳酸酯、尼龙、聚丙烯酸酯等。

5.4.3.1 影响 ASA 树脂性能的主要因素

（1）橡胶相种类

ASA 树脂受到冲击时，在 SAN 树脂与橡胶相临界处形成应力集中区，产生"银纹"吸收冲击能量。同时由于橡胶因熵变而产生热量，促使橡胶相附近树脂的玻璃化转变温度（T_g）下降，对"银纹"产生起促进作用。橡胶的玻璃化转变温度越低，其增韧效果越好，表 5-11 列出了几种典型橡胶的玻璃化转变温度。

表 5-11　典型橡胶的玻璃化转变温度

橡胶种类	T_g/℃
丙烯酸丁酯橡胶	−56
丙烯酸异辛酯橡胶	−70
丁二烯橡胶	−80～−70
三元乙丙橡胶	−60～−55

（2）橡胶相含量（核壳比）

聚丙烯酸丁酯橡胶相粒子在 ASA 树脂中起应力集中作用，橡胶相粒子赤道周围应力比体系中应力理论上大 2 倍。当橡胶相粒子体积达到一定程度后，其产生的应力场就会叠加，则每一个橡胶相粒子的应力也会增加。橡胶相粒子赤道周围与 SAN 基体临界处就处在一个三维张应力状态，从而能够产生银纹、剪切带。而橡胶相粒子因熵变而产生热量，又使与橡胶相临界的 SAN 的 T_g 下降，促进银纹的产生。因此橡胶相含量的增加提高了 ASA 树脂的冲击强度。

（3）橡胶相粒子粒径

ASA 与 ABS 在结构上非常相近。对于 ABS，Grancio[94] 认为橡胶相粒子粒径在 300nm 时，具有最佳的增韧效果；Donald 和 Kramer[95] 认为有大粒径的橡胶相粒子存在下，小粒径的橡胶相粒子才起增韧作用，且大小粒径的橡胶相粒子共存时，增韧效果最好。对于 ASA，韩业[96] 研究发现：当橡胶相粒子粒径为 400nm 时，冲击强度有一个最大值；大小粒径橡胶相粒子在一定范围内复混，具有协同作用，增韧效果好，其他力学性能也优良。

（4）接枝率效果

核壳接枝形貌与接枝厚度对冲击性能有重要影响。核壳结构的形成与加料方式、乳化剂种类和单体亲水性等因素有关。几种核壳结构示意图[97] 见图 5-5。

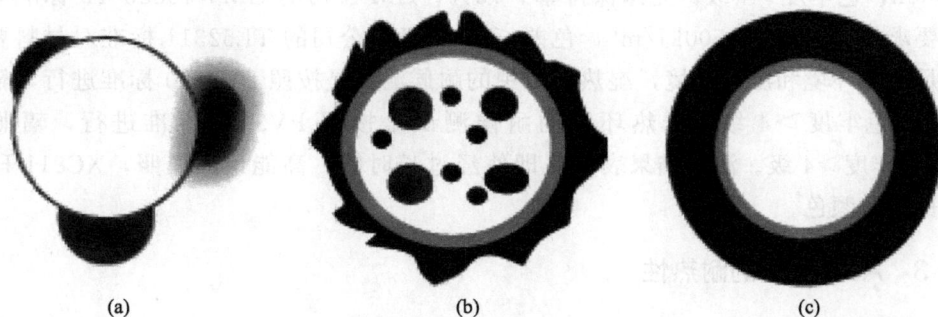

(a)　　　(b)　　　(c)

图 5-5　核壳结构图

图中 5-4（a）、（b）为不完整的核壳结构，（c）为理想的核壳结构。规则的核壳结构，包覆完整，加工过程中核壳结构稳定性好，增韧效果好。

核层粒子接枝后一般粒径增大 20nm，接枝层厚度太薄，起不到过渡作用；太厚，影响应力传递，也不利于增韧。

（5）壳层与掺混 SAN 的特性

SAN 共聚物在 PBA 粒子表面上的接枝度及其接枝 SAN 共聚物的 AN 结合量影响着

PBA 和 SAN 基体之间的界面结合力，从而影响着 PBA 橡胶粒子在 SAN 基体中的分散程度，同时也决定 ASA 树脂的综合性能。有研究发现：在 ABS 树脂中，接枝 SAN 与基体 SAN 的 AN 含量相差（ΔAN）≤5%时，两者完全相容；在 5%≤ΔAN≤11%时，部分相容；ΔAN>11%时，完全不相容[98]。这要求在合成 ASA 接枝粉料时必须保证接枝 SAN 与基体 SAN 共聚物的 AN 结合量相互匹配，才能获得性能优良的 ASA 树脂。韩业[96]等人采用种子乳液聚合的方法制备接枝共聚物时，通过改变壳层 St/AN 的比例，考察了其对 ASA 树脂冲击性能的影响。通过研究发现，在制备 ASA 接枝共聚物时，St/AN 的最佳比例为 73/27 时，可以获得高冲击性能的 ASA 树脂。

5.4.3.2 ASA 树脂的耐候性

能使 ASA 中 SAN 树脂相老化的光波波长是 250~290nm，该波段在日光中含量较少，通过添加合适的紫外线吸收剂、光稳定剂和炭黑等紫外线屏蔽剂，可以对 SAN 起到很好的防护作用。对于橡胶相，太阳光中波长小于 700nm 的光波都是有足够的能量对丁二烯起光氧化作用，但只有小于 300nm 的光波对丙烯酸酯起光氧化作用。紫外线吸收剂对光波的吸收具有选择性，一般可有效吸收 270~400nm 的光波，因此对于 ABS 只有加入炭黑、钛白粉等屏蔽剂才能对树脂起到明显的防护作用，紫外线吸收剂起到的防护作用有限。而对于 ASA，加入适量的光稳定剂和紫外线吸收剂、颜料，就可以起到很好的防护作用。

锦湖日丽公司[99]通过各种助剂的优选和挤出造粒过程中螺杆组合的优选，一方面保证助剂不迁移到制品表面，另一方面尽量不降低 ASA 树脂的热稳定性，推出了超高耐候 ASA 树脂，牌号为 XC811-HW。XC811-HW 在耐候老化试验之后，制品表面光泽不下降，反而变得更黑更亮。高耐候 ASA 树脂 XC811-HW 的开发，可以满足客户对 ASA 树脂更高耐候性能的要求，如 Ford 公司的 WSS-M4D833-A2 标准对材料的耐候要求是辐照时间 3000h，色牢度>4 级，光泽保持率>75%；GM 公司的 GMW15583-T3 标准对材料的耐候要求是辐照能量 4500kJ/m²，色差<3.0；VW 公司的 TL52311 标准对材料要求能同时满足干热环境和湿热环境，湿热环境中的耐候测试是按照 PV3930 标准进行，辐照时间 1600h，色牢度>4 级，干热环境的耐候测试是按照 PV3929 标准进行，辐照时间 1500h，色牢度>4 级。测试结果表明，即使经过长时间、高能量的辐照，XC811-HW 仍然保持良好的颜色。

5.4.3.3 ASA 树脂的耐热性

通用 ASA 树脂的热变形温度与通用 ABS 相似，为 80~85℃。一般来说，选用高丙烯腈含量、高分子量的 SAN 掺混，减少丙烯酸酯橡胶用量，可以提高热变形温度，但提高的幅度不大。通过引入空间位阻大、刚性高的单体，可以制备耐热 ASA 树脂。已工业化的方法主要有以下几种：

① 用 α-甲基苯乙烯全部或部分替代苯乙烯单体共聚合，可以制备耐热 ASA 树脂。但用该法制备的 ASA 树脂的热变形温度提高的程度有限。由于 α-甲基苯乙烯的 T_g 为 140~150℃，所以最高热变形温度可提高至 110~115℃，但流动性下降，颜色发黄，光泽变差，制品发脆。

② 引入 N-苯基马来酰亚胺 NPMI 单体共聚，既保持了平面五元环结构，又增加了侧链的极性与空间位阻，可以赋予 ASA 树脂更高的热变形温度与热稳定性，如将 NPMI 与 PS 共聚，共聚物的 T_g 可高达 195℃，再将共聚物与 ASA 掺混，可赋予 ASA 较高的热变形温度。根据共聚物不同的掺混比例，可制备不同耐热等级的 ASA 树脂，甚至可开发热变形温度高达 120℃的超级耐热 ASA 树脂。该方法是目前提高 ASA 树脂耐热性的最好方法之一。目前，锦湖日丽用该方法已开发系列商品化耐热 ASA 牌号。

③ 将 PC 与 ASA 共混，制备 ASA/PC 合金，也可以制备耐热 ASA。

5.4.4　应用与展望

5.4.4.1　ASA 树脂在建材方面的应用

20 世纪以来，建筑、房地产行业越来越受到人们的关注，ASA 树脂质量轻、防腐蚀、抗老化、强度高、封闭性好，且节能环保，由其制成的塑钢门、窗被人们广泛应用到日常生活中。由于树脂本身具有的易加工成型特点，目前在国内已经普及，无论从运输环节还是生产环节上都可以大大降低成本。锦湖日丽公司研发出了色彩各异并适用于生产实际中加工成型的一系列 ASA 产品（见表 5-12），并与 PVC、PBT、玻纤等物质共混[100-101]，经过技术的不断改进，进一步提高了材料的耐候性能，还使这种材料更容易着色，满足了现代快节奏发展大环境下人们追求色彩多变的个性要求。

表 5-12　锦湖日丽 ASA 树脂性能表

性能指标	挤出级 ASA XC190	高流动 ASA XC200	高冲击 ASA XC220	中耐热 ASA XC180	高耐热 ASA XC230
拉伸强度/MPa	55	50	47	54	55
断裂伸长率/%	40	25	30	30	25
弯曲强度/MPa	64	68	60	70	70
弯曲模量/MPa	1900	2000	1800	2200	2300
冲击强度/(J/m)	360	170	220	170	150
熔体流动速率/(g/10min)	5	30	12	10	6
热变形温度/℃	87	85	84	92	97
洛氏硬度(R)	106	105	100	110	115

5.4.4.2　ASA 树脂在交通工具上的应用

ASA 树脂具有优异的耐紫外线性能，即使在户外经过长时间也不会表现出褪色、变形的情况，而 ABS 在长时间的紫外线照射下会变为灰色，并且各项性能指标也随之大幅度下降。ASA 树脂产品在实际应用中大量用于汽车零部件，例如：汽车后视镜的外壳、散热器格栅、汽车顶部的通风口、流线型汽车的外壳、车灯外部等，这些零部件在日常使用中会长时间经历风吹、日晒、雨淋等恶劣条件。汽车格栅要求材料既要有一定的韧性，防止碎石冲击发生断裂，又要求材料具有一定的耐光照特性，便于户外使用[102]。随着免喷涂化的普及，越来越多的主机厂将原有的喷涂格栅慢慢替换成免喷涂皮纹 ASA 格栅或高光面 ASA 格栅[103]。在汽车内饰零部件产品方面，也越来越多使用性能优良的 ASA 树脂材料，如汽车内部各类仪表盘、内视镜外壳及各种汽车内部表面的装饰面板等，主要也是考虑 ASA 具有良好的耐紫外线的性能。经过喷漆的 ASA 产品表面光亮度很高，甚至可与 ABS 的表面喷漆的光亮度相媲美，而且喷过漆的 ASA 产品在短时间内不会出现频频掉漆的尴尬情况。喷漆后的产品还可应用于摩托车流线型的光亮外壳[104]。

5.4.4.3　ASA 树脂在电子电气工程上的应用

随着无线通信领域的飞速发展，对无线信号天线外部零件的材质要求日益提高。传统材料经过长时间室外自然条件的侵蚀会锈蚀变脆，导致其需要频繁更换。而新型的 ASA 树脂具有良好的力学性能指标，可广泛应用于各种户外移动式天线、电视机天线零部件、地下光缆连接盒等户外日常设备上。我国近年来发射卫星上的零部件外壳也使用到了 ASA 材料。由于 ASA 具有优良的耐化学品腐蚀性，还可用于家用电器面板，如洗衣机外壳、电表及计算机外壳、冰箱外部把手等家庭耐用外罩设备上[105]。

5.4.4.4　ASA 树脂在户外设备和体育器材上的应用

ASA 树脂的特殊之处就在于它具备耐老化、耐汽油功能，并且 ASA 表面可以具有鲜艳的色彩而且表面固有的色彩稳定，表现为颜色各异，不需要后续上漆，且不易褪色，因此多被用于制造园艺灌洗机器和汽油动力剪草机外壳等园艺设备[106]。因为 ASA 的合成配方中含有丙烯酸酯成分，所以 ASA 树脂在对抗清洁剂腐蚀和抵御汽油侵蚀能力上有很好的体现。ASA 树脂可以在长期恶劣的环境中保持很高的机械强度和良好使用性。所以，ASA 可广泛用于体育器械和休闲用品，从而使这些使用频率较高的器械寿命更长。目前，许多游乐园等大型娱乐设施的外部部件也越来越多地使用了 ASA 树脂。

5.4.4.5　发展趋势

ASA 树脂有诸多优异的性能，在许多应用领域中可取代以往的 ABS、PVC、PC 等材料，还可以用作各种树脂，如 PVC 的改性剂，具有非常广阔的发展前景。由于 ASA 树脂是在 ABS 树脂的基础上开发出来的新型苯乙烯系共聚物，从其工业化生产流程可以发现，生产 ASA 树脂的厂家一般都拥有 ABS 树脂的生产能力。我国应充分利用国内现有的 ABS 生产装置，尽早开发生产 ASA 树脂，以取得良好的经济效益和社会效益。

2021 年，全球 ASA 树脂市场销售额达到了 1052.78 百万美元，预计 2028 年将达到 1567.44 百万美元，年复合增长率（CAGR）为 5.80%（2022—2028 年）。从销量考虑，2021 年全球 ASA 树脂消费量为 398073 吨，预计 2028 年全球 ASA 树脂消费量将达 674332 吨，2022—2028 年均复合增长率为 7.46%。地区层面来看，中国市场在过去几年变化较快，2021 年市场规模为 319.90 百万美元，占全球的 30.3%，预计 2028 年将达到 517.77 百万美元，届时全球占比将达到 33.08%。得益于庞大的国内市场、快速增长的经济及人均销售水平，ASA 树脂消费在国内快速增长。同时随着 5G 技术的推广，通信基站、手机背板材质正在从金属转向塑料，ASA 树脂的应用也拓展到通信器材领域，具有广阔的市场前景。结合环保和新能源材料要求，未来 ASA 工程塑料的发展方向之一为取代 ABS 的高端应用。

参考文献

[1] 于志省. 本体法高性能 ABS 树脂的研究[D]. 大连：大连理工大学，2010.

[2] 吴文新，王秀兰. ABS 树脂生产现状及发展趋势[J]. 辽宁化工，1997(02)：7-10.

[3] 蒋纪国，王奇，毛春屏. 我国 ABS 树脂生产现状及发展趋势[J]. 石油化工技术与经济，2009，25(02)：1-5.

[4] 刘孟鹏，吕鹏，贾延星，等. ABS 树脂现状与发展趋势[J]. 化工管理，2021(25)：71-72.

[5] 黄金霞，丁晓艳，谢好，等. 2019 年 ABS 树脂生产及市场分析[J]. 化学工业，2020，38(03)：41-48.

[6] 常敏. 全球 ABS 供需分析与预测[J]. 世界石油工业，2021，28(03)：30-36.

[7] 潘宏丽，崔英，刘虹昌. 丙烯腈-丁二烯-苯乙烯共聚物生产工艺及产品牌号[J]. 石化技术与应用，2020，38(06)：431-440.

[8] 周川. 连续本体法制备 ABS 树脂的工艺研究[J]. 大连：大连理工大学，2018.

[9] 任少东. 连续本体 ABS 工艺中相转变的研究[J]. 大连：大连理工大学，2016.

[10] 徐璐，王一业，张金辉，等. 本体聚合 ABS 树脂研究进展[J]. 工程塑料应用，2019，47(03)：130-135.

[11] 王彦斌，巩波，刘墨文，等. 不同橡胶种类对 ABS 本体聚合影响的研究[J]. 塑料工业，2015，43(11)：25-30.

[12] Zhu S, Wang F, Liu J, et al. BODIPY coated on MXene nanosheets for improving mechanical and fire safety properties of ABS resin[J]. Composites Part B-Engineering. 2021, 223.

[13] Schinazi G, Moraes D'Almeida J R, Pokorski J K, et al. Bio-based flame retardation of acrylonitrile-butadiene-sty-rene[J]. ACS Applied Polymer Materials, 2021, 3(1): 372-388.

[14] Zhao D J, Yan D, Fu X, et al. Effect of ABS types on the morphology and mechanical properties of PA6/ABS blends by in situ reactive extrusion[J]. Materials Letters[J]. 2020, 274.

[15] Rossato J H H, Lemos H G, Mantovani G L. The influence of viscosity and composition of ABS on the ABS/SBS blend morphology and properties[J]. Journal of Applied Polymer Science, 2019, 136(8).

[16] 李炜. 改进型本体法 ABS 的制备及性能研究[D]. 苏州：苏州大学，2019.

[17] 李欣月. 膨胀型无卤阻燃 ABS 的制备与性能研究[D]. 北京：北京化工大学，2020.

[18] 南婷婷. 耐候 ABS 树脂的开发研究[D]. 青岛：青岛科技大学，2022.

[19] 王荣伟，杨为民，辛敏琦，等. ABS 树脂及其应用[M]. 北京：化学工业出版社，2011.

[20] 方克明，邹兴，苏继灵. 纳米材料的透射电镜表征[J]. 现代科学仪器，2003(2)：15-17.

[21] 方云，杨澄宇，陈明清，等. 纳米技术与纳米材料（Ⅰ）——纳米技术与纳米材料简介[J]. 日用化学工业，2003，33(1)：55-59.

[22] Ralph M, Chiang, Mutong T, et al. Chemically joined, phase separated: US19730347040[P]. 2024-07-04.

[23] 陈锡花，杨力，邹本三. K 树脂相结构形态与其力学性能关系的透射电镜研究[J]. 电子显微学报，1999，18(2)：216-222.

[24] Jiang M, Xie J, Yu T. Studies on phase-separation in polyblends of block copolymers. polymer[J]. Polymer, 1982, 23(11): 1557-1560.

[25] 王德充. 丁苯嵌段树脂的合成[J]. 合成树脂及塑料，1985(01)：28-31+64.

[26] 凌华明. (2 万吨/年)丁苯透明抗冲树脂装置工业生产技术开发[J]. 广东省，广东众和化塑有限公司，2007-12-23.

[27] 张兴英，赵素合，金关泰. 星型聚合物的发展近况[J]. 合成橡胶工业，1999(2)：52-55.

[28] 孙家英，张立武，梅虎，等. 星型聚合物的研究与应用进展[J]. 化工进展，2006，25(3)：281-285.

[29] 刘春茂. 新时期丁苯透明抗冲树脂的生产应用及市场研究[J]. 石油石化物资采购，2021(5)：157-160.

[30] 钟丽. 丁苯透明抗冲树脂(K-树脂)[J]. 化工科技市场，2004，27(9)：38-40.

[31] 郭晓东. 星型和星型杂臂共聚物的合成进展[J]. 安徽化工，2003，29(1)：7-8.

[32] 郑岩. 丁苯透明抗冲树脂流变特性及其对水下切粒的影响[J]. 广东化工，2018，45(1)：41-43.

[33] Zishcng C, Weijie C, Shengkang Y. Copolymerization of 1, 3-butadiene and styrene by n-BuLi-THF initiation

（Ⅰ）——Synthesis and molecular design[J]. Chemical Research in Chinese Universities，1984.

[34] 李洪泊，孙建中，胡俊杰，等. 丁二烯/苯乙烯阴离子连续溶液共聚合研究[J]. 高校化学工程学报，2002，16(5)：514-518.

[35] 冯懿. 影响合成丁苯透明抗冲树脂质量的因素及控制[J]. 广东化工，2010，37(6)：270-271.

[36] Zhang H M，Ruckenstein E. Graft，block-graft and star-shaped copolymers by an in situ coupling reaction[J]. Macromolecules，1998，31(15)：4753-4759.

[37] Moczygemba G A，Udipi K. Haze-free，clear，impact-resistant resinous polymers：US19820339251[P]. 1983-09-20.

[38] Colemen F R，Anthony M G，James T W. Sequential coupling in formation of resinous block copolymers：US05270396A[P]. 1992.

[39] 刘峰，刘青. 丁苯嵌段共聚物的偶联反应研究[J]. 合成橡胶工业，1998，21(2)：4.

[40] 周晓东，熊若华，戴干策. 嵌段共聚物偶联剂的合成及其胶束化行为[J]. 高分子材料科学与工程，2006(01)：20-23.

[41] 陈桂英，张彦，刘青，等. 热塑性弹性体SBS的工业开发——Ⅰ. SBS的合成与质量[J]. 合成橡胶工业，1988(06)：431-436.

[42] Jing B，Dai W，Liu P，et al. Fracture toughness evaluation of K resinu（R）grafted with maleic anhydride compatibilized polyamide-6/K-resin（R）blends[J]. Polymer International，2007，56(10)：1240-1246.

[43] Jing B，Dai W，Chen S，et al. Mechanical behavior and fracture toughness evaluation of K resin grafted with maleic anhydride compatibilized polycarbonate/K resin blends[J]. Materials Science and Engineering A-structural Materials Properties Microstructure and Processing，2007，444(1-2)：84-91.

[44] Ding Q，Dai W. Morphology and mechanical properties of polyamide-6/K resin blends[J]. Journal of Applied Polymer Science[J]. 2008，107(6)：3804-3811.

[45] Jing B，Dai W，Cao Q，et al. The phenomenon of double yielding in polyamide 6/K resin blends[J]. Polymer Bulletin，2006，57(3)：359-367.

[46] Sharma N，Sharma V K，Tripathi K. N. K-resin based multilayer polymeric mode filter for integrated optics[J]. Optik，2011，122(19)：1719-1722.

[47] Zeng Y，Yang Q，Xu Y，et al. Durably ductile，transparent polystyrene based on extensional stress-induced rejuvenation stabilized by styrene-butadiene block copolymer nanofibrils[J]. ACS Macro Letters，2021，10(1)：71-77.

[48] Wang Y S，Wei Z Y，Li Y. Toughening polylactide with epoxidized styrene-butadiene impact resin：Mechanical，morphological，and rheological characterization[J]. Journal of Applied Polymer Science，2018，135(13).

[49] 沈禾雨. 伯胺取代二苯基乙烯衍生物阴离子聚合研究[D]. 大连：大连理工大学，2020.

[50] 沈禾雨，冷雪菲，韩丽，等. 伯胺功能化苯乙烯/丁二烯共聚物合成及其组成分布调控[J]. 高分子学报，2020，51(12)：1385-1393.

[51] 张乃然，孙文娟. 丁苯嵌段共聚物的制造方法：CN95107917. 4[P]. 1996-06-05.

[52] 李杨，高晓健，顾明初，等. 丁二烯、苯乙烯嵌段共聚物及其制备方法：CN96106448. X[P]. 1997-02-05.

[53] 邱建伟. 苯乙烯丁二烯嵌段共聚透明抗冲树脂的合成[J]. 当代化工，2004(02)：92-95.

[54] 邓晓兴. 丁苯透明抗冲树脂的合成及性能评价研究[J]. 中国化工贸易，2020，12(26)：232，234.

[55] 陈英林，刘青. 国产高抗冲、透明丁苯树脂的性能、加工工艺及应用和发展前景[J]. 中国塑料，2008，22(1)：1-6.

[56] 龚光碧. 丁苯透明抗冲树脂的合成及性能[D]. 兰州：西北师范大学，2005.

[57] 王康成，黄卫，周永丰，等. AB₂星型杂臂共聚物的合成及其结晶行为[J]. 高等学校化学学报，2007(07)：1365-1370.

[58] 何卫东，许建烟，刘群峰. 结构规整化支化聚合物的制备方法[J]. 功能高分子学报，2001(02)：237-244.

[59] 潘广勤. 星型嵌段共聚丁苯抗冲透明树脂的合成[J]. 弹性体，2001(01)：25-28.

[60] 郑岩. 丁苯透明抗冲树脂流变特性及其对水下切粒的影响[J]. 广东化工，2018，45(01)：41-43.

[61] 黎广贞. 异戊二烯在丁苯透明抗冲树脂合成中的应用[J]. 广东化工，2019，46(10)：52-53.

[62] 沈钦珍. SAN树脂的增韧改性与性能研究[D]. 青岛：青岛科技大学，2019.

[63] 徐永宁. SAN 的生产应用及市场需求[J]. 化工科技市场，2005，(01)：5-7.

[64] 赵牡丹，李洪涛. 本体法 SAN 树脂生产工艺研究[J]. 辽宁化工，2009，38(06)：401-403.

[65] 魏雪峰. SAN/CR 共混物的制备及结构和性能的研究[D]. 青岛：青岛科技大学，2020.

[66] 吴家红，李杨，王玉荣. 氢化钠/三异丁基铝体系合成星型聚苯乙烯的研究[J]. 合成树脂及塑料，2012，29(01)：11-15.

[67] 田洪源. 5R-1301 高性能 SAN 树脂反应釜设计与研究[D]. 青岛：中国石油大学(华东)，2020.

[68] 张海荣. 高腈含量 SAN 树脂制备工艺研究[J]. 石化技术，2022，29(09)：110-113.

[69] 桂强，荔栓红，于奎，等. 有机硅改性 SAN 树脂的制备研究[J]. 化工新型材料，2010，38(03)：115-117.

[70] 朱从山，朱延谭，张鹏，等. 悬浮聚合法合成交联苯乙烯-丙烯腈共聚物的研究[J]. 上海塑料，2017(03)：22-26.

[71] 沈钦珍，王涛，郑燕，等. 不同种类抗冲改性剂增韧 SAN 树脂及性能研究[J]. 现代塑料加工应用，2018，30(05)：45-48.

[72] 周丽娜，刘墨文，张维，等. 影响 SAN 树脂透明性的因素分析[J]. 炼油与化工，2022，33(02)：51-53.

[73] 王扬利，王江，孙华旭，等. 高冲击高流动 ASA 材料的开发[J]. 广东化工，2021，48(20)：87-88.

[74] 张津铭. 种子半连续乳液聚合及 ASA 树脂性能研究[D]. 长春：长春工业大学，2021.

[75] Herbig J A, Salyer I O. Binary blends of styrene/acrylonitrile copolymer and butyl acrylate/acrylonitrile copolymer and methods for preparing the same：US3118855[P]，1960-07-21.

[76] Badische Anilin-&-Soda-Fabrik, Aktiengesellschaft, Ludwigshafen/Rhein. Thermoplastic molding compounds based on styrene and acrylonitrile：DE 1182811[P]. 1962-02-01.

[77] Badische Anilin-&-Soda-Fabrik, Aktiengesellschaft, Ludwigshafen/Rhein. Thermoplastic molding compounds of styrene polymers：DE 1238207 [P]. 1963-03-09.

[78] 王琪，林荣涛，卢朝亮，等. 丙烯腈-苯乙烯-丙烯酸酯耐候性能的研究[J]. 广东化工，2018，45(16)：44-47.

[79] 丛艳. ASA 树脂的制备及应用[D]. 青岛：青岛科技大学，2013.

[80] 刘俊威，高山俊，沈春晖. ASA 树脂的合成及 PC/ASA 合金的研究现状[J]. 中国塑料，2017，31(02)：8-16.

[81] 米普科，杨继钢，薛心涛，等. 聚丙烯酸丁酯/苯乙烯-丙烯腈复合共聚物的表征[J]. 合成橡胶工业，1996(01)：43-44.

[82] Kohkame H, Asano H, Goto M, et al. Analysis of thermal stability of acrylonitrile-acrylic elastomer-styrene terpolymer in injection molding[J]. Polymer engineering and science, 1993, 33(10)：607-613.

[83] 赵清香，王玉东，刘民英，等. 悬浮接枝法 AAS 树脂的合成研究[J]. 塑料工业，1991(04)：33-36.

[84] 张震乾. 悬浮—乳液复合聚合制备核—壳聚合物粒子的研究[D]. 杭州：浙江大学，2005.

[85] 丛艳. ASA 树脂的制备及应用[D]. 山东：青岛科技大学，2013. DOI：10. 7666/d. J0105474.

[86] Kunio K, Tsuneo T, Masao N. Blends of thermoplastic polymers with graft copolymers of maleic acid derivatives：US34977273[P]. 1975.

[87] Grancio M R, Williams D J. The morphology of the monomer-polymer particle in styrene emulsion polymerization [J]. Journal of polymer science. Part A-1, Polymer chemistry, 1970, 8(9)：2617-2629.

[88] Stutman D R, Klein A, El-Aasser M S, et al. Mechanism of core/shell emulsion polymerization[J]. Industrial & engineering chemistry product research and development, 1985, 24(3)：404-412.

[89] Dimonie V, El Aasser M S, Klein A, et al. Core-shell emulsion copolymerization of styrene and acrylonitrile on polystyrene seed particles. Journal of polymer science[J]. Polymer chemistry edition, 1984, 22(9)：2197-2215.

[90] Šňupárek J Jr. The effectiveness of some commercial emulsifiers in emulsion polymerization I. "Soap-free" systems, ethoxylated nonylphenols. Angew. Makromol. Chem. , 1980, 88：61-68.

[91] Hansen F K, Ugelstad J. Particle nucleation in emulsion polymerization. Ⅱ. Nucleation in emulsifier-free systems investigated by seed polymerization[J]. Journal of Polymer Science Polymer Chemistry Edition, 1979, 17(10)：3033-3045.

[92] 王扬. ASA 树脂的制备技术及应用[J]. 塑料科技，2009，37(12)：54-57.

[93] Ryan C F, Crochowski R J. Acrylic modifiers which impart impact resistance and transparency TO VINYL CHLORIDE POLYMERS. US[J]. 1969.

［94］ Grancio M R. Cold rolled ABS. Part 1：The effect of rubber particle size on the tensile properties of ABS before and after cold rolling［J］. Polymer engineering and science，1972，12(3)：213-218.

［95］ Donald A M，Kramer E J，Kambour R P. Interaction of crazes with pre-existing shear bands in glassy polymers［J］. Journal of materials science，1982，17(6)：1739-1744.

［96］ 韩业. ASA 树脂及其共混物的制备和性能研究［D］. 长春：吉林大学，2009.

［97］ 曹同玉，刘庆普，胡金生. 聚合物乳液合成原理性能及应用(第 2 版)［M］. 北京：化学工业出版社，2007.

［98］ Schmitt B J，Kirste R G，Jeleni J. Untersuchungen zur thermodynamik und konformation von makromolekülen in polymermischungen in der nhe von entmischungspunkten durch neutronenbeugung［J］. Macromolecular Chemistry & Physics，1980，181(8)：1655-1672.

［99］ 佚名. 锦湖日丽推出超高耐候 ASA 树脂［J］. 塑料科技，2013，41(02)：111.

［100］ 吴郁. ASA/PVC 共混改性技术在 PVC 彩色共挤型材加工中应用研究［J］. 宁波化工，2007(1)：4.

［101］ Pavan A，Riccò T，Rink M. High performance polymer blends Ⅱ：Density，elastic modulus，glass transition temperatures and heat deflection temperature of polyvinylchloride-(acrylonitrile-butadiene-styrene) blends［J］. Materials Science & Engineering，1981，48(1)：9-15.

［102］ 蒋中，狄春峰，查东东，等. 车用免喷涂金属质感 ASA 材料的制备及性能［J］. 工程塑料应用，2022，50(9)：27-33.

［103］ 李文龙，郭涛. 车用 ASA 材料的应用和研究进展［J］. 合成材料老化与应用，2022，51(2)：88-90，141.

［104］ 李立静. 新型 ASA 弹性体粒子的制备及其对 SAN 树脂的增韧［D］. 长春：长春工业大学，2012.

［105］ 马令庆. ASA 的制备及其改性 PVC 的研究［D］. 青岛：青岛科技大学，2012.

［106］ 刘婧. 高性能 ASA 树脂的制备与研究［D］. 长春：长春工业大学，2012.

第6章
其他苯乙烯系树脂制备方法

6.1 透明高抗冲聚苯乙烯树脂

6.1.1 概况

通用聚苯乙烯（GPPS）树脂是常见的透明材料之一，因其具有良好的透明性和加工性能而得到广泛的应用，但由于其性脆和抗冲击性能差，制品易碎，限制了它在某些领域的应用。为了解决这一问题，在苯乙烯单体中加入合成橡胶，进行自由基聚合，可制得化学接枝型高抗冲聚苯乙烯（HIPS）。然而，HIPS 的不透明性使其在包装领域以及生产一些透明的杯、管及外壳等制品的应用中受到限制。美国 Phillips 石油公司早在 1968 年开发了透明丁二烯-苯乙烯嵌段共聚物（简称 K-树脂），日本旭化成工业公司也开发了相应产品。但 K 树脂价格较高，只能用于生产高档制品。从 20 世纪 70 年代中期开始，国外各大公司纷纷进行具有一定冲击强度和透光率好的透明高抗冲聚苯乙烯树脂（HT-IPS）的开发研究，进入 90 年代以后，随着西方发达国家纷纷禁止在食品包装行业使用聚氯乙烯树脂，HT-IPS 的研究和应用达到了一个新的高潮。现在已经开发成功并投放市场的 HT-IPS 树脂主要有美国 Dow 化学公司的 Styron LR2175、日本电气化学工业的 Styrol 系列、日本旭化成的 SD 系列以及德国 BASF 公司的 Styroflex BX6104 树脂[1-2]。

1993 年北京燕山石化公司研究院以苯乙烯为单体、以高苯乙烯含量的苯乙烯-丁二烯嵌段共聚物为增韧剂，合成出了透光率达 88％的透明高抗冲聚苯乙烯（HT-IPS）树脂，并申请了中国专利[3-4]。由于该产品具有广阔的市场前景，为了使 HT-IPS 最终能实现工业化，北京化工研究院燕山分院在小试工作[5] 的基础上采用自行设计开发的一套 5kg/h 的苯乙烯连续本体聚合中试装置进行中试研究，为进一步工业化试验打下基础。整个中试生产具体工艺流程如下[6]：

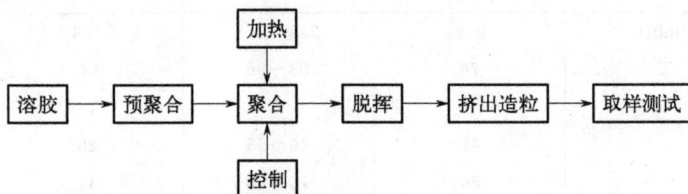

其中，聚合部分由八段静态混合反应器组成，前四段反应器每段可分别控温，后四段反应器每两段可分别控温。聚合配方中采用 20％的增韧剂、白油 2.0％、引发剂 4.0mg/kg、7.5％和 5.0％的乙苯作稀释剂和链转移剂，产品牌号分别命名为 HT75、HT50。该中试试验 HT-IPS 树脂与其他产品的力学性能的对比结果如表 6-1 所示。该中试产品具有

较高的冲击强度和良好的透光性，其力学性能与 Phillips 石油公司的牌号为 KR-01 的 K-树脂的性能相当，具有良好的应用价值和广阔的市场前景。

表 6-1　中试试验 HT-IPS 树脂与其他产品的力学性能对比

性能	小试试样	HT75	HT50	666D	KR-01	增韧剂
熔体流动速率/(g/10min)	—	32	17	8	8	8
拉伸屈服强度/MPa	—	25	28	—	22	28
拉伸断裂强度/MPa	40	21	25	49	—	23
伸长率/%	—	4	2	2	12	12
弯曲强度/MPa	73	37	43	76	—	45
弯曲模量/GPa	2.8	2.1	2.2	3.2	1.5	1.5
缺口冲击强度/(J/m)	29	21	22	13	23	23
总透光率/%	88	86	87	89	90	91
残单量/%	—	苯乙烯5.90 乙苯4.09	苯乙烯4.81 乙苯2.78	≤0.12		

鉴于 HT-IPS 树脂中试工艺与兰州石化公司高抗冲聚苯乙烯（HIPS）树脂的生产工艺相近，为尽快将专利成果产业化，兰州石化公司与北京化工研究院燕山分院合作，在兰州石化公司 5kt/a 的 HIPS 树脂装置上，以 1,1-双（叔丁基过氧基）环己烷（DP275B）为引发剂、苯乙烯为单体、K-树脂为增韧剂，采用连续本体自由基聚合工艺生产了 HT-IPS 树脂，进行其工业化试验[7]。该工业化试验尽量依托 HIPS 树脂工业装置的原有设施（如四台聚合釜等），新增了 K-树脂和引发剂 DP275B 的加入系统。通过螺旋喂料器将 K-树脂加入溶解槽，通过计量泵将引发剂 DP275B 加入第一聚合釜。考察了 HT-IPS 树脂的微观结构、分子量及其分布、流变性能、接枝反应程度、物理机械性能和光学性能，讨论了影响 HT-IPS 树脂结构及性能的因素。结果表明：HT-IPS 树脂具有微观相分离结构，聚丁二烯链段为分散相、聚苯乙烯链段为连续相；HT-IPS 树脂的流动性能略差于 HIPS 树脂，且随着 K-树脂用量的增加，其流动性能变差，K-树脂用量应控制在 15 份以下；在聚丁二烯链段的主链和侧链均发生了接枝反应，HT-IPS 树脂具有较高的弯曲强度、弹性模量和拉伸强度，其光学性能、流变性能良好，但冲击强度较低，断裂伸长率较小。HT-IPS 树脂与 HT-SB 树脂、K-树脂以及 GPPS 树脂的性能对比如表 6-2 所示。

表 6-2　HT-IPS 树脂与 HT-SB 树脂、K-树脂以及 GPPS 树脂的性能对比

性能	HT-IPS	HT-SB	K-树脂	GPPS
熔体流动速率/(g/10min)	2.9	2.5～4.6	7.4	1.8
维卡软化温度/℃	76	83～96	66	98
断裂伸长率/%	2	2	12	—
拉伸强度/MPa	42	46～55	28	45
弯曲强度/MPa	64	76～88	42	80
弹性模量/GPa	2.1	2.3～2.7	1.3	—
冲击强度/(J/m)	14	13～17	20	16
透光率/%	87	84～89	91	16
雾度/%	29	13～30	7	—

此外，MS（美国也称 NAS）树脂作为 HT-IPS 树脂的一种，通常是由 70%（质量分数）的苯乙烯与 30%甲基丙烯酸甲酯进行自由基共聚合得到的。MS 兼具 PS 的良好加工流动性、低吸湿性和 PMMA 的耐候性及良好的光学特性，其综合性能介于 PS 和 PMMA 塑料之间，无毒性。MS 的制备方法有本体法、悬浮法和乳液法，存在耗能大、工艺复杂、成本高、分子量分布宽[8] 等缺点。戴新河等[9] 采用工艺简单、效率高、成本低、环境污染小的辐射技术，在反应器中将苯乙烯、甲基丙烯酸甲酯混合，在过氧化苯甲酰的引发下进行本体自由基预聚合，然后采用[60]Co 源 γ 辐照聚合，得到了分子量分布窄的 HT-IPS。系统研究了吸收剂量和剂量率对 MS 树脂的分子量及其分布的影响，以及树脂的化学结构、热性能、透光率和力学性能。其结果表明：利用自由基预聚与 γ 辐照聚合相结合的方法所合成的 MS 树脂是一种无规共聚物，分子量分布较窄，最终转化率为 99%；对于波长为 400~900nm 的可见光和远红外光，MS 树脂的透光率在 80%~89%（自由基本体聚合的 PS 的透光率为 74%~87%[10]）之间，具有很好的光学性能；与 PS 相比，MS 树脂具有较好的韧性和强度，除断裂伸长率不变（2%）外，拉伸强度高达 40.9MPa，增长了 305%，Izod 缺口冲击强度为 28.5J/m，增长了 43%。这就为制备透明高抗冲聚苯乙烯树脂提供了一种新的合成路线与途径。

6.1.2　制备方法

(1) 制备原理

透光率是表征树脂透明程度的一个重要性能指标，树脂的透光率越高，其透明性就越好。而浊度是衡量透明或者半透明材料不清晰或者混浊的程度，也是表征材料透明性的指标。一个良好透明材料必须具备的条件为高透光率和低浊度[11]。

Conaghan 曾在胶粒半径为 R 的理想单分散材料中，进行了粒子尺寸和浊度 τ（与材料的透光率有关）之间关系的理论分析。浊度由拜耳（Beer）定律所定义[12]：

$$I_{tr} = I_0 \exp(-\tau/x)$$

式中，I_{tr} 为透射光强度；I_0 为入射光强度；x 为散射层厚度。

结果表明：胶粒直径在 1~5μm 时比浊度 τ/Φ_2（Φ_2 为橡胶的体积分数）出现最大值，而这一尺寸正是许多橡胶增韧塑料的胶粒尺寸范围；超过这个直径时，浊度随 R 增大而减小，并与折射率无关。

而当粒子尺寸在该范围以下时，散射由 Rayleigh-Gans 方程所决定：

$$\frac{\tau}{\Phi_2} = \frac{8}{9}\left(\frac{2\pi}{\lambda_1}\right)^4\left(\frac{n_2}{n_1}-1\right)^2 R^3$$

式中，λ_1 为基体树脂中光线的波长；n_1、n_2 分别为基体树脂和橡胶的折射率。

由上式可以看出，普通的 HIPS 树脂由于橡胶相粒子（一般为顺丁橡胶，折射率 1.52 左右）与聚苯乙烯树脂基体的折射率（一般为 1.59~1.592）存在较大的差别[13]，同时分散相粒子的尺寸（在 HIPS 中一般为 1~10μm）正处于 Conaghan 分析结果浊度最大的区域，从而导致其丧失聚苯乙烯树脂的透明性。

因此从理论上讲，只要匹配聚苯乙烯类树脂的折射率与橡胶相粒子的折射率，或减少橡胶粒子的尺寸，即可制备透明的抗冲聚苯乙烯树脂。但是，树脂良好的抗冲性要求其分散相粒子尺寸必须控制在一定范围内，一般来说，如果 HIPS 中橡胶粒子尺寸小于 $1\mu m$ 将无法起到抗冲的作用，因此，一味地靠减少橡胶相粒子的尺寸来达到透明性是不可取的。

现有的制备 HT-IPS 树脂的方法是将这两条原则综合应用，即在保证较好的增韧作用的前提下使橡胶粒径尽可能地小，同时尽可能地匹配折射率[14]。通常采用将苯乙烯（折射率 1.592）与一种或几种折射率较低的单体（如甲基丙烯酸甲酯，折射率 1.493）共聚作为基体树脂，并选用折射率较高的橡胶（如丁苯橡胶）作为分散相来制备 HT-IPS 树脂，以使树脂相与橡胶相有相近的折射率。为使制品具有更好的透明性，一般要求分散相粒子的尺寸较普通 HIPS 树脂小且尺寸分布更均匀。

(2) 制备方法

目前，HT-IPS 的制备方法主要有三种[5]：一是物理共混法，用橡胶或无机微粒对通用聚苯乙烯树脂进行改性；二是自由基共聚合法，将丁二烯（或异戊二烯）-苯乙烯嵌段共聚物溶解在苯乙烯单体中，进行自由基聚合得到 HT-IPS；三是阴离子溶液聚合法，用烷基锂引发苯乙烯、丁二烯进行共聚反应得到 HT-IPS 树脂，如美国 Phillips 石油公司的 K-树脂系列。该方法在厌氧、厌水条件下进行，对原材料、设备及工艺控制要求很高，技术难度大。

但总的来看，当前 HT-IPS 树脂的制备方法主要是采用共混法和共聚法[15]。其实，共聚法和共混法并不是截然分开的，除少数几种采用无机物粒子改性聚苯乙烯树脂的方法是真正的、严格意义上的共混外，其他的共混法均采用几种均聚物和共聚物共混。为增加改性效果、提高 HT-IPS 树脂的透明性和抗冲性或降低成本，通常将聚合所得的接枝共聚物与其他聚合物共混（如苯乙烯-甲基丙烯酸酯类共聚物、硬脂酸甘油醇酯、聚二甲基硅氧烷、石油树脂、苯乙烯-共轭二烯烃的嵌段共聚物）。

① 物理共混法　HT-IPS 树脂的共混法工艺简单、成本相对低廉，得到了一些公司的青睐。该法通常将聚苯乙烯类树脂（苯乙烯的均聚物或苯乙烯与甲基丙烯酸酯类共聚物）与橡胶（一般采用苯乙烯与共轭二烯烃的嵌段共聚物）进行共混来制备。

陈友标[16] 发明了一种高收缩性双向拉伸聚苯乙烯薄膜的生产方法：将 95%～97% 的透明高抗冲聚苯乙烯树脂（熔体流动速率 3.5g/10min）和 3%～5% 的增韧剂充分搅拌、混合，然后送至双螺杆挤出机上熔融挤出，经骤冷形成厚片；将厚片先后在纵向拉伸机和横向拉伸机上进行预热、拉伸和定型后，对薄膜进行电晕处理，然后收卷，经时效处理后，再切割、包装。该方法生产的聚苯乙烯薄膜具有拉伸强度高、弹性模量大、雾度小、光泽度高、收缩率大等优点，可以代替进口同类产品。

瑞士诺瓦卡化学品（国际）有限公司将质量分数为 30%～82% 的脆性聚合物（苯乙烯与甲基丙烯酸酯类共聚物）、3%～50% 的橡胶状聚合物（苯乙烯与共轭二烯烃的嵌段共聚物）与 15%～67% 的延性聚合物（苯乙烯与共轭二烯烃的嵌段共聚物）共混制备 HT-IPS 树脂，其典型配方为：40% 脆性聚合物（NAS30，即 70% 苯乙烯与 30% 甲基丙烯酸甲酯的共聚物）、15% 橡胶状聚合物（43% 苯乙烯与 57% 丁二烯的嵌段共聚物）以及 45% 延性聚合物（75% 苯乙烯与 25% 丁二烯的嵌段共聚物）在 75～180r/min、190～200℃ 下挤出共混，所得树脂的雾度为 3.7%，Izod 缺口冲击强度为 0.354kJ/m。美国 Koppers 公司[17] 将聚苯乙烯 2400g，液体聚硫橡胶 100g，硬脂酸锌 3.13g，二叔丁基对甲酚 1.25g

在 160～180℃下混合 5min，切粒，注塑成型，所得产品透明度和冲击性能优良。微凝胶的百分比表明聚苯乙烯和聚硫橡胶并未发生接枝，而是单独存在于共混物中。

日本 Denki Kagaku Kogyo 公司[18] 将 0.1～7.0 份高抗冲聚苯乙烯加入 100 份含 60%～90%高抗冲聚苯乙烯和 10%～40%丁苯嵌段共聚物中，制备的透明高抗冲聚苯乙烯薄膜具有优异的透明性、光泽度、水汽渗透性、热封性和电子性能。70 份高抗冲聚苯乙烯（Denka Styrol）、30 份 Clearen 730-L（丁苯嵌段共聚物）和 3 份高抗冲聚苯乙烯（Denka Styrol HI-E4）经共混后，所得共混物薄膜的冲击强度为 0.48kJ/m、光泽度为 126%。Ishida Yusuke[19] 将 10～30 份苯乙烯聚合物（Asaflex 810，分散相橡胶粒径 <0.38m）、50～85 份 GPPS（GPPS-HF 77）、5～20 份 HIPS（H 640N）共混后制得的透明片材无毛边，可用作电子器件。

日本旭化成公司[20] 将 50 份丁苯嵌段共聚物（60∶40）、20 份橡胶改性聚苯乙烯与 25 份未改性的聚苯乙烯树脂挤出、造粒，0.3mm 厚板材的落锤冲击强度为 0.55kJ/m，透光率 89%，雾度 30%。韩国 LG 化学公司[21] 将 5%～60%聚苯乙烯、1%～15%橡胶改性聚苯乙烯（橡胶含量 4%～15%）、15%～65%丁苯嵌段共聚物（65%～85%苯乙烯、15%～35%丁二烯）、5%～30%丁苯嵌段橡胶（20%～40%苯乙烯、60%～80%丁二烯）经注塑后所得的聚苯乙烯片材可展现出优异的抗冲击性能和透明度。

日本 Kureha 化工公司[22] 通过掺入二氯丁二烯-氯丁二烯共聚物及其与苯乙烯的接枝共聚物来提高聚苯乙烯树脂的抗冲击性能。如将藻酸钠 10g，乙二胺四乙酸 0.025g，甲醛化次硫酸钠 0.25g，硫酸亚铁 0.015g，高磷酸钠 0.5g，蒸馏水 1500g，异丙苯过氧化氢 0.5g，二氯丁二烯-氯丁二烯共聚物（6∶4）500g，在 30℃下聚合反应 6h，所得聚合物与聚苯乙烯以 1∶9 比例共混后制成圆盘状结构，其透光率为 83.5%，Izod 冲击强度为 0.25kJ/m，耐冲击性能显著提高，而纯聚苯乙烯树脂的透光率为 88%，Izod 冲击强度仅有 0.012kJ/m。

Jouenne 等[23] 将高分子量 PS 树脂与不同结构的线型 SBS 三嵌段共聚物（SBS，对称型；S1BS2，不对称型；S1GS2，梯度渐变型）共混来制备透明抗冲聚苯乙烯，重点考察各类共混物的物理机械性能。经溶剂浇注、退火处理的共混物不透明，宏观相分离，且力学性能差；而注塑片材具有优良的韧性和透明性，其聚丁二烯富集相在 PS 基体中呈亚稳态分布。将特定分子结构的三嵌段共聚物（S1BS2、S1GS2）与 PS 共混赋予了该系列共混物优异的韧性，当梯度渐变段含量高于 68%时，S1GS2/PS 展现出好的柔韧性和断裂应变能力。试验结果表明共混物的力学性能与软相区域的体积分数有关，其体积分数在 40%以下时，柔韧性适中，在拉伸负载下发生银纹和白化现象；高于此临界值时，共混物具有极好的延展性，以剪切屈服和颈缩现象为主。

有的公司甚至采用加入无机填料的方法来提高聚苯乙烯树脂的抗冲性。例如，大赛璐公司将聚苯乙烯树脂与一些粒径很小的无机填料共混以提高其冲击强度。据报道，100 份 GPPS 与 0.45 份 BF20（$BaSO_4$，平均粒径 0.03μm），0.05 份 BF33（$BaSO_4$，平均粒径 0.3μm）共混可制得雾度为 2.9%，Izod 冲击强度为 0.198kJ/m 的 HT-IPS 树脂。

总的看来，物理共混法成本高，且采用该法制得的 HT-IPS 由于其各组分间无化学键作用，结合力较弱，以及各组分的折射率基本上是不同的，致使增韧效果和产品性能均受到限制。通过调节组成来实现折射率的匹配，虽然可以在一定程度上改进透明性，但由于其各组分的相容程度依赖于共混时的工艺条件，因此其重复加热后的耐冲击性将随捏合程度的不同而明显改变，甚至给加工尤其是二次加工带来不便。因此，在工业生产中往往多采用共聚法。

②自由基共聚法　由于自由基聚合反应中采用的增韧剂均为弹性体，本身透光率低，且增韧剂与聚苯乙烯的折射率相差较大，增韧剂在聚苯乙烯基质中形成的粒子尺寸大、尺寸分布不均匀，最终导致 HT-IPS 的透光率不高。HT-IPS 树脂的共聚法生产工艺早期以乳液法和本体-悬浮法为主[24]，它们均有体系黏度低、聚合速率快、控制方便等优点，但由于它们在操作中都必须加入一定量的分散介质和其他助剂（乳液聚合中的乳化剂和促凝剂，悬浮聚合中的分散剂），从而在产品中引入少量杂质而导致产品透明性降低。而溶液聚合由于设备利用率低且要进行溶剂的分离、精制与回收，从而导致投资和生产成本的增加。目前，连续本体法以其制品的高透明度和共聚物组成的高均一性成为 HT-IPS 树脂的主流生产工艺。

早在 20 世纪 60 年代初，Smith[25] 就以橡胶作增韧剂，苯乙烯、甲基丙烯酸甲酯共聚制备出抗冲击的透明聚苯乙烯，但该聚合反应时间长，反应能耗大。Nikolaev 等[26] 开发了以丁基橡胶为增韧剂，甲基丙烯酸甲酯、苯乙烯单体共聚合成透明高抗冲产品的悬浮聚合工艺。该聚合体系中添加了过量的甲基丙烯酸甲酯，共聚物在聚合的早期阶段便形成，致使在较低的聚合度下即发生相转变，当转化率为 10% 时，橡胶粒子尺寸达到稳定。

Toyo 人造纤维有限公司[27] 将 1~15 份聚丁二烯橡胶或丁苯共聚物溶于 85~99 份苯乙烯、甲基丙烯酸甲酯共聚单体中，搅拌，本体聚合反应至转化率为 5%~35%，橡胶粒径为 0.15~0.9μm，转为悬浮聚合。其典型聚合工艺为：5 份聚丁二烯橡胶溶于苯乙烯、甲基丙烯酸甲酯（28：67，质量份数）中，于 130℃下反应 2h，固含量为 23%，转化率为 19%；此时，向该预聚物体系中加入 1.5g 过氧化苯甲酰，倾至 1L 已溶解 5g 聚丙烯酸钠盐和 2g 碳酸氢钠的水溶液中，于 70℃、80℃、90℃下分别反应 3h、2h、2h。聚合物经过滤、洗涤、干燥后在 220℃下注模，所得产品中聚丁二烯橡胶颗粒直径约 0.3μm，Izod 冲击强度为 0.73kJ/m，屈服强度为 52MPa，拉伸强度为 44MPa，伸长率为 33%。台湾 Chimei Enterprise 公司[28] 以丁苯嵌段共聚物（98%）、聚丁二烯（2%）为复合增韧剂，苯乙烯、甲基丙烯酸甲酯、丙烯腈共聚合反应制得了橡胶颗粒呈双峰分布的透明抗冲聚苯乙烯树脂。

郑州大学的孟程程等[29] 向苯乙烯中加入丙烯酸丁酯作为增韧单体，采用乳液聚合方法，制备了高韧性的透明聚苯乙烯。该试验结果表明：聚苯乙烯分子链中引入丙烯酸丁酯后，提高了共聚物分子链的柔顺性，并使其玻璃化转变温度降低，冲击强度提高；其热分解温度均在 400℃以上，说明产品具有较好的热稳定性，为确定成型工艺条件及提高制品质量提供了重要的理论依据。

HT-IPS 树脂的连续本体法生产工艺与原有的连续本体法 HIPS 生产工艺基本相同。为更好地控制反应，通常采用两釜或多釜串联工艺。连续本体法 HT-IPS 工艺一般采用过氧化物类引发剂在 80~140℃下进行聚合，产品性能的影响因素很多，但最主要的因素是基体树脂和橡胶相的组成与结构。下面就从这两方面来分析连续本体法 HT-IPS 工艺的一些特点。

a.基体树脂。为制得良好透明性的高抗冲聚苯乙烯树脂，一般均需加入共聚单体来调节基体树脂的折射率，使其与橡胶相相近，通常采用的共聚单体有甲基丙烯酸甲酯（MMA）、丙烯酸酯、丙烯腈（AN）等，尤以 MMA 为主。引入共聚单体后，不但改变了基体树脂的折射率，而且改变了基体树脂的其他特性，也给生产带来了一定的难度。

从橡胶对塑料增韧机理来看，对于一种基体树脂，为达到增韧目的，其橡胶粒子的粒径应大于基体树脂中银纹的厚度，一般来说基体树脂越脆，被诱发的银纹越厚，为达到增韧效果所需的橡胶最小粒径越大。HIPS 树脂由于聚苯乙烯树脂较脆，被诱发的银纹较厚，通常要求橡胶粒子的粒径为 $1\sim5\mu m$。由于 HT-IPS 树脂制备中引入了韧性较大的共聚组分（如 MMA 等），故 HT-IPS 树脂达到增韧效果所要求的橡胶粒径较 HIPS 小，一般在 $0.1\sim1.5\mu m$（与共聚组成和橡胶种类有关）之间。但即使这样，仍需调控橡胶相粒径以取得透明性与抗冲性的平衡。

为制备具有良好透明性的树脂必须使产物的折射率均一且由均一的共聚物组成。由于通常采用的共聚单体 MMA、AN 等与苯乙烯的共聚是有恒比点的非理想共聚，在间歇聚合中，除了在恒比点附近，共聚物的瞬时组成将随转化率而改变，共聚产物将是组成不均一的共聚物的混合物，其平均组成一般可用 Meyer 方程来描述。连续本体法可以制得共聚组成较均一的产品，这也是其优越性之一。

基体树脂与橡胶相的亲和性直接影响 HT-IPS 的表面光泽度和雾度，为提高基体树脂与橡胶的亲和力，一般在共聚时加入丙烯酸酯类单体，但此类单体的玻璃化转变温度较低，加入后将对制品的热性能有影响。

b. 橡胶相。制备 HT-IPS 树脂，橡胶的用量虽然较少，但其种类、组成与形态将在很大程度上决定产品的最终性能，因此研究橡胶相对聚合过程和产品性能的影响，对于 HT-IPS 的生产具有重要意义。

橡胶相粒径减小，树脂的光学性能改善，但同时导致树脂抗冲性能降低。橡胶相粒子粒径主要取决于橡胶的种类、接枝率和搅拌强度。为使橡胶相折射率与树脂相接近，一般采用苯乙烯-丁二烯的嵌段共聚物作为橡胶相，但是随着橡胶相中苯乙烯含量的增加，接枝率将下降，从而导致橡胶相粒子平均粒径减小，最终产品的透明性增加，冲击强度下降。橡胶相中苯乙烯含量增加的另一个后果是树脂相与橡胶相相容性增加，使橡胶相的形态发生变化，橡胶相从海岛结构变为层状结构[2]，这将直接影响树脂的抗冲性能。

一般认为，在 HIPS 的制备中橡胶分子量的增加将导致橡胶粒子粒径的增大，冲击强度上升。文献[30] 报道了苯乙烯-丁二烯嵌段共聚物的分子量及其分布对橡胶相粒子尺寸和粒径分布的影响。由低分子量和窄分布的橡胶相制得的树脂由于其橡胶相粒子小、粒径分布窄而具有较高的透明性，而高分子量且宽分布的橡胶相可以制得粒径大、粒径分布宽的树脂，使其具有良好的抗冲击性能。

③ 阴离子聚合法　Minami Tomoyuki 等[31] 采用阴离子聚合法制备出具有高热变形温度和窄分子量分布的透明高抗冲聚苯乙烯。将 933g 正己烷、0.2mL 四氢呋喃与 0.02g 氯化橡胶加入 2L 高压釜内，于 30℃下搅拌，再加入 0.05mL 苯乙烯和 0.8mL 正丁基锂（溶于正己烷中，12.5%），注入 400g 苯乙烯单体和微量空气。聚合反应由 0.12g 正丁基锂（正己烷溶液）于 30℃下引发，5h 后终止，得到 391g 聚合物，其 Izod 缺口冲击强度为 0.0496kJ/m，热变形温度为 86℃。

Styrolux 和 Styroflex 系列产品是由德国 BASF 公司采用阴离子聚合开发制备的苯乙

烯、丁二烯基嵌段共聚物[32]。Styrolux 是适于高速加工处理的透明、具有韧性和刚性的热塑性塑料，其中特别混入了一定量的通用聚苯乙烯以保持其透明性。Styroflex 是商业化的热塑性弹性体产品，具有模量和屈服强度低、伸长率高、可回收利用等特点；其中，高透明性和热稳定性使其可与商用丁苯热塑性弹性体相竞争。Styrolux、Styroflex 和 GPPS 可用作透明薄膜材料和硬度、韧性可调的注模部件。

以仲丁基锂为引发剂，环己烷为溶剂，采用阴离子聚合法可制备出嵌段型的透明抗冲击聚苯乙烯树脂，分子链上至少含有两个硬段，硬段之间至少有一个软段[33]。其典型配方为（依次加入）：36kg 苯乙烯、无规调节剂、29.4kg 丁二烯和 16.6kg 苯乙烯、14.6kg 丁二烯和 31.4kg 苯乙烯、72kg 苯乙烯。所得嵌段共聚物的分子量为 12 万，拉伸强度为 33.3MPa，模量为 500MPa，断裂伸长率为 350%，邵尔 D 硬度为 61，维卡软化温度为 43.3℃。此外，星型嵌段共聚物也可在添加环氧化亚麻籽油充当偶联剂的情况下制备。将自由基聚合得到的聚苯乙烯（5%～95%）与阴离子聚合（4 级加料）得到的丁苯或戊苯 [(5～40)：(95～60)] 星型嵌段聚合物（5%～95%）共混，如将 12% 聚苯乙烯与 88% 星型嵌段共聚物共混，所得共混物的透光率为 88.2%，穿刺功为 33.9N·m，弹性模量为 1792N/mm^2[34]。

20 世纪 90 年代初，中国石油兰州化工研究中心完成了类似于美国 Phillips 石油公司 KR-01、KR-03 两个牌号的合成研究，于 2001 年年初将该项技术转让给中石油抚顺公司。2002 年，5kt/a 的国内首套透明抗冲树脂工业化试验装置在抚顺建成并开车。广东众和化塑有限公司从江苏圣杰实业有限公司引进具有自主知识产权的丁苯树脂生产技术，建立了国内第一套 20kt/a 的工业生产装置。该装置的成功开车和多年的稳定运行，标志着中国已全面掌握了锂系产品中最复杂的高端工业聚合成套生产技术，填补了国内透明抗冲树脂产品、生产技术和万吨级大规模工业化生产的空白，从此打破了我国对该产品完全依赖进口的局面。

6.1.3　结构与性能

李杨等[5]采用自由基聚合方法，就不同增韧剂对 HT-IPS 产品透光率的影响进行了研究，并与其他制备方法进行了比较，在国际上首次以单一增韧剂、自由基聚合的方法合成出透光率达 88% 的高透明抗冲击聚苯乙烯树脂。

(1)增韧剂种类对 HT-IPS 透光率及形态结构的影响

采用自由基聚合方法，加入不同种类的增韧剂，其加入量以保持产品中丁二烯质量分数为 2.5% 为限，HT-IPS 透光性能如表 6-3 所示。

表 6-3　增韧剂种类对 HT-IPS 透光率的影响

增韧剂			HT-IPS 透光率			
生产厂家	牌号	丁二烯/苯乙烯（质量比）	折射率	总透光率/%	平行光透光率/%	雾度/%
美国 Phillips 石油公司	KR-01	25：75	1.5825	85.9	69.0	19.7
	KR-03	25：75	1.5805	85.3	73.2	14.1
	KR-38	40：60	1.5804	60.1	5.8	92.2

续表

增韧剂			HT-IPS 透光率			
中国石化岳阳石化总厂	SBS-802(星型)	60∶40	1.5705	65.5	45.5	30.4
	SBS-792(线型)	75∶25	1.5525	58.3	20.9	64.1
	SIS	75∶25	1.5445	52.5	6.4	87.6
日本旭化成公司	S-SBR 1204	60∶40	1.5385	61.5	21.1	65.7

由表 6-3 可见，采用高苯乙烯含量 [＞70%（质量分数）] 的 KR-01、KR-03 为增韧剂，HT-IPS 的总透光率和平行光透光率均较高，雾度较低。而苯乙烯含量较低的 KR-38 则不适宜制备 HT-IPS。热塑性弹性体 SBS、SIS、S-SBR 作 PS 的增韧剂时只能得到半透明产品，雾度较高。用溶液法测得 GPPS 的折射率为 1.6105，高苯乙烯含量的 KR-01、KR-03 的折射率和其他增韧剂相比，与 GPPS 最为接近，即两者的光学性质相似，有利于提高产品的透光率。

为了从形态结构上分析增韧剂对产品透明性能的影响，用成膜法制样得到产物的 TEM 照片，发现以下几点。①KR-01 增韧相与 PS 相没有明显的边界，增韧相呈精细网状结构均匀分布，没有橡胶相粒子存在。SBS、S-SBR、SIS 均有明显的橡胶相颗粒存在，只是形态各不相同，粒径较大（0.1～1.0μm）且不均匀。②增韧剂中丁二烯链段含量越大，所得 PS 两相分界越明显。KR-01 由于丁二烯与苯乙烯比为 25∶75，苯乙烯含量较高，因此增韧剂性质与 PS 接近，相容性好，形态结构均匀，微相尺寸 100～500nm，透光率高。而 SBS、S-SBR、SIS 等由于丁二烯链段含量逐渐增加，增韧剂性质与 PS 差别增大，聚合过程中相转变明显，橡胶相粒径为 0.1～1.0μm，故透光率较差。

（2）聚合方法对 HT-IPS 性能及形态结构的影响

采用自由基聚合、阴离子聚合、物理共混法得到了一系列 HT-IPS 树脂，产品性能见表 6-4。

表 6-4　不同方法制备的 HT-IPS 的性能比较

性　能	自由基聚合		阴离子聚合		物理共混	
	KR-01 30%	KR-01 20%	KR-01	KR-03	KR-01/GPPS (35∶65)	KR-03/GPPS (35∶65)
透光率/%	88	89	90	90	82	82
冲击强度/(J/m)	42	29	23	28	38	40
拉伸强度/MPa	34	40	33	26	41	44
弯曲强度/MPa	63	73	43	33	61	60
弯曲模量/GPa	2.5	2.8	1.3	1.3	2.5	2.5

由表 6-4 可见，采用化学接枝法（自由基聚合法）制备的 HT-IPS 与物理共混法相比，透明性好，增韧剂的增韧效率高。采用 K-树脂作增韧剂进行化学接枝，所得 HT-IPS 的冲击强度高于 K-树脂，透明性与 K-树脂相当（透光率与 K-树脂持平），且弯曲强度和弯曲模量均有显著提高。

为了从结构上分析聚合方法对产品透光率、力学性能的影响，采用 TEM 法研究了不同方法制备树脂产品的形态结构，得出以下结论。①KR-01 增韧相与 PS 相环绕，类似多个苯环结构，分布排列均匀规整，两相间有一定界限，交联点不多。KR-03 有明显的橡胶粒子存在，界面清晰，呈条形分布。KR-01 含量 20％的 HT-IPS 的形态与 KR-38 相似，增韧相与 PS 相为互相交叉的网状结构，分布均匀，交联点多。②KR-38 树脂的冲击强度远远大于 KR-01、KR-03，冲击不断，透光率稍低，而以 KR-01 作增韧剂的 HT-IPS 不仅透光率与 KR-01 相当，而且抗冲性能也远大于 KR-01。正是由于 HT-IPS 与 KR-38 具有相似的均匀规则网状结构，才能在保持高透明效果的同时，具有较高的韧性。③KR-01/GPPS 共混体系中增韧相有一定的聚集，在 PS 基质中分布不均匀，两相交联较少，透光率低于自由基聚合得到的产品。由于共混过程中 K-树脂与 GPPS 的相互作用不够强，两相分布不均匀，难以形成均匀规则的网状结构，故其透光率受到影响。

随后，杨英等在 HT-IPS 树脂的工业化试验中，对影响 HT-IPS 树脂结构及性能的因素进行了较为详细、系统的研究和报道[7]。

（1）微观结构

在 HT-IPS 树脂中，聚丁二烯链段分散相与聚苯乙烯链段连续相的两相界面以接枝共聚化学键相连接，使得聚苯乙烯链段与橡胶相微粒之间具有很高的界面结合力。研究结果表明[35]，当苯乙烯质量分数大于 70％的 K-树脂用量为 20～40 份、HT-IPS 树脂的数均分子量大于 10 万且有均匀规则的精细网状形态结构时，生产的 HT-IPS 树脂在保持高透光率的同时，具有更好的冲击性能。

李金树等[36] 采用 TEM 技术对 HT-IPS 树脂中的纳米分散相形态进行了细致的考察，发现：HT-IPS 中分散相"颗粒"粒径分布，远远低于传统理论所认为的 HIPS 增韧的分散相粒径分布范围，但具有增韧效果；该分散相"颗粒"不是想象中单一的丁二烯相，而是丁二烯和苯乙烯的共聚体，根本没有相分离，只不过是在所谓"粒子"的地方存在丁二烯链段，或者说丁二烯链段含量较高；而正是 HT-IPS 中的这些纳米分散相像一个个小的弹性体分担了外来冲击的能量，因此，有效地增强了材料的抗冲击性能。

（2）聚合温度

随着聚合温度的降低，HT-IPS 树脂的分子量明显增大，这是因为随着聚合温度的降低，聚合物大分子链的活动能力下降，活性分子链末端两自由基之间碰撞的机会减少，致使聚苯乙烯大分子链的自由基歧化终止反应困难，活性分子链寿命延长，从而使 HT-IPS 树脂的分子量增大。由于苯乙烯是聚苯乙烯大分子链的良性溶剂，活性分子链处于比较伸展的状态，包裹程度较浅，活性分子链末端自由基易于靠近而终止，因此当单体转化率超过 30％时，聚合温度对 HT-IPS 树脂分子量的影响将更为显著[37]。HT-IPS 树脂的分子量受聚合温度影响的规律与理论相符，但其分子量分布随聚合温度的变化没有明显的规律。

（3）接枝反应程度

生产 HT-IPS 树脂过程中，提高聚合温度（尤其是预聚合釜温度）、增大引发剂 DP275B 用量均有利于提高接枝反应程度。提高聚合釜搅拌速率、降低分子量调节剂的用量也有利于提高接枝反应程度。

（4）冲击强度

① 分子量　因 HT-IPS 树脂的冲击强度随其分子量的增加而增加，从工艺的角度考虑，提高 HT-IPS 树脂分子量的方法主要有：减少引发剂 DP275B 用量、降低聚合反应温度、增加单体用量及减少分子量调节剂用量等，而前两者以降低单体转化率为代价，只有后两者才可同时提高 HT-IPS 树脂的分子量和单体转化率，从而提高 HT-IPS 树脂的冲击强度。

② 熔体流动速率　随着熔体流动速率的增大，HT-IPS 树脂的冲击强度呈现降低的趋势。因此，降低聚合反应温度、减少液体石蜡用量及改善脱挥条件，是降低 HT-IPS 树脂熔体流动速率、提高其冲击强度的有效手段。

③ 引发剂 DP275B 用量　随着引发剂 DP275B 用量的增加，单体转化率上升较快。为了控制单体转化率，应较大幅度地降低聚合反应温度，增加 HT-IPS 树脂的分子量，从而提高其冲击强度。当引发剂 DP275B 用量增加时，聚合反应速率加快，活性分子链末端自由基向 DP275B 转移的速率加快，聚合度相应减小，但由于影响聚合度的因素是 $C[I]/[M]$。其中，C 是活性分子链末端自由基向引发剂转移的链转移常数；$[I]$ 为引发剂浓度；$[M]$ 为单体浓度。而聚合体系中，$[I]$ 很低，$[I]/[M]$ 为 $10^{-5} \sim 10^{-3}$，因此，活性分子链末端自由基向引发剂转移而引起的聚合度降低很小[38]，可在聚合度略微降低的情况下，加宽 HT-IPS 树脂的分子量分布，从而改善其冲击性能。

④ 乙苯用量　适当降低乙苯用量可提高 HT-IPS 树脂的冲击强度。因此，降低乙苯用量是调节产品性能，特别是调节其熔体流动速率的有效手段。

⑤ 残留单体量　HT-IPS 树脂中若残留单体量过多，会使其中的小分子物质增多，直接影响非晶微区对 HT-IPS 树脂折射率的贡献，从而使 HT-IPS 树脂的透光率下降。

（5）转化率对脱挥的影响

随着引发剂 DP275B 用量的增加、聚合反应温度的提高、乙苯用量的减少以及聚合时间的延长，单体转化率都呈现出较明显的上升趋势。当单体转化率过高（75%～85%）时，体系黏度增大，各聚合釜电机搅拌电流增大，高黏度泵进料困难，聚合反应不易控制，但脱挥效果较好；当单体转化率较低（小于 60%）时，脱挥器的处理量增大，脱挥器中起泡严重，同时对高黏度泵的进料造成不利，装置的物耗及能耗明显增加。因此，单体转化率一般控制为 70%。

6.1.4　应用与展望

透明高抗冲聚苯乙烯树脂是一种具有较好市场前景的新型树脂，在使用过程中除了要求较高的冲击强度外，还要求其具有较好的光学性能，即较高的透光率和较低的雾度。国内外在此领域的研究均取得了较多成果，但其成本较普通的 HIPS 树脂高，应用现有的 HIPS 装置生产 HT-IPS 树脂还有许多工程问题亟待解决。就国内相应研究单位及生产厂家而言，有必要进一步加强基础理论和工程研究，进一步筛选合适的树脂相共聚单体和橡胶种类，明确影响树脂雾度和透光率的单体种类及其用量、助剂种类及其用量、树脂分子结构、后处理加工手段等因素，在确保良好透明性、抗冲性和其他物理机械性能的同时，尽可能地降低生产成本，突破瓶颈，在国际市场上抢占一席之地。

6.2 阻滞阴离子聚合法制备苯乙烯系树脂

6.2.1 概况

与传统工业生产采用的自由基聚合相比，采用活性阴离子聚合制备的聚苯乙烯具有无单体残留、分子量分布窄等特点。利用活性阴离子聚合的这些特点，还可以制备具有特殊结构的聚合物，如接枝聚合物、嵌段聚合物等[39-40]。采用烷基锂（RLi）作引发剂引发苯乙烯聚合，聚合过程中在很短的时间内（小于1min）产生了大量的聚合热，温度急剧上升，导致副反应的发生。在反应热不能及时转移的情况下得到了端基不饱和、分子量小、黄色的 PS，这种情况下的本体高温阴离子聚合不能用于工业生产[40]。采用阴离子聚合法生产 PS 面临的问题是如何实现可控聚合。为了克服阴离子聚合反应的放热控制问题，前人研究了缓聚的方法，这种方法即为"阻滞阴离子聚合"（RAP）[41]。

缓聚剂和阻聚剂的结构形式为 R_3—$\overset{R_1}{M}$—R_2，其中 M 为第三、四主族或第二副族的元素，R_1、R_2 可为卤素、烃基、烷氧基等，R_3 可为氢原子、卤素、烃基、烷氧基等[42-43]。

要实现对苯乙烯阴离子本体聚合反应速率的控制，阻滞阴离子聚合反应动力学过程的控制方法以及对阻滞阴离子聚合活性中心、聚合机理的研究至关重要，而阻滞剂在其中扮演着关键的角色[44]。研究发现：当向传统的溶液聚合体系中加入烷基金属化合物（如 R_2Mg 或 R_3Al），可有效地控制苯乙烯的聚合反应速率，实现了在特殊条件下（本体、高温）阴离子聚合的可行性。德国 BASF 公司以烷基锂（RLi）为引发剂，开发了一系列与之匹配的阻滞剂，从第一代烷基镁入手，发展到目前成熟的第二代烷基铝体系，进而又在开发低成本的第三代 Na/Al 体系（无锂引发体系）。研究发现：烷基铝既不是引发剂，也不是链转移剂，仅起到阻滞聚合反应速率的效果，聚合过程保持了阴离子活性聚合的特点，聚合产物分子量分布窄（HI<1.1，50~100℃）。Al/Li>1 时，聚合体系处于休眠状态，Al/Li<1 时，可根据 Al/Li 变化来调控聚合反应速率（如图 6-1 所示）。烷基铝与 RLi 形成螯合的活性中心，通过活性中心的交互反应，降低了聚合体系中的活性种浓度，避免了高温导致的活性中心分解和异构化现象的发生，如图 6-2 所示。

6.2.2 阻滞阴离子聚合机理

就引发体系而言，阻滞阴离子聚合的发展先后经历了 Mg/Li、Al/Li、Al/Na 三个阶段，如图 6-3 所示。

（1）Mg/Li 引发体系

1999 年，Philippe 和 Stephane 等[45-46] 在阴离子聚合体系中加入烷基镁（R_2Mg）来降低反应速率。研究了在50℃环己烷溶液中采用丁基镁（n,s-Bu_2Mg）/n-BuLi 引发 St 聚合的反应规律，并测得 $n(Mg)/n(Li)$ 对聚合动力学的影响，见图 6-4。

Stephane 等[47] 认为这一强烈的速率阻滞作用是由于形成了络合物。随着 $n(n,s$-$Bu_2Mg)/n(n$-BuLi)逐渐增大，阻滞效果提高。当 $n(n,s$-$Bu_2Mg)/n(n$-BuLi)大于 4 时，阻滞效果增加缓慢，甚至趋于平稳。 不同 $n(n,s$-$Bu_2Mg)/n(n$-BuLi)所得 PS 的数均分子

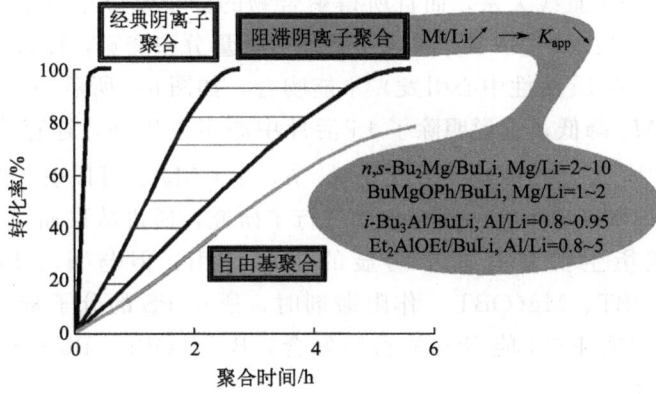

图 6-1　苯乙烯经典阴离子聚合（BuLi）、阻滞阴离子聚合、
自由基聚合动力学的比较

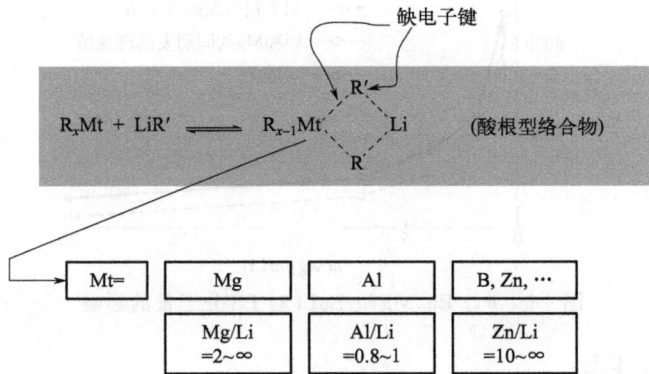

图 6-2　Mt/Li 比控制合适的活性度

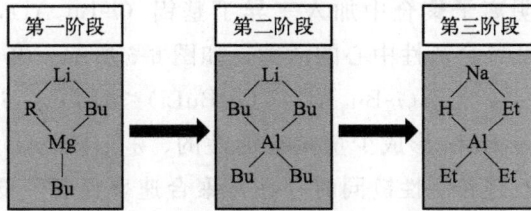

图 6-3　阻滞阴离子聚合阻滞剂的发展

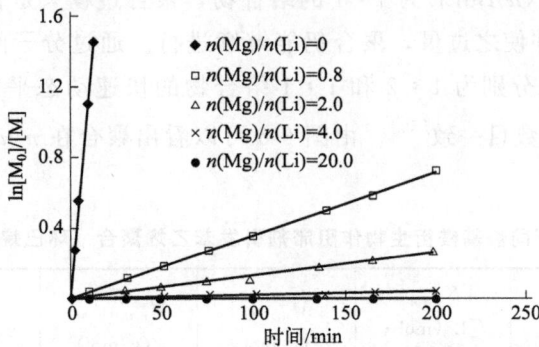

图 6-4　$n,s\text{-Bu}_2\text{Mg}/n\text{-BuLi}$ 引发体系对 St 聚合动力学的影响

[M_0] 为初始单体浓度，mol/L；[M] 为单体浓度，mol/L

量（M_n）与转化率均呈直线关系，而且所得聚合物的分子量分布很窄，符合活性聚合的特点。当 $n(n,s\text{-}Bu_2Mg)/n(n\text{-}BuLi)$ 大于 7 时，分子量分布变宽，而且实验得到的 M_n 与理论计算值（认为只有 Li 活性中心引发）不能吻合，如图 6-5 所示。当 $n(n,s\text{-}Bu_2Mg)/n(n\text{-}BuLi)$ 增大时，M_n 降低，这说明除了 Li 活性中心引发以外，还存在第二个链引发中心。Philippe 等人[48] 通过多种表征手段发现，$n,s\text{-}Bu_2Mg$ 也可以引发链增长。

研究人员还对烷基镁衍生物的阻滞作用进行了研究，所得结果如表 6-5 所示。研究发现，不同的烷基镁衍生物都有非常明显的阻滞作用，但与 $n,s\text{-}Bu_2Mg$ 不同的是，BuMgOBu、BuMgOBT、Mg(OBT)$_2$ 作阻滞剂时，所得 PS 的分子量与理论值相符，说明在这种情况下，只有 PSLi 能引发苯乙烯聚合，BuMgOBu、BuMgOBT、Mg(OBT)$_2$ 不能引发苯乙烯聚合。

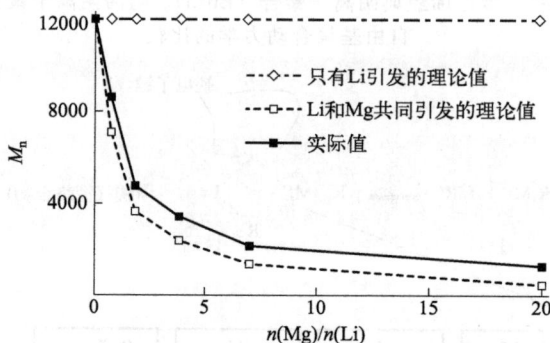

图 6-5　$n,s\text{-}Bu_2Mg/n\text{-}BuLi$ 对 PS 分子量的影响

（2）Al/Li 引发体系

2000 年，Philippe[49] 对金属铝的烷基衍生物的阻滞效果做了大量的研究。研究发现，在 $n\text{-}BuLi$ 引发 St 阴离子聚合中加入三异丁基铝（$i\text{-}Bu_3Al$），当 $n(i\text{-}Bu_3Al)/n(n\text{-}BuLi)<1$ 时，同样能降低聚合活性中心的活性，如图 6-6 所示。聚合速率降低的程度取决于 $n(i\text{-}Bu_3Al)/n(n\text{-}BuLi)$，当 $n(i\text{-}Bu_3Al)/n(n\text{-}BuLi)<1$ 时，$n(i\text{-}Bu_3Al)/n(n\text{-}BuLi)$ 为 1∶1 的络合物与游离的 $n\text{-}BuLi$ 形成少量具有活性的、$n(i\text{-}Bu_3Al)/n(n\text{-}BuLi)$ 为 1∶2 的络合物（见图 6-7），惰性链和活性链同时存在，聚合速率显著降低。但与 Mg/Li 引发体系不同的是，当 $n(i\text{-}Bu_3Al)/n(n\text{-}BuLi)\geqslant1$ 时，没有发生聚合反应。这是由于形成了大量惰性的、$n(i\text{-}Bu_3Al)/n(n\text{-}BuLi)$ 为 1∶1 的络合物，聚合过程只是暂时中止，处于休眠状态，如果继续加入 Li 并使之过量，聚合仍能继续进行。通过分子间和分子内反应，达到 $n(i\text{-}Bu_3Al)/n(n\text{-}BuLi)$ 分别为 1∶2 和 1∶1 络合物的快速动态平衡，使 PS 链的数目一定，与起始活性中心的数目一致[50]。由图 6-6 可以看出聚合在 $n(i\text{-}Bu_3Al)/n(n\text{-}BuLi)$ 大于 0.8 时可控。

表 6-5　不同烷基镁衍生物作阻滞剂引发苯乙烯聚合（环己烷，100℃）

阻滞剂	[Mg]/[Li]	$K_{p,app}^{①}$ /[L/(mol·min)]	$M_{n,th/Li}^{②}$ /(g/mol)	$M_{n,th/Li+Mg}^{③}$ /(g/mol)	$M_{n,SEC}^{④}$ /(g/mol)	$I_p^{⑤}$
—	0	370⑥	—	—	—	—

续表

阻滞剂	$\dfrac{[Mg]}{[Li]}$	$K_{p,app}[1]$ /[L/(mol·min)]	$M_{n,th/Li}[2]$ /(g/mol)	$M_{n,th/Li+Mg}[3]$ /(g/mol)	$M_{n,SEC}[4]$ /(g/mol)	$I_p[5]$
$n,s\text{-}Bu_2Mg$	3	1.9	14000	3500	3500	1.4
$n,s\text{-}Bu_2Mg$	4	1.1	12000	3100	3100	1.2
$BuMgOBu$	4	12	10500	2100	9500	1.1
$BuMgOBT$	1.3	2.0	6900	3000	8000	1.1
$BuMgOBT$	2.5	1.7	6400	1800	6100	1.1
$Mg(OBT)_2$	1.8	0.56[7]	5400	2100	5600	1.1

① $K_{p,app}=\dfrac{R_p}{[PSLi]_0\,[S]}$

② $M_{n,th/Li}$ 由 $[PSLi]_0$ 计算而来。

③ $M_{n,th/Li+Mg}$ 由 $[Li+Mg]_0$ 计算而来。

④ $M_{n,SEC}$ 是采用体积排阻色谱法（SEC）测得。

⑤ 分子量分布。

⑥ 由 Arrhenius 方程计算 $[E_a=51.5kJ/mol, A=6.0\times10^9 L/(mol·min)]$。

⑦ 当 $Mg(OBT)_2$ 作阻聚剂时，聚合溶剂为十氢化萘，聚合温度为 150℃。

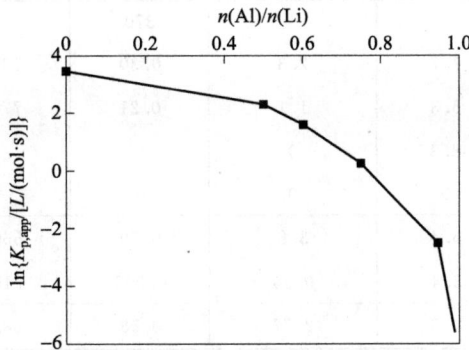

图 6-6　$i\text{-}Bu_3Al/n\text{-}BuLi$ 引发体系中 n（Al）/n（Li）对聚合速率的影响

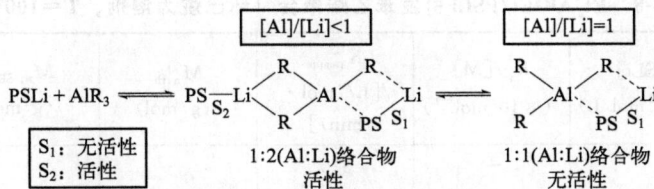

图 6-7　PSLi 与 AlR_3 反应生成具有不同活性的络合物

　　研究人员还对三乙基铝和烷基铝衍生物的阻滞作用进行了研究，所得结果如表 6-6～表 6-8 所示。研究表明，聚合活性主要受 $n\text{-}BuLi$ 与烷基铝（R_3Al）衍生物形成络合物的速率控制[51]。Stephane 等[52] 用 $i\text{-}Bu_2AlH/n\text{-}BuLi$ 引发苯乙烯聚合，实验所得聚合物分子量是理论值的一半，这表明出现了第二个链增长中心。通过多种表征手段显示，与 R_3Al 不同，烷基氢铝（R_2AlH）亦能引发链增长。

表 6-6　不同 $Et_3Al/PSLi$ 引发苯乙烯聚合（环己烷为溶剂）

$[Et_3Al]$ /$[PSLi]$	$T/℃$	$[PSLi]$ /$(\times 10^3$ mol/L)	$R_p/[S]$ /$(\times 10^3$ mol^{-1})	$K_{p,app}^①$ /$[L/(mol \cdot$ min)]	$M_{n,th(Li)}^②$ /(g/mol)	$M_{n,SEC}$ /(g/mol)	I_p
	25	3.1	20	6.5	24000	23100	1.09
0	50	6.2	130	21	10200	10900	1.05
	100	—	—	370③	—	—	—
0.85	100	4.9	100	20.5	14000	17000	1.16
0.90	100	6.2	24	3.87	7500	7300	1.09
1	100	7.4	0	0	—	—	—

① $K_{p,app}=(R_p/[S])/[PSLi]_0$。
② $M_{n,th(Li)}=M_nPS_{seeds}+([S]_0/[Li]\times M_0\times$收率$)$。
③ 由 Arrhenius 方程计算 $[E_a=50kJ/mol, A=1.83\times 10^8 L/(mol \cdot min)]$。

表 6-7　不同烷基铝衍生物/$PSLi$ 引发苯乙烯聚合（环己烷为溶剂，$T=100℃$）

$[R_2AlR]$	$[R_2AlR]$ /$[PSLi]$	$[PSLi]$ /$(\times 10^3$ mol /L)	$R_p/[M]$ /$(\times 10^3$ mol^{-1})	$K_{p,app}^①$ /$[L/(mol \cdot$ min)]	$M_{n,th}^②$ /(g/mol)	$M_{n,SEC}$ /(g/mol)	I_p
	0	—	—	370	—	—	—
	0.68	7.7	2.3	0.30	5800	2600	1.09
i-Bu_2AlH	0.70	5.3	1.1	0.21	7700	2300	1.12
	0.80	8.3	0	0	—	—	—
	∞	0	0	0	—	—	—
Et_2Al-Bu	0.85	6.4	3.8	0.59	5600	5400	1.08
	0.90	5.4	0.34	0.063	5100	5100	1.10
Et_2AlPS	0.90	4.8	2.77	0.58	5800	3500	1.06

① $K_{p,app}=(R_p/[M])/[PSLi]$。
② $M_{n,th}=M_nPS_{seeds}+([S]_0/[Li]_0\times M_0\times$收率$)$。

表 6-8　$Et_2AlOEt/PSLi$ 引发苯乙烯聚合（环己烷为溶剂，$T=100℃$）

$[Et_2AlOEt]$ /$[PSLi]$	$[PSLi]$ /$(\times 10^3$ mol/L)	$R_p/[M]$ /$(\times 10^3$ mol^{-1})	$K_{p,app}^①$ /$[L/(mol \cdot$ min)]	$M_{n,th}^②$ /(g/mol)	$M_{n,SEC}$ /(g/mol)	I_p
0	—	—	370	—	—	—
0.9	6.5	0.21	33	8000	9300	1.16
1.1	6.4	0.009	1.4	6700	7500	1.09
2.0	5.9	0.005	0.9	5500	5900	1.07
3.0	3.7	0.003	0.7	5400	5600	1.03
5.0	5.4	0.0025	0.5	3600	2600	1.03

① $K_{p,app}=(R_p/[M])/[PSLi]$。
② $M_{n,th}=M_nPS_{seeds}+([S]_0/[Li]_0\times M_0\times$收率$)$。

（3）Al/Na 引发体系

由于 n-BuLi 价格昂贵，开发一种新型、低能耗阴离子引发体系是非常必要的。研究发现[53]，NaH 和 R_3Al 复合引发剂能在很宽的温度及浓度范围内很好地控制 St 阴离子聚合反应活性。

2006 年，Wolfgang[54] 首先进行了这方面的研究。NaH 在极性溶剂中，无论是粉末状态还是分散在矿物油中，其溶解性都很差，但当加入 R_3Al（如 i-Bu$_3$Al）时，NaH 可以溶解在甲苯中。将 i-Bu$_3$Al/NaH 作引发剂进行实验表明，$n(i$-Bu$_3$Al$)/n$(NaH) 在 0.8~1.0 时是非常活泼的引发剂，然而，$n(i$-Bu$_3$Al$)/n$(NaH)≥1 时，不能引发 St 聚合。这种情况与前面所述的 i-Bu$_3$Al/n-BuLi 引发体系相同，只有在 $n(i$-Bu$_3$Al$)/n$(NaH)<1 时才能引发单体聚合。$n(i$-Bu$_3$Al$)/n$(NaH) 为 0.8~1.0 时，实验所得聚合物分子量与理论值相似，而且分子量分布较窄（见表 6-9）。

表 6-9　i-Bu$_3$Al/NaH 引发苯乙烯聚合（甲苯为溶剂，T=100℃，[S]=0.5mol/L，8h）

[i-Bu$_3$Al]/[NaH]	[NaH]/(×10³mol/L)	$K_{p,app}$①/[L/(mol·min)]	$M_{n,th}$②/(g/mol)	$M_{n,SEC}$/(g/mol)	I_p
0	5.1	—	9600	—③	—
0.5	5.2	nd	2600	8900	2.6
0.8	5.2	0.8	8600	9300	1.2
0.9	5.4	0.4	2800	3000	1.2
0.95	2.2	0.2	80000	104000	1.2
1.0	5.7	0	—	—	—
1.2	5.6	0	—	—	—

① $K_{p,app}=(R_p/[S])/[NaH]$。
② $M_{n,th}$ 根据只有 Na 能够引发苯乙烯聚合来计算。
③ 低转化率多分布。

2007 年，Stephane 等[55] 对 i-Bu$_3$Al/NaH 引发机理进行了研究。研究表明，在 Al-Na 络合物中能够形成 2 种结构的 Na 原子（S$_1$ 和 S$_2$，见图 6-8）。在 n(Al)/n(Na) 为 1:2 络合物中存在 S$_1$ 和 S$_2$ 两种结构，n(Al)/n(Na) 为 1:1 络合物中只存在 S$_1$ 一种结构。结果表明，St 增长点只发生在 1:2 络合物中 S$_2$ 位置，而不会发生在 1:1 或 1:2 络合物中的 S$_1$ 位置。通过 1:1 和 1:2 络合物的分子内和分子间反应，使 S$_1$ 可以转化为 S$_2$，从而成为活性增长点，这样使所有的 NaH 都能够引发 PS 链增长，如图 6-9 所示。

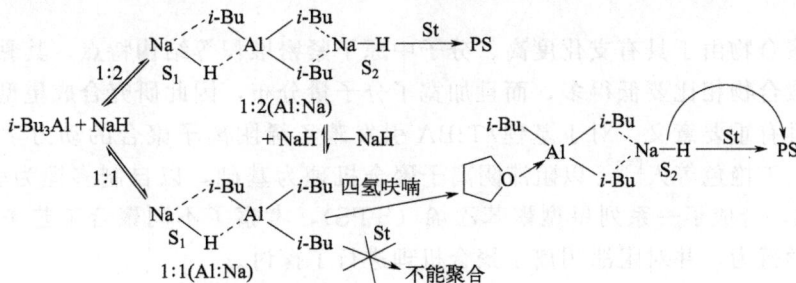

图 6-8　i-Bu$_3$Al/NaH 引发 St 聚合

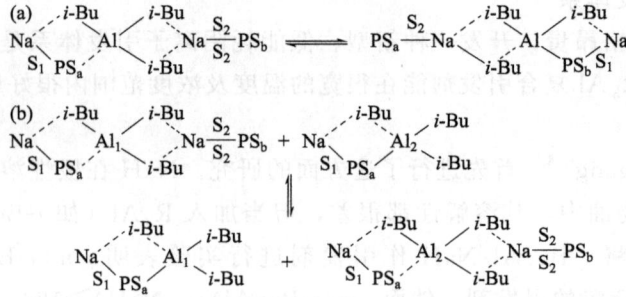

图 6-9　PS 活性端与非活性端之间的分子内与分子间反应

6.2.3　星型苯乙烯系树脂的制备

（1）Al/Li 引发体系制备星型 PS

活性阴离子聚合方法是进行高分子链设计，合成具有特定分子结构的聚合物的最佳方法。与自由基聚合不同，阴离子聚合可合成具有可控结构的支化聚苯乙烯。人们已经用此方法合成了很多新型高支化聚合物，包括星型聚合物、梳型聚合物、H 型聚合物、树型聚合物、Π 型聚合物、网络型聚合物、树枝型聚合物等，如图 6-10 所示。

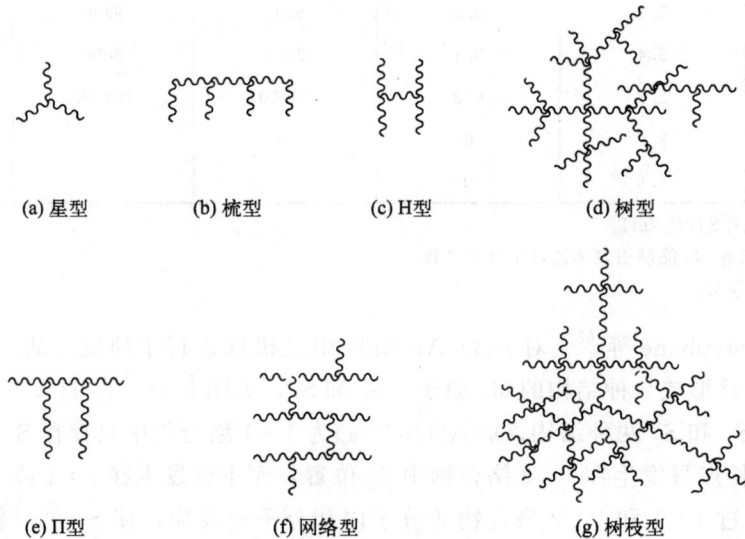

(a) 星型　　(b) 梳型　　(c) H型　　(d) 树型

(e) Π型　　(f) 网络型　　(g) 树枝型

图 6-10　聚苯乙烯的支化结构

高支化聚合物由于具有支化度高、分子中原子紧密堆积等结构特点，其黏度与相近分子量的线型聚合物相比要低得多，而且加宽了分子量分布，因此研究合成星型结构的高抗冲聚苯乙烯具有重要意义。对丁基锂/TIBA 引发苯乙烯阴离子聚合的动力学研究在国外已多见报道。王艳色等人[56] 以阻滞阴离子聚合机理为基础，以自制多锂为引发剂，TIBA 为阻滞剂，合成了一系列星型聚苯乙烯（S-PS），考察了不同聚合工艺条件下苯乙烯的聚合动力学行为，并对阻滞阴离子聚合机理进行了探讨。

李杨等[57] 采用多锂引发剂进行阻滞阴离子聚合，合成了分子量呈双峰分布的 S-PS，如图 6-11 和表 6-10 所示。随着 TIBA/Li 比的增加（0≤TIBA/Li<1），苯乙烯聚合速率

显著降低，当 TIBA/Li≥1 时，聚合被完全阻滞。降低聚合反应温度和提高 TIBA/Li 比均能降低聚合反应速率，提高 TIBA/Li 比阻滞效果更加显著。苯乙烯阻滞阴离子聚合的活化能 E'' 随 TIBA/Li 比的增大而增加（0≤TIBA/Li<1），TIBA/Li 比为 0、0.5、0.8、0.9 时 E'' 分别为 22.76kJ/mol、39.05kJ/mol、55.91kJ/mol 和 68.73kJ/mol。随着 TIBA/Li 比的增大（0≤TIBA/Li<1），所得聚合物的分子量分布逐渐加宽，TIBA/Li 比为 0、0.8、0.9 时，分子量分布分别由 1.53 增加到 2.34、2.36。

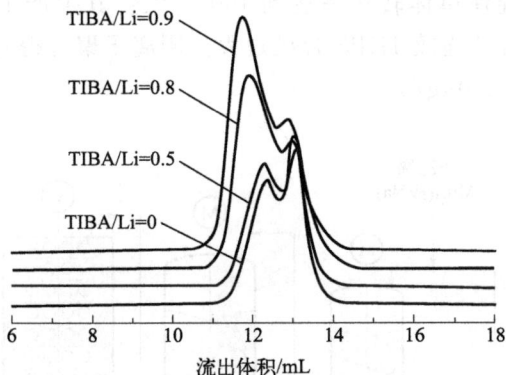

图 6-11　n（TIBA）：n（Li）不同时 S-PS 的 GPC 谱图（光散射检测曲线，50℃）

表 6-10　n(TIBA)/n(Li) 对 S-PS 分子量及其分布的影响

n(TIBA)/n(Li)	0	0.5	0.8	0.9
$M_n/\times 10^4$	6.0	5.2	5.6	6.6
$M_w/\times 10^4$	9.2	8.7	13.7	15.7
MWD	1.53	1.67	2.34	2.36
M_n 及其含量(质量分数)	5.2×10^4/82.2% 19.6×10^4/17.8%	4.3×10^4/79.6% 17.6×10^4/20.4%	4.3×10^4/75.9% 23.0×10^4/24.1%	5.1×10^4/73.3% 25.9×10^4/26.7%
臂数及其含量(质量分数)	1.0/82.2% 3.8/17.8%	1.0/79.6% 4.1/20.4%	1.0/75.9% 5.3/24.1%	1.0/73.3% 5.1/26.7%
平均臂数	1.5	1.6	2.0	2.1

注：DVB/n-BuLi=0.8，50℃。

（2）Al/Li 引发体系制备星型 HIPS

高抗冲聚苯乙烯树脂（HIPS）通常是采用自由基聚合机理制备的，目前最为先进的生产方式是以 Dow 和 BASF 公司为代表的本体连续法工艺，首先将增韧橡胶（聚丁二烯橡胶或丁苯橡胶）溶解到苯乙烯中，再通过热引发或引发剂引发聚合，单体难以实现全部转化，转化率一般为 70%～80%。不足之处：必须进行单体回收，聚合反应过程易于产生苯乙烯低聚物，头-头相连的聚苯乙烯在加工过程中易于断链，分子量分布较宽，更高分子量聚苯乙烯制备难度较大，单体残留量较大（最高水平仅小于 150mg/kg）。阴离子聚合单体可以实现全部转化，产品纯净，单体残留量可以达到 10mg/kg 以下。与上述苯乙烯自由基本体连续聚合相比，苯乙烯阴离子本体聚合存在着以下缺点：高单体浓度下，聚合反应速率非常快，聚合热难以及时排除，聚合体系温度难以控制；高温条件下，阴离子聚合容易发生副反应，增长活性中心易于分解异构化。因此，阴离子聚合通常是以较低浓度的溶液聚合方式［一般小于 20％（质量分数）］、在较低的温度下（小于 60℃）实施的。随着苯乙烯系增韧树脂的发展以及各种聚合体系的研究进展，为了提高产品质量，降低成本，出现了采用阻滞阴离子聚合的方法来制备 HIPS。

20 世纪末，德国 BASF 公司在阻滞 St 阴离子聚合的基础上提出了连续阴离子聚合生产 HIPS。2006 年成功研制出一种阴离子聚合生产 HIPS 的方法（称 A-HIPS 工艺），见图 6-12。这种生产工艺能使单体转化率达到 100％[44]。其生产工艺分两个部分：传统间歇式丁苯橡胶阴离子聚合和连续 HIPS 合成过程。阴离子聚合得到的产品中单体残留小于 $5\mu g/g$，低聚物含量低于 $200\mu g/g$。

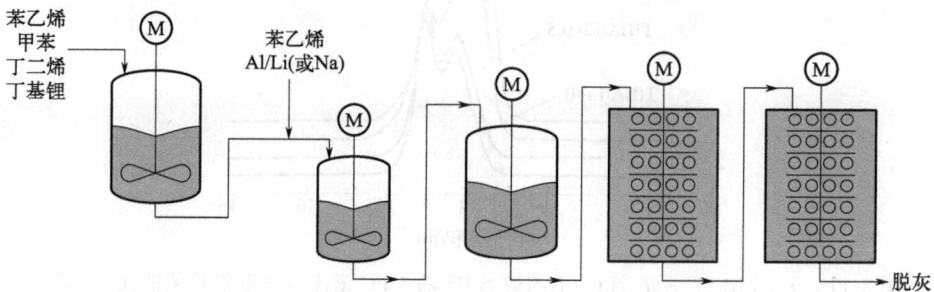

图 6-12　阻滞阴离子聚合制备 HIPS 工艺流程

与传统的自由基生产工艺相比，阻滞阴离子聚合生产出来的产品性能更好。将阻滞阴离子聚合与自由基聚合生产的 HIPS 进行力学性能测试，结果见图 6-13。

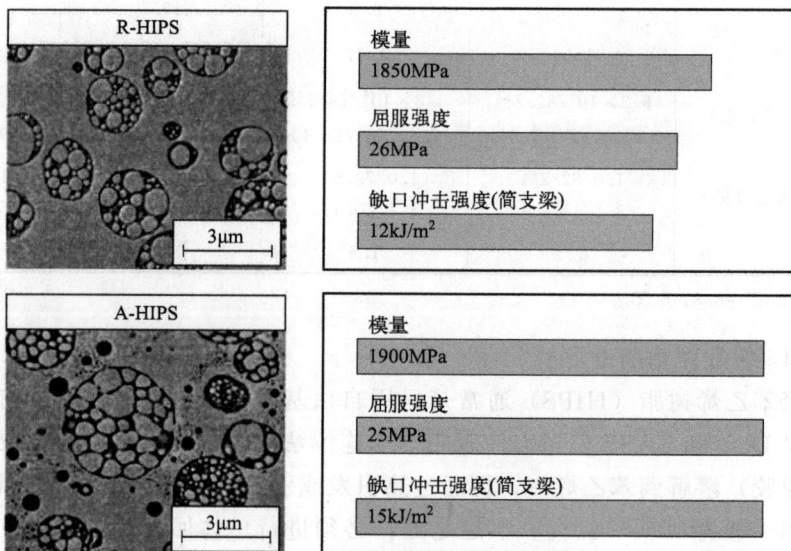

图 6-13　A-HIPS 与 R-HIPS 性能比较

传统的自由基聚合工艺一般采用聚丁二烯橡胶增韧 PS。Philippe 等发现，连续阴离子聚合工艺生产 HIPS 时，采用丁苯橡胶替代聚丁二烯橡胶增韧 PS 得到的产品性能更好，这是因为 PS 与聚丁二烯的相容性差，采用丁苯橡胶可以增加树脂相与橡胶相的相容性，见图 6-14。

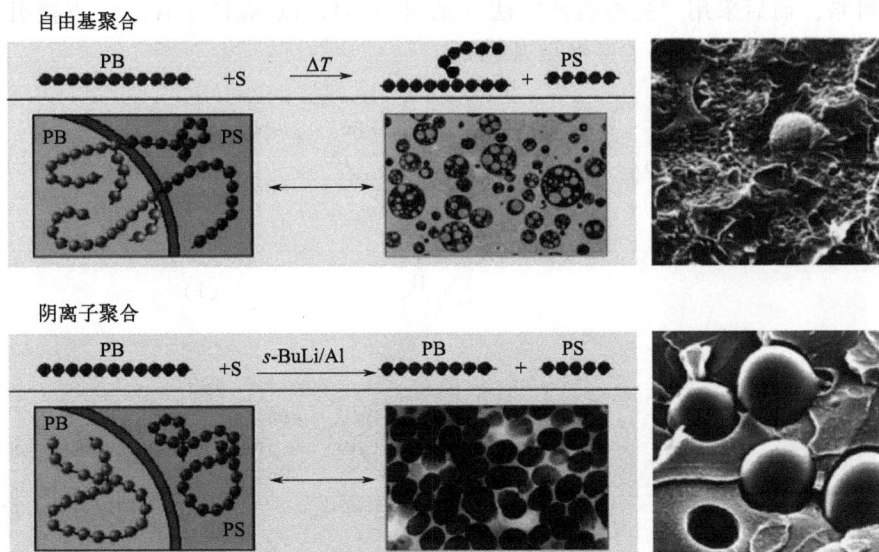

图 6-14　自由基聚合制备 HIPS 的形态与阴离子聚合制备 HIPS 的形态比较

Philippe[58] 将丁苯橡胶溶解在甲苯中，然后加入 St 单体，用 n-BuLi 引发 St 聚合生产 HIPS。但是由于丁苯橡胶中含有终止剂或偶联剂等杂质，会对 n-BuLi 的活性有很大影响，所以增韧效果一般。

美国专利[43] 对 Philippe 等采用阴离子聚合生产 HIPS 的研究结果进行了报道，首先采用 n-BuLi 引发剂引发合成丁苯嵌段橡胶，通过加入 i-Bu$_3$Al，在 n (Al) /n (Li) >1 时，使阴离子橡胶链休眠，加入 St 单体，然后加入 n-BuLi 继续引发 St 共聚合，最终得到了性能优异的 HIPS。

王艳色、张月媛等[56,59] 亦对此进行了大量的研究，并且制备出了性能优异的星型高抗冲 St/Bd 二元、St/Ip/Bd 三元聚苯乙烯（见表 6-11）。

表 6-11　星型高抗冲 St/Bd 二元、St/Ip/Bd 三元聚苯乙烯

类型	BR/%	IR/%	树脂相 M_n/$\times 10^4$	冲击强度/ (kJ/m^2)
St/Bd 二元	15	—	82.6	33
St/Bd 二元	15.9		45.2	17
St/Bd 二元	15.1		60.9	18
St/Ip/Bd 三元	16	4	22.4	23

（3）Al/Na 引发体系制备星型 PS

张月媛[59] 采用 R$_3$Al/NaH 体系在 100℃引发了苯乙烯的阴离子聚合，单体转化率为 100%，且聚合物的分子量和分子量分布都是可控的。星型聚合物由于支化度高，使其本体和溶液黏度均比相同分子量的线型聚合物低得多，因此研究合成星型结构的聚苯乙烯树脂具有很强的实用价值和现实意义。

吴家红[60] 以乙苯为溶剂，首次采用"先核后臂"法（见图 6-15），以二乙烯基苯（DVB）、St 与 NaH/i-Bu$_3$Al 引发体系反应制备的多钠（m-Na）为引发剂，合成了星型聚苯乙烯树脂。而后采用"先臂后核"法（见图 6-16），以 NaH/i-Bu$_3$Al 直接引发苯乙烯聚合，DVB 作偶联剂，合成了星型聚苯乙烯。

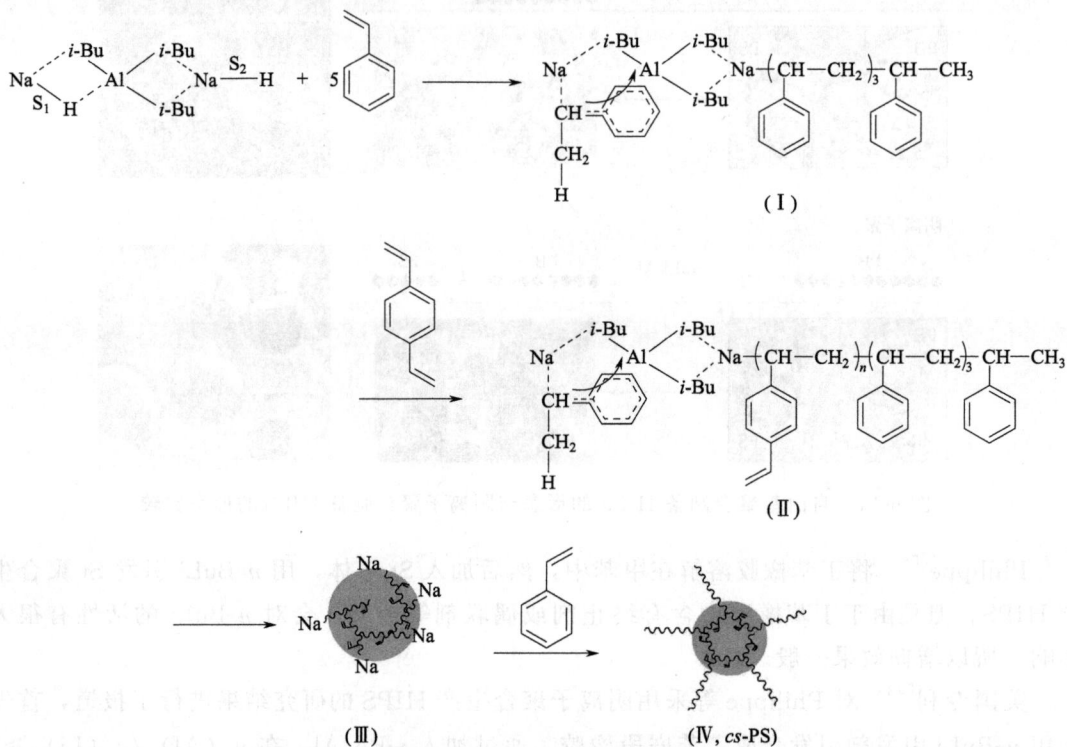

图 6-15　"先核后臂"法合成星型聚苯乙烯

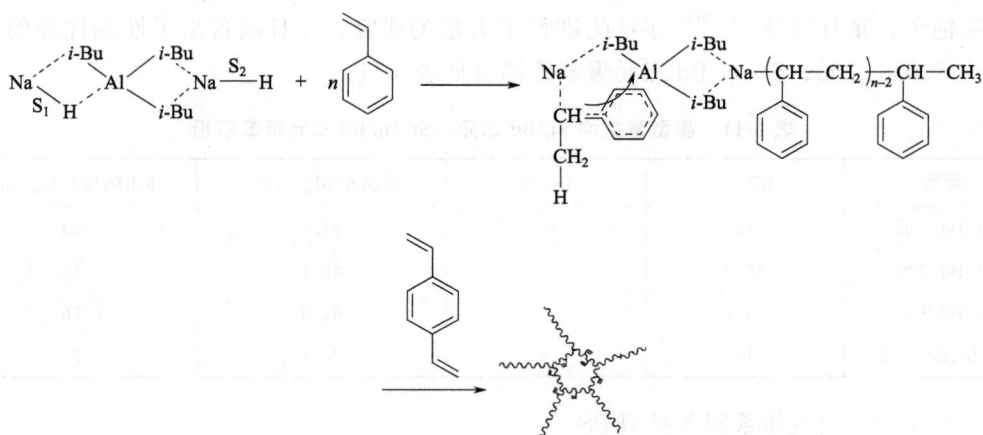

图 6-16　"先臂后核"法合成星型聚苯乙烯

（4）Al/Na 引发体系制备星型 SAN

SAN 树脂即苯乙烯-丙烯腈共聚物，由于丙烯腈的引入，使 SAN 树脂的耐化学品性能比其他聚苯乙烯系树脂都好。SAN 树脂具有丙烯腈和苯乙烯两种组分的协同性能，如高模量、耐老化性、耐热性、耐冲击性、良好的硬度及制品尺寸稳定性好等诸多优点。因此，SAN 树脂是一种综合性能优良、廉价的工程兼民用塑料[61-62]。目前主要采用连续本体法聚合工艺生产，遵从自由基共聚反应机理。NaH/i-Bu$_3$Al 阻滞阴离子聚合引发体系的发现，实现了苯乙烯（St）和丙烯腈（AN）在廉价引发体系、高温、本体条件下进行活性阴离子聚合，使其可与工业自由基聚合生产工艺相媲美。故阴离子型 SAN 树脂将是其发展趋势。

　　Dow 化学公司采用 NaH/i-Bu$_3$Al 引发体系合成了苯乙烯-丙烯腈共聚物，^{13}C NMR 表征其微观结构为无规序列分布。其中丙烯腈的摩尔分数为 30%，苯乙烯的摩尔分数为 70%，聚合物的重均分子量为 64000，数均分子量为 37000。并对含有杂原子的乙烯基单体的阻滞阴离子聚合申请了专利[63]。以 NaH/i-Bu$_3$Al 作引发剂合成的线型无规苯乙烯-丙烯腈共聚物的分子量分布较宽（1.73），而且由于丙烯腈的副反应较多，使两种单体的转化率也较低。但这是阻滞阴离子聚合的一个重要里程碑，不但扩展了 RAP 的单体，也使丙烯腈这类单体的阴离子聚合得到了进一步的发展，由于世界上生产的 80% 的 SAN 树脂都用于掺混生产 ABS 树脂，因此这对实现阴离子型 ABS 树脂的生产起到了关键性的推进作用。吴家红[60] 以乙苯为溶剂，同样采用"先核后臂"法以预先制得的 m-Na 为引发剂，分别通过一步加料和滴加两种聚合方式引发苯乙烯和丙烯腈进行阴离子共聚合反应，成功合成了星型苯乙烯-丙烯腈共聚物。又采用"先臂后核"法，以 NaH/i-Bu$_3$Al 体系先引发苯乙烯和丙烯腈共聚合，再与 DVB 进行偶联反应，合成了星型苯乙烯-丙烯腈共聚物。当 m(St)/m(AN) 为 3:1，DVB/NaH 为 1.2 时，得到了重均分子量为 733000，分子量分布为 1.23 的 SAN 树脂。

　　目前，阻滞阴离子聚合主要应用于 HIPS 的生产，其活性可控的优点也有希望应用于生产单分散的 PS 或其他苯乙烯系增韧聚合物，如丙烯腈-丁二烯-苯乙烯三元共聚物和丙烯腈-苯乙烯共聚物。阴离子的活性可控聚合是一个难题，还有待于进一步的完善，需要开发出更多有效且经济的阻滞体系。相信随着技术的不断发展与进步，阻滞阴离子聚合以其活性可控的优点将有更广泛的应用。

6.3　原位本体法制备苯乙烯系树脂

6.3.1　概况

　　20 世纪 70 年代开始，聚苯乙烯树脂生产工艺技术进入大发展时期，至今先后开发了乳液-悬浮法、本体-悬浮法、连续本体法等生产工艺。但乳液-悬浮法由于性能与经济指标较差，早已淘汰。本体-悬浮法是发展较晚的一种方法，但由于设备的利用率低，工艺流程长，能耗大，生产成本较高，此法已趋淘汰[64]。ABS 和 HIPS 的连续本体聚合工艺主要包括溶胶、预聚合、深度聚合、脱挥和造粒等过程（生产工序如图 6-17 所示）：首先，将一定量橡胶溶于苯乙烯单体或按比例配制的苯乙烯和丙烯腈单体中，在少量溶剂存在的情况下，被连续加到一个全混流反应器反应并实现相转变，再经过多级活塞流反应器继续反应，整个聚合过程都伴随着接枝反应，接着在物料达到 75%～85% 的转化率后送到脱挥器将未反应的单体和溶剂闪蒸出去并回收循环利用，熔融的物料再经过造粒成为增韧树脂成品[65-66]。

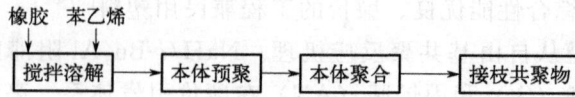

橡胶　苯乙烯 → 搅拌溶解 → 本体预聚 → 本体聚合 → 接枝共聚物

图 6-17　连续本体法生产工序

连续本体法的优点在于：一是工艺流程简单，只需要一套本体聚合装置；二是操作容易、污染少和投资小；但由于本体工艺上的局限性，无法生产橡胶含量在 20％以上的 ABS，其产品的冲击强度受限制。另外，橡胶粒径相对较大，亦无法达到乳液接枝法的高光泽度，因此目前连续本体法生产的 ABS 产品范围较窄[67]。此外，苯乙烯系增韧树脂的传统本体聚合工艺中，增韧所需的橡胶首先需要从溶剂中析出，还需要耗费相当的人力、物力将橡胶粉碎，通过搅拌重新溶解在苯乙烯单体或苯乙烯/丙烯腈共聚单体中，然后通过热引发或者自由基引发得到单体与聚丁二烯的接枝共聚物，在一定程度上制约了生产效率，并增加了生产成本。

随着苯乙烯系增韧树脂的发展以及各种聚合体系的研究进展，出现了以苯乙烯为溶剂，在一定的催化体系和聚合条件下，选择性地聚合丁二烯，从而直接制备聚丁二烯的苯乙烯胶液，直接用于生产 HIPS 或 ABS，即实现了苯乙烯系增韧树脂的本体原位制备，其生产工序如图 6-18 所示。

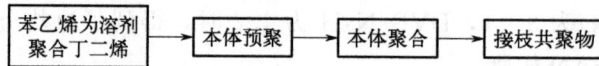

苯乙烯为溶剂聚合丁二烯 → 本体预聚 → 本体聚合 → 接枝共聚物

图 6-18　原位本体法生产工序

由于原位本体法中丁二烯聚合所得到的胶液要直接用于制备苯乙烯增韧树脂，而橡胶的微观结构、分子量大小及分布、凝胶含量、胶液黏度等均将直接影响苯乙烯系增韧树脂的性能，因此要实现原位本体法制备苯乙烯系增韧树脂需要所采用的聚合体系满足下列基本要求。

（1）单体选择性

随着苯乙烯在聚丁二烯大分子链中的含量增加，所得橡胶的玻璃化转变温度升高以致影响增韧树脂的低温抗冲击性能。因此要求所用的催化体系在一定条件下对丁二烯与苯乙烯具有较高的单体选择性，实现选择性聚合，在丁二烯较高转化率甚至完全聚合的情况下，只有少量苯乙烯聚合甚至基本不聚。

（2）胶液黏度

胶液黏度的大小对苯乙烯系增韧树脂的生产和产品性能有很大的影响，将直接影响到胶液在预聚合过程的相转变过程及动力学行为，一般 5％的苯乙烯胶液黏度控制在 70～200mPa·s。

（3）接枝率

橡胶分子链中有一定量的 1,2-结构是接枝改性的必要条件，如果 1,2-结构含量太低，则接枝率下降势必影响增韧效果。

（4）分子量分布

由于橡胶分子量的大小及分布决定苯乙烯系增韧树脂中所形成的橡胶粒子粒径的大小及分布，而后者又直接影响橡胶的增韧效果和增韧树脂的抗冲击性能；为了获得好的增韧效果，橡胶粒径一般控制在 $1.3\mu m$ 左右，因此橡胶分子量太大或者太小，分布太宽或太窄都是不理想的，一般分子量 M_w 在 $18\times10^4\sim26\times10^4$ 之间比较合适[68]。

（5）凝胶含量

胶液的凝胶含量要尽可能地低，否则将影响树脂产品的热性能、抗冲击性能和制品外观。

采用原位本体法制备苯乙烯系增韧树脂，不仅可以简化工艺流程，提高生产效率，节约生产成本，而且还可以摒弃在传统制胶过程中一些惰性溶剂的使用，有利于实现环保，因此对苯乙烯系增韧树脂原位本体制备工艺的研究有很大的实际意义，目前也取得了一些进展。

6.3.2　国内外发展现状

1967 年，美国 Phillips 石油公司采用 $TiCl_4$/碘/$Al(iso\text{-}Bu)_3$ 催化体系在苯乙烯中聚合丁二烯，得到聚丁二烯橡胶的苯乙烯溶液，并直接制备了高抗冲聚苯乙烯树脂。然而，在该催化体系下，丁二烯的聚合活性非常低，在一定条件下，转化率达到 50% 以上比较困难[69]，大量未反应的丁二烯单体在下一步接枝共聚之前需除去；而且，这种催化体系得到的聚合物中残留部分钛金属化合物或者衍生物，以致最后制备的抗冲树脂的热性能比较差；另外由于催化体系中含有碘，得到的预聚物颜色比较深，影响抗冲树脂的透光率。紧接着，该公司又采用 $NdX_3\cdot nL$＋有机金属催化体系通过原位本体法制备了聚苯乙烯抗冲树脂[70]。虽然该催化体系对丁二烯和苯乙烯的聚合选择性比较高，得到的聚丁二烯的预聚物中苯乙烯的含量比较低，但是这种催化体系在苯乙烯中对丁二烯的聚合活性仍然不高，转化率达 50% 以上仍较困难，而且在聚合体系中存在大量不溶于苯乙烯的凝胶，导致增韧树脂抗冲性能不高。

1982 年，Dow 化学报道了由锂系催化剂聚合得到聚丁二烯胶液，然后采用所得到的聚合物胶液制备了丁苯抗冲树脂[71]。但由于锂体系对丁二烯和苯乙烯的单体选择性不高，得到的聚丁二烯中苯乙烯的含量达 10% 以上，而苯乙烯含量的增加导致聚丁二烯橡胶的玻璃化转变温度升高，直接影响最后的增韧效果，尤其是低温抗冲性能。为了控制聚丁二烯中苯乙烯的含量，则需要增加丁二烯和苯乙烯的单体比或者控制丁二烯的转化率（<20%），结果体系中残留大量未反应的丁二烯单体，在下一步接枝共聚之前需要除去；另外，采用锂体系通过阴离子聚合可以得到适当支化、低黏度的胶液，但聚丁二烯的顺式含量比较低（<40%），而且结构不容易控制，只能通过加入一些极性调节剂调节反式 1,4- 和 1,2-结构的含量，而 1,2-结构的增加也导致玻璃化转变温度的升高，也影响到低温冲击性能。

1989 年，李兴民、金鹰泰报道了不同量苯乙烯（St/Bd＝0.02～0.5，摩尔比）的存在下，稀土催化剂对 Bd 溶液聚合的影响，发现：当 St/Bd＝0.5 时，Bd 转化率高于76%，并得到不含凝胶的聚丁二烯，其中顺式 1,4-含量在 95% 左右，在无链终止条件下使聚丁二烯和 St 热引发共聚，得到了 Bd 和 St 的接枝（或嵌段）共聚物[72]。但未对所用的催化体系以及产物的微观结构和苯乙烯含量做详细报道。

1992年，日本Yokohama采用$Nd(P_{204})_3$＋DIBAH＋Lewis酸催化体系在苯乙烯中制备聚丁二烯的橡胶溶液，并直接制备了聚苯乙烯抗冲树脂，考察了单体比、聚合温度、聚合时间等条件对丁二烯的转化率、微观结构、苯乙烯含量以及最终增韧树脂性能的影响[73]。研究发现：这种催化体系对丁二烯和苯乙烯的聚合选择性较高，而且在一定条件下丁二烯的转化率甚至可以高达99％，残留的很少量的丁二烯单体也不需除去；另外，得到的聚丁二烯的分子量及其分布也比较合适，且体系中基本不含凝胶。但聚丁二烯胶液中存在一定量的由苯乙烯热聚合产生的副产物，对增韧树脂的性能有很大的影响；聚丁二烯的1,2-结构含量较低（＜1％），影响接枝反应及增韧效果。

为了得到1,2-结构含量大于1％，利于接枝反应且适合原位本体聚合制备聚苯乙烯增韧树脂的胶液，Bayer公司于2001年采用$CoX_2(L)_2$＋MAO（甲基铝氧烷）催化体系，通过改变给电子体的种类，调节1,2-结构的含量，而且不影响催化体系对丁二烯和苯乙烯的选择性，在丁二烯转化率较高的情况下，得到的聚丁二烯中苯乙烯的含量较低，取得了较好的综合效果[74]。同时，采用Co系催化剂还可以通过简单的方式（如调节催化剂的配比、单体浓度、反应温度）或者添加合适的链转移剂（氢气、1,2-丁二烯、环辛二烯）调节分子量以及支化度来控制聚丁二烯胶液的黏度，有利于下一步采用本体法直接制备苯乙烯增韧树脂。然而，残留的催化剂对最终增韧树脂的热性能影响很大。2003年，该公司又采用NdV＋MAO催化体系，通过加入不同取代基的环戊二烯，与MAO作用，形成环戊二烯基的离子化衍生物，而改变Nd^{+3}的配位形式，实现对聚丁二烯中1,2-结构含量的调节，但同时也改变了催化体系对苯乙烯和丁二烯的聚合选择性，聚丁二烯中苯乙烯的含量较高[75]。

2004年，Windisch等[76]报道了采用NdV＋DIBAH（氢化二异丁基铝）＋EASC（倍半乙基氯化铝）催化体系在控制一定的丁二烯的转化率（＜50％）的情况下，实现了相对的单体选择性，控制了聚丁二烯中苯乙烯的含量，但1,2-结构的含量也较低（＜1％）。Bayer公司采用环戊二烯钒＋MAO催化体系[77]，以苯乙烯为溶剂，聚合得到了1,2-结构含量在10％～30％的聚丁二烯胶液，并用胶液直接制备了ABS和HIPS。研究发现：采用Vanadium体系不仅对丁二烯有一定的选择性，在丁二烯转化率大于50％时，预聚物中苯乙烯含量小于1％；同时，可以通过改变催化剂的组分及配比调节聚丁二烯中1,2-结构的含量；通过添加1,2-丁二烯、环辛二烯等链转移剂可以调节分子量以及支化度，从而调节所得到的胶液黏度；但残留的金属化合物对产物的热性能影响仍较大。

稀土催化体系具有高的单体选择性和单体转化率，低的凝胶含量，残留的催化剂不影响产品热性能等优点，因此，近年来原位本体聚合的研究也主要集中于稀土催化体系。大连理工大学李杨教授团队在稀土催化体系原位本体聚合制备苯乙烯系增韧树脂方面做了大量的研究工作，积累了丰富的经验。

贾忠明等人[78-79]以酸性磷酸酯钕盐/氢化二异丁基铝/倍半乙基氯化铝为催化剂体系，研究了丁二烯在苯乙烯溶剂中的选择性聚合。结果表明：该催化剂可在苯乙烯中实现丁二烯的选择性聚合，在Al/Nd为10、Cl/Nd（摩尔比）为2.0、聚合温度为50℃时，丁二烯的转化率可达90％以上，苯乙烯的转化率在1％以下。聚合物中苯乙烯含量在3％以下，丁二烯链节的顺-1,4-结构摩尔分数在90％左右，1,2-结构摩尔分数为2％左右。而且采用单体存在下陈化的方式，可获得分子量分布较窄的聚合物（M_w/M_n 在 3 左右）。并采用此稀土催化体系，通过调节 Al/Nd（摩尔比）和陈化方式制备了具有不同分子量和分子量分布的橡胶胶液，并直接进行自由基接枝共聚合，制备了苯乙烯系增韧树脂（HIPS、ABS）。结果表明：随着橡胶含量的增加，HIPS 和 ABS 的冲击强度都逐渐增大，而拉伸强度逐渐降低，同时断裂伸长率增大；与窄分子量分布的橡胶相比，宽分子量分布的橡胶增韧所得苯乙烯树脂冲击强度较高；随着引发剂用量的增加，接枝率略有上升；3，6，9-三甲基-3，6，9-三乙基-1，4，7-三过氧烷（TETMTPA）引发聚合所得 HIPS 的冲击强度较高，为 147.7J/m。1，1-二（叔丁基过氧基）环己烷（DP275B）引发聚合所得 ABS 形成了由内部具有规整网状结构的椭圆形的大粒径（$>2\mu m$）颗粒组成的海岛结构，其冲击强度高达 335.9J/m。

　　常丽等人[80-82] 采用稀土催化体系酸性磷酸酯钕盐/氢化二异丁基铝/一氯二乙基铝在苯乙烯中选择性聚合丁二烯，制得了适合增韧聚苯乙烯的聚丁二烯胶液。聚合物中苯乙烯链节的摩尔分数低至 1.01%，聚丁二烯的顺-1，4-结构含量高达 96.6%。另外，采用催化体系酸性磷酸酯钕盐/氢化二异丁基铝/叔丁基氯在苯乙烯中选择性共聚合丁二烯和异戊二烯。结果表明：在 Al/Nd（摩尔比）为 15.0、Cl/Nd（摩尔比）为 3.0、Nd/(Bd+Ip) 为 0.8mmol/100g、Ip/Bd（质量比）为 1.0、70℃下聚合 4h，Bd 和 Ip 的转化率分别达到 90% 和 70% 以上，且共聚物中苯乙烯链节的摩尔分数小于 7%。共聚物中丁二烯和异戊二烯链节的 1，4 结构含量均在 96% 以上，且其微观结构几乎不受聚合条件的影响。在制得的聚丁二烯胶液中，采用自由基引发剂 TETMTPA 直接引发聚丁二烯与苯乙烯共聚合制备了 HIPS。结果表明：可通过改变聚合温度、橡胶用量、引发剂浓度、搅拌速率和乙苯用量等因素调节苯乙烯的聚合速率、相转变过程、聚苯乙烯的分子量及其分布、HIPS 的表观接枝率和力学性能。制得的 HIPS 中橡胶颗粒呈现较好的"salami"结构，HIPS 的冲击强度高达 166J/m。与其它自由基引发剂过氧化苯甲酰（BPO）、DP275B 或 2，2-二（4，4-二叔丁基过氧环己基）丙烷相比，TETMTPA 引发制备的 HIPS 具有最高的冲击强度。

　　李立[83-84] 采用二（2-乙基己基）磷酸酯钕/氢化二异丁基铝/三氯甲烷为稀土催化剂，以苯乙烯为溶剂兼单体，与异戊二烯和丁二烯进行共聚合反应，成功地合成了三元集成橡胶 Nd-SIBR。当催化剂摩尔比为 Al/Nd=10～20，Cl/Nd=3～9，Nd/(Bd+Ip)=(6～9)×10^{-6}，单体质量比为 St/Ip/Bd=(5～10)/1/1 时，在 50℃下聚合 6h 可制得共聚物各组分含量和分子量均可控的无规分布 Nd-SIBR 的苯乙烯母液，Nd-SIBR 中共轭二烯烃组分的顺-1，4-结构含量大于 94%。然后基于原位本体聚合方法，以双官能度过氧化物 DP275B 和三官能度过氧化物 TETMTPA 为自由基引发剂，直接在 Nd-SIBR 的苯乙烯母液中引发苯乙烯接枝聚合，成功地制备了 HIPS。当 Nd-SIBR 含量由 10% 增加到 29% 时，HIPS 的冲击强度由 5.3KJ/m^2 显著提升至 22.2KJ/m^2，断裂伸长率由 7.4% 提高了近 13 倍。

　　上述研究大大简化了苯乙烯系增韧树脂的本体生产工艺，对提高生产效益有重要的现实意义。进一步丰富了苯乙烯系增韧树脂原位聚合的催化体系，同时也有助于进一步研究苯乙烯为溶剂对稀土催化丁二烯聚合的影响，具有很强的实际应用价值。

参考文献

[1] Modern Plastics International. New York：McGraw-Hill Publications，Inc，1997，27(12)：144.

［2］全国塑料研究所技术情报协作网. 中外树脂牌号大全[D]. 杭州：浙江科学技术出版社，1991.

［3］李杨，高晓健，顾明初，李松涛，徐宏德，李晓东. 丁二烯、苯乙烯嵌段共聚物及其制备方法：CN 96106448[P]. 1997-2-5.

［4］李杨，王梅，杨力，杨素芬，刘宏海，洪涛，张淑芬. 高透明抗冲击聚苯乙烯树脂及其制备方法：CN 97104410. 4[P]. 1998-2-4.

［5］李杨，王梅，杨力，洪涛，刘宏海，杨素芬. 高透明抗冲击聚苯乙烯树脂的研制：I. 结构与性能[J]. 合成树脂及塑料，1998，15(2)：11-14.

［6］王梅，刘源，李杨. 连续本体法聚苯乙烯中试装置的开发[J]. 合成树脂及塑料，2001，18(4)：63-65.

［7］杨英，张晓文，刘吉平. 透明高抗冲聚苯乙烯树脂的工业化试验[J]. 合成橡胶工业，2004，27(5)：282-286.

［8］安全福，高俊刚，李德玲，杨丽庭，刘国栋. St/MMA 共聚物的热性能[J]. 高分子材料与过程，2001，17(5)：105-108.

［9］戴新河，彭静，翟茂林，乔金樑，魏根拴. 高透明抗冲聚苯乙烯树脂的辐射合成与性能表征[J]. 高分子学报，2005(3)：403-407.

［10］刘兰珍，金顺子，张宪旺，朱善农. 苯乙烯/甲基丙烯酸甲酯共聚物组分的测定[J]. 分析化学，1982，10(6)：371-373.

［11］李青，于元章. 耐候透明性甲基丙烯酸甲酯、丁二烯和苯乙烯三元接枝共聚物的制备及性能[J]. 青岛科技大学学报(自然科学版)，2009，30(2)：156-159.

［12］孙载坚. 塑料增韧[M]. 北京：化学工业出版社，1982.

［13］Brandrup J，Immergut E H. Polymer Handbook Ⅵ（3rd ed）[M]. New York：John Wiley& Sons，1989.

［14］于志省，李杨，透明高抗冲聚苯乙烯树脂研究进展[J]. 合成树脂及塑料，2011，28(4)：80-84.

［15］黄源，罗英武，李宝芳，李伯耿. 透明高抗冲聚苯乙烯树脂的制备及研究进展[J]. 化工进展. 2000，19(6)：24-27.

［16］陈友标. 一种双向拉伸聚苯乙烯薄膜的生产方法：CN 1727393[P]，2006-2-1.

［17］Fettes Edward M. Transparent impact-resistant polystyrenes containing polysulfide polymers：US 3290413[P]. 1966-12-6.

［18］Yamaguchi Mikio, Yamanoto katsuhiko. Transparent high-impact polystyrene film：JP 58129038A[P]. 1983-08-01.

［19］Ishida Yusuke. Transparent styrene polymer compositions, their sheets, and their carrier tapes for electronic parts：JP 2006131692A[P]. 2006-5-25.

［20］Shiraki Toshiniri, Iemori Akio. Transparent styrene polymer composition：JP 57021442[P]. 1982-02-04.

［21］Hong Sun Yong, Kim Deok Ju, Lee Min Jong, Lee Yeong Seok. Composition of polystyrene thermoplastic resin for sheet having high impact resistance and transparency：KR 2001061902A[P]. 2001-7-7.

［22］Amagi Yasuo. Transparent and impact-resistant polystyrene resin compositions：JP 44026188[P]. 19691104.

［23］Stéphane Jouenne, Juan A González-Léon, Anne-Valérie Ruzette, Philippe Lodéfier, Ludwik Leibler. Styrene-butadiene gradient block copolymer for transparent impact polystyrene [J]. Macromolecules，2008，41（24）：9823-9830.

［24］Carrock Frederick E, Chu Frank K Y. Process for producing transparent graft polymer compositions：US 3887652[P]. 1975-6-13.

［25］Smith Robert R. Transparent high-impact polystyrene[P]. GB 893084，1962-4-4.

［26］Nikolaev A F, Kudryavtseva T V, Vylegzhanina K A, Eremina E N, Egorova E I, Manusevich E E, Shamina V P, Zinchenko V A. Synthesis of transparent high-impact polystyrene[J]. Plasticheskie Massy，1975（12）：11-12.

［27］Oshima Yoshinori, Shirouchi Hiroshi, Aya Keiten, Nishidoi Satoshi, Kato Takaichi. Transparent high impact polystyrene resins：JP 45024156[P]. 1970-8-12.

［28］Hsu Ruei-Hsi. Transparent impact-resistant rubber-modified polystyrene resins：JP 2005179644A[P]. 2005-7-7.

［29］孟程程，李新法，陈金周，牛明军. 增韧透明聚苯乙烯的制备及热性能[J]. 塑料工业，2009，37(10)：58-60.

［30］Conaghan B F, Rosen S L. The optical properties of two-phase polymer systems：Single scattering in monodisperse, non-absorbing systems[J]. Polymer Engineering and Science，1972，12(2)：134.

[31] Minami Tomoyuki, Watanabe Masamoto. Polystyrene: JP 42002156[P]. 1967-1-31.

[32] Konrad K, Norbert N. Styrolux(+) and styroflex(+)-From transparent high impact polystyrene to new thermoplastic elastomers. Syntheses, applications, and blends with other styrene-based polymers[J]. Macromolecular Symposia, 1998, 132, 231-243.

[33] Knoll Konrad, Fischer Wolfgang, Gausepohl Hermann, Koch Jurgen, Wunsch Josef, Naegele Paul. Transparent, impact-resistant polystyrene based on a styrene-butadiene block copolymer, and its manufacture: WO 2000058380 [P]. 2000-10-5.

[34] Walter Hans Michael, Bronstert Klaus, Heckmann Walter, Pohrt Juergen, Benedix Franz. Transparent, thermoplastic molding compositions containing polystyrene and diene-styrene star block copolymers: DE 3914812[P]. 1989-11-23.

[35] 王梅, 刘源, 李杨. 高透明抗冲聚苯乙烯中试研究[J]. 合成树脂及塑料, 2001, 18(3): 13-15.

[36] 李金树, 吴杏芳, 李杨. HT-IPS 中纳米分散相形态的 TEM 研究[J]. 合成树脂及塑料, 2003, 20(2): 41-45.

[37] Odian G. Polymer chemistry[M]. New York: John Wiley& Sons Inc, 1981.

[38] 潘祖仁. 高分子化学[M]. 北京: 化学工业出版社, 1997.

[39] Alain D, Stephane C, Philippe D, et al. New perspectives in living/controlled anionic polymerization[C]//Borsali R, Soldi V. Macromol Symp: Advanced Polymeric Materials. Edition1. Florianopolis Brazil: Co. KGaA, Weinheim, 2005, 229: 24-31.

[40] Philippe D, Warzelhan V, Niessner N, et al. Anionic high impact polystyrene: a new process for low residual and low cost HIPS[C]//Baskaran D, . Sivaram S. Macromol Symp: Recent Trends in Ionic Polymerization. Edition1. Goa India: Co. KGaA, Weinheim, 2006, 240: 194-205.

[41] 韩丙勇, 杨万泰, 金关泰, 等. 阴(负)离子聚合二十年[J]. 高分子通报, 2008, 7: 29-34.

[42] Desbois P. Preparation of impact resistant polystyrene by anionic polymerization, used to form e. g. molded articles, comprises adding diene monomers or diene monomers and styrene monomers, alkali metalorganyl and styrene monomers to form mixture: US7368504-B2[P]. 2008-05-06.

[43] Philippe D. Method for the anionic polymerization of high-impact polystyrene: US20060167187 A1[P]. 2006-07-27.

[44] Philippe D, Warzelhan V, Niessner N, et al. Anionic high impact polystyrene: a new process for low residual and low cost HIPS[C]//Baskaran D, . Sivaram S. Macromol Symp: Recent Trends in Ionic Polymerization. Edition1. Goa India: Co. KGaA, Weinheim, 2006, 240: 194-205.

[45] Philippe D, Fontanille M, Deffieux, et al. Towards the control of the reactivity in high temperature bulk anionic polymerization of styrene[J]. Macromol Chem Phys, 1999, 200(3): 621-628.

[46] Stephane M. Retarded Anionic Polymerization[J]. Macromol Chem. Phys. , 2001, 202(16): 3219-3227.

[47] Stephane C, Philippe D, Cyrille B, et al. Reactivity control in anionic polymerization of ethylenic and heterocyclic monomers through formation of ate complexes[J]. Polymer International, 2006, 55(10): 1126-1131.

[48] Stephane M, Alain D, Philippe D, et al. Initiation of retarded styrene anionic polymerization using complexes of lithium hydride with organometallic compounds[J]. Macromolecules, 2003, 36(16): 5988-5994.

[49] Philippe D. Towards the control of the reactivity in high temperature bulk anionic polymerization of styrene[C]//Kobayashi S. Macromol Symp: Ionic Polymerization. Edition1. Kyoto Japan: Co. KGaA, Weinheim, 2000, 157: 151-160.

[50] Stephane C, Stephane M, Anna B, et al. Effect of aluminum derivatives in the retarded styrene anionic polymerization[J]. Polymer, 2005, 46(18): 6836-6843.

[51] Stephane C, Stephane M, Philippe D, et al. Sodium hydride/trialkylaluminum complexes for the controlled anionic polymerization of styrene at high temperature[J]. Rapid Communications, 2006, 27(12): 905-909.

[52] Stephane C, Stephane M, Anna B, et al. Sodium hydride as a new initiator for the retarded anionic polymerization (RAP) of styrene[J]. Polymer, 2007, 48(15): 4322-4327.

[53] 郜传厚, 蒋春跃, 潘勤敏, 等. 影响高抗冲聚苯乙烯力学性能的因素[J]. 合成橡胶工业, 2002, 25(3): 186-189.

[54] Wolfgang F. Method for the continuous production of thermoplastic molding materials：US006399703 B1[P]. 2002-06-04.

[55] Alain D, Stephane C, Philippe D, et al. New perspectives in living/controlled anionic polymerization[C]//Borsali R, Soldi V. Macromol Symp：Advanced Polymeric Materials. Edition1. Florianopolis Brazil：Co. KGaA, Weinheim, 2005, 229：24-31.

[56] 王艳色. 阻滞阴离子聚合制备星型高抗冲聚苯乙烯树脂[D]. 大连：大连理工大学, 2010.

[57] 王艳色, 李杨, 张月媛, 等. 阻滞阴离子聚合法合成星型聚苯乙烯的动力学研究[J]. 石油化工, 2010, 39(8) 929-935.

[58] Philippe D. Method for the production of impact polystyrene：US, 7368504 B2[P]. 2008-05-06.

[59] 张月媛. 阻滞阴离子聚合法制备星型 S/I/B 三元共聚物[D]. 大连：大连理工大学, 2012.

[60] 吴家红. 基于阻滞阴离子聚合制备星型 PS 及 SAN[D]. 大连：大连理工大学, 2011.

[61] 张庆国, 黄立本, 田冶. 浅析 SAN 树脂及其制品发黄的原因与对策[J]. 兰化科技, 1992, 9：180-181.

[62] 许涛. SAN 树脂的合成及对 ABS 树脂性能的影响[J]. 化工文摘, 2008, 5：39-40.

[63] Bouquet, Gilbert C E. Polymerization of vinylic monomers containing a heteroatom：US 2009036231A2[P]. 2009-03-19.

[64] 高文彬, 乔庆东. 高抗冲聚苯乙烯改性的发展趋势[J]. 辽宁化工, 2004, 33(12)：706-708.

[65] 刘景江, 杨军. 现代高分子物理[M]. 北京：科学出版社, 2001.

[66] Meira G R, Luciani C V, Estenoz D A. Continuous bulk process for the production of high-impact polystyrene. Reaction developments in modeling and control[J]. Macromolecular Reaction Engineering, 2007, 1(1)：25-39.

[67] Qin J, Argon A S, Cohen R E. Toughening of glassy polystyrene through ternary blending that combines low molecular weight polybutadiene diluents and ABS or HIPS-type composite particles[J]. Journal of Applied Polymer Science, 1999, 74(9)：2319-2328.

[68] 阎铁良. HIPS 增韧用高顺式聚丁二烯橡胶的分子量及其分布[J]. 合成橡胶工业, 1994, 17(4)：193-194.

[69] Short J N, Hanmer R S. Polymerization of 1, 3-butadiene to produce cis 1, 4-polybutadiene in the presence of styrene monomer with an organometal and iodine containing catalyst followed by styrene polymerization：US 3299178 [P]. 1967-1-17.

[70] Hsieh H L, Yeh G H C. Olefin polymerization：US 4575538[P]. 1986-3-11.

[71] Tung L H, Kirkby L L. Preparation of alkenyl aromatic monomer butadiene rubber：US 4311819[P]. 1982-1-19.

[72] 李兴民, 金鹰泰. 苯乙烯存在下的稀土催化丁二烯聚合[J]. 合成橡胶工业, 1989, 12(3)：178-180.

[73] Hattori Y, Kitagawa Y. Prepolymerization process for producing a conjugated diene compound prepolymer solution：US 5096970[P]. 1992-3-17.

[74] Windisch H, Obrecht W. Method for polymerizing conjugated diolefins (dienes) with catalysts based on cobalt compounds in the presence of vinylaromatic solvents：US 6310151[P]. 2001-10-30.

[75] Windisch H, Obrecht W, Michels G, Steinhauser N, Schnieder T. Method for polymerizing conjugated diolefins (dienes) with rare earth catalysts in the presence of vinylaromatic solvents：WO 2000004066[P]. 2000-1-27.

[76] Windisch H, Obrecht W, Michels G, Steinhauser N, Schnieder T. Method for polymerizing conjugated diolefins (dienes) with rare earth catalysts in the presence of vinylaromatic solvents：WO 20030134999[P]. 2003-7-17.

[77] Windisch H, Obrecht W. Method for polymerizing conjugated diolefins (dienes) with catalysts based on vanadium compounds in the presence of vinylaromatic solvents：US 6566465[P]. 2003-5-20.

[78] 贾忠明. 苯乙烯系增韧树脂本体原位制备技术的研究[D]. 大连：大连理工大学, 2009.

[79] 贾忠明, 张学全, 李杨, 董为民, 姜连升, 张春庆, 王玉荣. 酸性膦酸酯钕盐催化丁二烯在苯乙烯溶剂中的选择性聚合[J]. 合成橡胶工业, 2010, 33(1)：11-15.

[80] 常丽. 本体原位法制备高抗冲聚苯乙烯树脂[D]. 大连：大连理工大学, 2011.

[81] 常丽, 胡雁鸣, 李杨, 史正海, 吕权, 王玉荣. 本体原位法制备高抗冲聚苯乙烯[J]. 石油化工, 2011, 40(8)：850-855.

[82] 常丽, 胡雁鸣, 李杨, 史正海, 李立, 王玉荣. 本体原位法制备高抗冲聚苯乙烯工引发剂的影响[J]. 合成树脂及塑

料，2012，29(1)：6-10.

[83] 李立，钕系原位本体法制备高抗冲聚苯乙烯[D]．大连：大连理工大学，2014.

[84] 李立，许蕾，庄彬彬，张长浩，王玉荣，李杨．基于稀土催化在苯乙烯中合成苯乙烯/异戊二烯/丁二烯三元共聚物
[J]．高分子材料科学与工程，2015，31(9)：1-6.

附　录

1. 发泡聚苯乙烯（EPS）部分产品牌号

附表 1　德国巴斯夫公司

牌号	粒度大小/mm	典型粒子尺寸/mm	典型戊烷含量/%	密度/(kg/m³)	可达到的体积密度/(kg/m³)	通常暂存时间/h	典型应用
Styropor® F 215 R	1.0～2.0	0.8～2.1 (≥94%)	5.3	≤12～25	15	8～48	外部绝缘，屋顶、墙壁和地板绝缘，倾斜屋顶绝缘，坯件
Styropor® F 215 R-L	1.0～2.0	0.8～2.1 (≥94%)	5.3	≤11～15	15	6～24	仅适用于低密度应用（例如冲击隔声、混凝土置换器、填充物）
Styropor® F 315 R	0.7～1.0	0.6～1.2 (≥92%)	5.3	16～35	16	8～48	屋顶、墙壁和地板隔热，模板元件，技术成型零件
Styropor® F 415 R	0.4～0.7	0.3～0.8 (≥94%)	5.3	20～35	18	8～48	装饰元件，技术模塑件，运输箱，负载载体
Styropor® F 295 E	1.1～2.0	0.8～2.1 (≥94%)	4.5	15～30	15	8～48	屋面、墙壁和地板隔热，用于切割的中高密度块（例如倾斜屋面隔热）
Styropor® F 395 E	0.7～1.0	0.6～1.2 (≥92%)	4.5	18～35	18	8～48	屋顶、墙壁和地板保温，技术模塑件，模板元件
Styropor® F 495 E	0.4～0.7	0.3～0.8 (≥95%)	4.5	22～35	22	8～48	装饰元件，技术模塑件，运输箱，负载载体
Styropor® P 226 C	0.9～1.3	0.7～1.4 (≥96%)	6.0	10～30	15	10～48	无阻燃要求的绝缘，厚壁包装，切割块
Styropor® P 326	0.7～0.9	0.5～1.0 (≥93%)	6.0	16～30	16	10～24	包装、绝缘箱（如鱼箱）和技术模塑件

牌号	粒度大小/mm	典型粒子尺寸/mm	典型戊烷含量/%	密度/(kg/m³)	可达到的体积密度/(kg/m³)	通常暂存时间/h	典型应用
Styropor® P 326 C	0.7～0.9	0.5～1.0 (≥93%)	6.0	18～50	18	6～48	中密度和高密度包装，绝缘盒（如鱼盒）和技术模塑件
Styropor® P 426	0.4～0.7	0.3～0.8 (≥92%)	6.0	18～30	18	8～24	薄壁包装，盒子和技术模塑件
Styropor® P 426 C	0.4～0.7	0.3～0.8 (≥92%)	6.0	20～50	20	4～48	中高密度薄壁包装，箱体和技术模塑件
Styropor® P 656	0.2～0.4	0.2～0.5 (≥90%)	6.0	12～25	12	＞6	轻质石膏和沥青密封剂用集料
Peripor® 200R	1.0～2.0	0.8～2.1 (≥94%)	5.3	22～35	20	10～48	周边保温，平顶保温，管道配件
Peripor® 300R	0.7～1.0	0.6～1.2 (≥92%)	ca. 5.3%	25～35	23	10～48	周边保温，平顶保温，管道配件
Peripor® 200E	1.1～2.0	0.8～2.1 (≥94%)	ca. 4.5%	22～35	22	10～48	周边保温，平顶保温，管道配件
Peripor® 300E	0.7～1.0	0.6～1.2 (≥92%)	4.5	25～35	25	10～48	周边保温，平顶保温，管道配件

附表 2　韩国锦湖石油化学株式会社

分类	牌号	珠粒直径/mm	密度/(g/L)	适宜发泡倍率	主要用途
一般用	EPS 12SP	1.1～1.5	14～17	60～70	板材、浮子、农渔产品搬运箱、大型包装、家电制品包装材料、薄壁成型品
	EPS KD16	0.9～1.1	15～18	55～65	
	EPS KD20	0.6～0.9	17～20	50～60	
	EPS KD30	0.5～0.6	20～25	40～50	
低戊烷型	EPS LP16	0.9～1.1	17～20	50～60	板材、小型浮子、农渔产品搬运箱、家电制品包装材料、薄壁成型品
	EPS LP20	0.6～0.9	20～25	40～50	
	EPS LP30	0.5～0.6	25～33	30～40	
自熄型	SEPS N12	1.1～1.5	14～17	60～70	自熄型板材、彩钢夹芯板、建筑材料
	SEPS N16	0.9～1.1	15～18	55～65	
	SEPS N20	0.6～0.9	17～20	50～60	
	SEPS N30	0.5～0.6	20～25	40～50	
	SEPS FD16	0.9～1.1	15～18	55～65	
	SEPS FD20	0.6～0.9	17～20	50～60	
	SEPS FD30	0.5～0.6	20～25	40～50	

分类	牌号	珠粒直径/mm	密度/（g/L）	适宜发泡倍率	主要用途
节能型	EPOR16	0.9～1.1	20～25	40～50	农渔产品搬运容器、手提冷冻箱、家电制品包装材料、薄壁成型品
	EPOR20	0.6～0.9	20～25	40～50	
	EPOR20W	0.6～0.9	25～33	30～40	
杯用	EPS CS40	0.3～0.5	50～100	10～20	面杯用、饮杯用
	EPS CS40S	0.3～0.5	50～100	10～20	
	EPS CS50	0.2～0.4	50～100	10～20	
低发泡用	EPS LENC25	0.9～1.1	40～67	15～25	救生用具、安全帽
	EPS LEYD25	0.6～0.9	40～67	15～25	
铸造用特殊规格	SEPS FD20V	0.6～0.9	17～20	50～60	自熄型模制品、家电制品包装材料
	SEPS N20J	0.6～0.9	17～20	50～60	
	SEPS N20JJ	0.6～0.9	17～20	50～60	
着色用	SEPS 20P	0.6～0.9	20～25	40～50	着色模制品
	SEPS 20Y	0.6～0.9	20～25	40～50	
	SEPS 20P	0.6～0.9	20～25	40～50	
	EPS 30Y	0.5～0.6	20～25	40～50	
	SEPS G20	0.6～0.9	20～25	40～50	
	SEPS G30	0.5～0.6	20～25	40～50	

附表 3　江苏嘉盛新材料有限公司

牌号	规格	珠粒直径/mm	一次可发倍率		主要应用
A 普通料	A-103	1.00～1.60	70～90		板材及低密度制品
	A-104	0.85～1.25	65～85		壁厚大于 12mm 的制品
	A-105	0.70～1.00	60～75		中等密度包装制品
	A-106	0.50～0.80	55～70		壁厚大于 8mm 的包装制品
	A-107	0.40～0.60	50～65		壁厚大于 6mm 的包装制品
	A-108	0.30～0.50	35～50		消失模头盔类特殊制品
B 通用料	B-103	1.00～1.60	80～100	180～120	电器包装、板材、工艺品、箱盒容器等，特别适合于轻质板材
	B-104	0.85～1.25	70～90	160～180	
	B-105	0.70～1.00	60～80	130～150	
	B-106	0.50～0.80	50～60	100～130	
	B-107	0.40～0.60	30～40	60～90	

牌号	规格	珠粒直径/mm	一次可发倍率	主要应用
C 阻燃料	C-102	1.40～2.00	50～70	板材
	C-103	1.00～1.60	45～65	板材及大的包装制品
	C-104	0.85～1.25	40～65	板材及大的包装制品
	C-105	0.70～1.00	40～60	板材及中密度包装制品
	C-106	0.50～1.80	30～50	重板及特殊用途产品
D 快速料	D-103	1.00～1.60	60～70	电器包装、板材、陶瓷包装低倍率产品
	D-104	0.85～1.25	50～60	
	D-105	0.70～1.00	40～60	
	D-106	0.50～0.80	30～50	
CF 高阻燃料	CF-102	1.40～2.00	50～70	板材
	CF-103	1.00～1.60	45～65	板材及大的包装制品
	CF-104	0.85～1.25	40～65	板材及大的包装制品
	CF-105	0.70～1.00	40～60	板材及中密度包装制品
	CF-106	0.50～0.80	30～50	重板及特殊用途的产品

附表 4 无锡兴达泡塑新材料股份有限公司

类别	规格	粒径/mm	适用制件范围
常规料	101	＞1.6	工艺品、模型道具、水上漂浮物
	201	1.40～2.00	大件包装、隔热包装、防震板材
	301	1.00～1.60	保鲜容器类、大件电器包装
	302	0.80～1.25	一般电器包装
	303	0.70～1.00	小家电、薄件包装
	401	0.60～0.85	细小品包装
	501	0.50～0.70	吹塑和精细产品包装衬垫
	601	＜0.56	填充物、建筑材料
杯料（XC）	801L	0.35～0.6	消失模、精密包装、软织物填充
	801	0.30～0.50	饮料杯、面碗、冷饮盒、软织物填充
	801S	0.25～0.45	咖啡杯、饮料杯、面碗、冷饮盒、软织物填充
黑色阻燃型（ZG）	XL	1.40～2.30	中高密度板材
	L	1.00～1.70	中高密度板材
	ML	0.8～1.30	中高密度板材
	M	0.70～1.00	包装及高密度板材
	S	0.55～0.80	包装类制品及高密度板材

类别	规格	粒径/mm	适用制件范围
挤出法石墨阻燃型（JZG）		0.75～1.2	
改性耐冲击增韧料（X-POR）	20	0.75～1.2	强度要求高的大尺寸液晶、芯片包装盒、头盔缓冲层
	40	0.75～1.2	尺寸不大的液晶、芯片包装盒

附表 5　中国台湾台达化学工业股份有限公司

牌号	规格	珠粒直径（95%，最小）/mm	可发倍率	产品用途
一般级 301	MM	1.20～1.80	80～95	保护物品免受破裂震坏的包装材料、保温材料、建筑材料、美工材料、鱼箱、头盔内衬
	T	1.00～1.40	70～85	
	S	0.80～1.10	65～80	
	Ss	0.65～0.90	65～80	
	F	0.45～0.75	55～70	
快速成型级 391	MM	1.20～1.80	70～85	保护物品免受破裂震坏的包装材料、保温材料
	T	1.00～1.40	65～80	
	S	0.80～1.10	60～75	
	Ss	0.65～0.90	60～75	
	F	0.45～0.75	50～65	
难燃级 321	MM	1.20～1.80	80～95	保温建材、建筑材料、轻质填土材料以及电器产品衬垫等
	T	1.00～1.40	70～85	
	S	0.80～1.10	65～80	
	Ss	0.65～0.90	65～80	
	F	0.45～0.75	55～70	
非 HBCD 难燃级 321N	MM	1.20～1.80	80～95	保温建材、建筑材料、轻质填土材料以及电器产品衬垫等
	T	1.00～1.40	70～85	
	S	0.80～1.10	65～80	
	Ss	0.65～0.90	65～80	
	F	0.45～0.75	55～70	
抗静电级 351	351SA	0.80～1.10	65～80	保护物品避免破坏震坏，并要求不受空气灰尘附着，如精密电子零件包装
	351SAA	0.80～1.10	65～80	
	351FA	0.45～0.75	55～70	
	351FAA	0.45～0.75	55～70	
食品级 361	S	0.80～1.10	65～80	食品包装及杯盘等类物品
	Ss	0.65～0.90	65～80	
	F	0.45～0.75	55～70	

2. 通用聚苯乙烯（GPPS）和高抗冲聚苯乙烯（HIPS）部分产品牌号

附表 6　扬子石化-巴斯夫有限责任公司

牌号	类型	熔体流动速率 (200℃, 5kg) / (cm^3/10 min)	拉伸屈服 应力/MPa	维卡软化 温度/℃	特性	典型应用
Bycolene 143E	通用型	6	48	91	高流动，易脱模，中强度，透明	薄壁注塑件，和HIPS共混，用作光泽层
Bycolene 158K	通用型	3	55	101	强度好，固化快，高耐热，高透明	各种注塑件，挤出片、板材等，和HIPS共混
Bycolene 165H	通用型	2.7	50	94	高强度，易加工，易脱模，高透明	高强度注塑件，与HIPS挤出牌号共混
Bycolene 168N	通用型	1.9	57	101	高强度，高耐热，高透明	挤出光扩散板和挤出发泡板
Bycolene476L	高抗冲	5	23	90	流动好，高冲击，易延伸，耐低温	电器耐低温注塑件和壳体，普通高冲注塑件，挤出片、板材
Bycolene 466F	高抗冲	4	30	95	高冲击，高耐热，刚性好，耐低温	消费电子、家用电器和办公电信等产品的壳体和内部构件
Bycolene 576H	高光泽 高抗冲	3.8	30	94	高光泽，高冲击，高耐热，刚性好	空调壳体、洗衣机面板及办公电器等产品的壳体等
Bycolene 2710	高抗冲	4.5	21	90	耐环境应力开裂，高冲击，高强度，耐高低温	冰箱门、内胆挤出板材，冰箱减薄板材，其他有抗环境应力开裂要求的板材和片材
Bycolene 2720	高抗冲	4.2	20	88	高耐环境应力开裂，高冲击，高刚度，耐高低温	冰箱门、内胆挤出板材，冰箱减薄板材，其他有抗环境应力开裂要求的板材和片材

附表 7　镇江奇美化工有限公司

牌号	类型	熔体流动速率 (200℃,5kg)/ (g/10 min)	拉伸强度 (1/8″,6mm/min)/ MPa	热变形温度 (1/4″,120℃/h)/ ℃	弯曲强度(1/4″, 2.8mm/min)/ MPa	Izod冲击强度 (1/4″,23℃)/ (kg·cm/cm)
PG-383	通用级	3	56	86	82	1.7
PG-383M	通用级	3.0	54	81	68	1.9
PG-33	通用级	8.0	48	79	65	1.6
PH-55Y		9.3	23	—	—	7.0

牌号	类型	熔体流动速率 （200℃，5kg）/ （g/10 min）	拉伸强度 （1/8″，6mm/min）/ MPa	热变形温度 （1/4″，120℃/h）/ ℃	弯曲强度（1/4″， 2.8mm/min）/ MPa	Izod 冲击强度 （1/4″，23℃）/ （kg·cm/cm）
PH-888H	耐冲击级	3.6	30	80	44	8.0
PH-88	耐冲击级	5.0	25	76	45	8.5
PH-88HT	耐冲击级	4.0	31	80	41	8.5
PH-888G	高光泽级	4.0	33	82	48	9.0
PH-88SF	押出级	4.0	17	74	28	9.0
PH-88S	押出级	4.0	20	76	35	8.0

附表 8　中国石油天然气股份有限公司独山子石化分公司

牌号	熔体流动速率（5.00kg）/（g/10 min）	拉伸强度/MPa	维卡软化温度/℃	简支梁缺口冲击强度/（kJ/m²）
GPPS-180	1.2~2.4	≥48.0	99~107	≤4.0
GPPS-500	3.5~6.5	≥44.0	95~104	≤3.0
HIE	2.0~4.0	≥19.0	≥84	≥8.0

附表 9　中国石油化工股份有限公司广州分公司

类型	牌号	熔体流动速率/（g/10 min）	简支梁缺口冲击强度/（kJ/m²）
抗冲击聚苯乙烯	GH660	6.00±1.50	≥6.0
	GH660H	5.50±1.50	≥7.5
聚苯乙烯	530	5.00±1.50	—
	500T	4.00±1.20	—

附表 10　宁波利万新材料有限公司

牌号	类型	熔体流动速率（200℃，5kg）（g/10min）	拉伸强度/MPa	维卡软化点/℃	冲击强度/（kJ/m²）	残留苯乙烯单体/（mg/kg）	特性	典型应用
GP525	通用型	7.5	46	94	9.2（简支梁非缺口）	320	微蓝色透明颗粒，高流动性，易于注塑加工成型、易于着色	食品级餐具刀叉、饮料杯、文具、玩具、家电部件、收纳盒等
GP535N	通用型	3.5	52	99	10.5（简支梁非缺口）	300	无色透明颗粒、高透光率、较低流动性、耐高温	化妆品盒、食品容器、家电部件、收纳盒等
GP5201	通用型	2.0	56	102	10.5（简支梁非缺口）	300	高透光率、低流动性、耐高温	片材、板材、食品容器、家电部件等
HP825	高抗冲	4.8	28	92	11.0（悬臂梁缺口）	280	乳白色颗粒，具有高抗冲、中等流动性、易于注塑加工成型、易于着色	生活用品、文具、玩具、小家电、塑料板材等

3. SAN（苯乙烯-丙烯腈共聚物）树脂部分产品牌号

附表 11　镇江奇美化工有限公司

牌号	类型	熔体流动速率 （200℃，5kg）/ （g/10min）	拉伸强度（1/8″， 6mm/min）/ MPa	热变形温度 （1/4″，120℃/h）/ ℃	弯曲强度 （1/4″，2.8mm/ min）/MPa	Izod 冲击强度 （1/4″，23℃）/ （kg·cm/cm）
PN-128	一般级	3.0	73	101	103	1.8
PN-118	高透明级	3.0	71	100	100	1.7
D-178	一般级	3.0	73	101	103	1.8
D-178HF	高流动级	17.0	55	100	78	1.7
D-168	高强度高耐化级	1.0	82	104	120	1.9
PN-108	高透明级	5.0	60	100（退火）	90	1.8

附表 12　中国石油天然气股份有限公司吉林石化分公司

牌号	熔体流动速率/ （g/10 min）	拉伸强度/ MPa	维卡软化 温度/℃	弯曲强度/ MPa	弯曲弹性 模量/MPa
SAN-1825	12.0～25.0	≥80	≥98	≥125	≥3200
SAN-2437	24.5～37.5	≥68	≥95	≥100	≥3000
SAN-6070	60.0～75.0	≥58	≥88	≥85	≥2800

附表 13　中国石油天然气股份有限公司兰州石化分公司

牌号	熔体流动速率/ （g/10 min）	拉伸强度 /MPa	维卡软化 温度/℃	简支梁缺口冲击 强度/（kJ/m²）	透光率/%
C-01	19～25	≥60.0	≥98.0	≥1.3	≥89
C-02	13～23	≥65.0	≥101.0	≥1.5	≥89
D-01	19～25	≥60.0	≥98.0	≥1.3	—
D-03	—	≥50.0	≥85.0	≥1.0	—

4. ABS（丙烯腈-苯乙烯-丁二烯共聚物）树脂部分产品牌号

附表 14　中国石油天然气股份有限公司吉林石化分公司

牌号	熔体流动速率/ （g/10min）	拉伸强度/ MPa	维卡软化 温度/℃	弯曲强度/ MPa	简支梁缺口冲击强度/ （kJ/m²）
0215A	18.0～24.0	≥43.0	≥92.0	≥71.0	≥16.0
GE-150	18.0～24.0	≥43.0	≥91.0	≥69.0	≥15.0
0215ASQ	18.0～24.0	≥41.0	≥90.0	≥68.0	≥15.0
0215H	18.0～24.0	≥41.0	≥90.0	≥68.0	≥18.0
PT-151	18.0～24.0	≥41.0	≥90.0	≥68.0	≥18.0
0215E	20.0～25.0	≥45.0	≥95.0	≥72.0	≥10.0

续表

牌号	熔体流动速率/ (g/10min)	拉伸强度/ MPa	维卡软化 温度/℃	弯曲强度/ MPa	简支梁缺口冲击强度/ (kJ/m²)
HF-681	33.0～50.0	≥35.0	≥89.0	≥58.0	≥16.0
EP-161	16.0～24.0	≥37.0	≥90.0	≥60.0	≥15.0

5. SBC（苯乙烯嵌段共聚物）树脂部分产品牌号

附表 15　日本旭化成公司

牌号	熔体流动速率 (200℃,5kg)/ (g/10 min)	拉伸强 度/MPa	拉伸断裂 伸长率/%	维卡软化 温度/℃	弯曲强 度/MPa	弯曲模 量/MPa	简支梁缺口 冲击强度/ (kJ/m²)	总透光 率/%	浑浊 度/%
ASAFLEX 800S	6	41	12	96	54	2250	1.1	90	3.0
ASAFLEX 805	10	33	30	91	50	1550	1.3	90	0.5
ASAFLEX 810	5	20	250	83	24	1400	—	89	1.2
ASAFLEX 815	6	27	200	82	37	1200	2	90	0.5
ASAFLEX 825	6	27	200	82	37	1200	2	90	0.5
ASAFLEX 830	6	18	250	72	21	1100	—	89	2.0
ASAFLEX 835	6	18	250	72	21	1100	—	89	2.0
ASAFLEX 840	7	27	40	81	34	1500	2	88	1.2
ASAFLEX 845	7	27	40	81	34	1500	2	88	1.2

6. ASA（丙烯腈-苯乙烯-丙烯酸酯共聚物）树脂部分产品牌号

附表 16　SABIC 公司

牌号	熔体流动速率 (220℃,10kg)/ (g/10 min)	拉伸强 度/MPa	拉伸模 量/MPa	拉伸断裂 伸长率/%	弯曲强 度/MPa	弯曲模 量/MPa	悬臂梁 缺口冲击 强度/ (J/m)	维卡软化 温度/℃	热变形 温度/℃
GELOY™ CR7500	6.3		2040	—	68	2170	400	98	90
GELOY™ CR7520	7	41	—	40	58	1790	320	99	76
GELOY™ CR8510	6.3	40	2040	60	68	2170	400	98	90
GELOY™ FXTW26SK	12	46	2450	17	74	2570	140	98	84
GELOY™ FXW751SK	8.3	62	2900	49	95	2750	170	105	89
GELOY™ HRA170	—	—	2500		—	—	—		

牌号	熔体流动速率 (220℃,10kg)/ (g/10 min)	拉伸强 度/MPa	拉伸模 量/MPa	拉伸断裂 伸长率/%	弯曲强 度/MPa	弯曲模 量/MPa	悬臂梁 缺口冲击 强度/ (J/m)	维卡软化 温度/℃	热变形 温度/℃
GELOY™ HRA170D	8.5	54	2150	140	—	—	450	—	106
GELOY™ HRA170E			2500					131	114
GELOY™ HRA222		63	2520	>100				102	88
GELOY™ HRA222F		63	2520	>100			385	102	88
GELOY™ XP4025		59					170		